51 单片机入门、进阶与实战一本通

主　编　曹　新
副主编　李瑛达　窦乔　师访　杨涛

北京航空航天大学出版社

内 容 简 介

本书以实际应用为主线，由浅入深、循序渐进地讲述了51单片机内、外部资源的使用方法。全书共5篇，分别为知识准备篇、基础功能篇、进阶功能篇、总线协议篇和综合实战篇。本书配有项目案例，即学即用，从而达到学以致用的目的。

本书可作为高等院校单片机课程教材，也可作为物联网、嵌入式、电子工程、自动化等专业技术人员的学习和参考用书。

图书在版编目(CIP)数据

51单片机入门、进阶与实战一本通 / 曹新主编. -- 北京 ：北京航空航天大学出版社，2019.9

ISBN 978-7-5124-3059-4

Ⅰ. ①5… Ⅱ. ①曹… Ⅲ. ①单片微型计算机 Ⅳ. ①TP368.1

中国版本图书馆CIP数据核字(2019)第184742号

51单片机入门、进阶与实战一本通

主 编 曹 新

副主编 李瑛达 窦 乔 师 访 杨 涛

责任编辑 董立娟

*

北京航空航天大学出版社出版发行

北京市海淀区学院路37号(邮编100191) http://www.buaapress.com.cn

发行部电话：(010)82317024 传真：(010)82328026

读者信箱：emsbook@buaacm.com.cn 邮购电话：(010)82316936

涿州市新华印刷有限公司印装 各地书店经销

*

开本：710×1 000 1/16 印张：20.75 字数：442千字

2019年10月第1版 2019年10月第1次印刷 印数：3 000册

ISBN 978-7-5124-3059-4 定价：65.00元

前　言

51系列单片机应用广泛，是学习单片机技术较好的系统平台，同时也是物联网工程专业、电子信息专业等从事嵌入式系统开发的必备基础。

本书从单片机入门者的角度，以实际应用为主线，由内到外、由浅入深，循序渐进地讲述了51单片机内、外部资源的使用方法，并通过丰富的项目案例让读者掌握如何使用51语言进行编程控制。同时，本书以工程教育理念为背景，遵从构思、设计、实施、运行的全过程，以能力训练为主，所有的案例都包括案例分析、案例设计和案例实现，从而达到学以致用的目的。

本书特色

① 理论与实践一体化。本书以德飞莱LY－51S开发板为学习工具，理论教学与实战演练一体化操作，通过实验现象反推程序设计错误，即学即用，对理论理解印象深刻。

② 校企合作。本书由具有多年教学经验的高校教师与具有多年项目经验的技术人员共同编写，融教学案例与企业项目于一体，企业提供技术支持。

③ 内容丰富，实用性强。从单片机内部资源到外围模块扩展，由浅入深、循序渐进，最后达到完成以单片机为核心的小型应用系统的设计与实现。

④ 配套资源丰富。提供了配套的电子教案、电子课件、案例源码、课后练习题等，多元学习方式相结合，进而达到融会贯通、学以致用。

⑤ 适用范围广。本书可作为高等院校单片机课程参考用书，特别适合51单片机的初学者，也可作为物联网、嵌入式、电子工程、自动化等专业技术人员的学习和参考用书。

本书内容组织

我们始终认为只有会做才是真正学会并掌握了知识，所以本书秉承“实践出真知”的理念，从始至终以实践为主线进行内容安排。全书共5篇，分别为知识准备篇、基础功能篇、进阶功能篇、总线协议篇和综合实战篇。

第1篇共4章(第1～4章)，主要讲解单片机相关基本知识、开发环境的安装与使用、开发流程以及51编程基础。

第 2 篇共 4 章(第 5～8 章),主要讲解单片机的内部资源及其简单应用。其中,每一种资源的学习都设计了具体的案例,通过对案例的分析、设计、实现和运行,从而更好地理解如何使用 51 实现对单片机资源的应用。同时针对每一种内部资源还设计了拓展项目,强化对知识的深入理解和熟练运用。

第 3 篇共 9 章(第 9～17 章),在第 2 篇的基础上,本篇从外围扩展的角度讲解了蜂鸣器等多种执行模块、用于显示的 1602 液晶屏和双色点阵屏、用于与单片机进行数据交互处理的模数/数模转换模块,以及用于遥控的红外收发模块。通过这些外围模块的扩展,可以使读者设计出一个完整的单片机应用系统。

第 4 篇共 3 章(第 18～20 章),本篇依然是从模块扩展的角度,讲解了 3 种总线通信方式。与第 3 篇不同的是,本篇的 3 种通信方式需要遵循其相应的通信协议,相比第 3 篇要复杂一些。因为与更高级的处理器相比,51 单片机自身所具有的资源相对要少一些,通过总线的通信方式节省资源的同时可以提高单片机的执行效率。同时,读者在进行应用系统设计时可以扩展更多的外围模块,使系统功能更加完善。

第 5 篇共 3 章(第 21～23 章),分别设计了 3 个综合案例,这些案例都是作者从教学和实际工作中精选出的具有代表性的项目,以期引导读者综合运用前面所学,使用 C51 语言搭建单片机系统框架,建立系统概念。

如何使用本书

建议读者在学习本书之前,最好有一块以 51 单片机为核心的开发板,其中板载的资源最好都是开放的,即所有的芯片引脚都能够通过杜邦线自行连接。对于 51 单片机的初学者来说,应该从本书的第 1 篇开始进行学习,以便了解 51 单片机的基本知识、开发环境和开发语言。如果读者手里的开发板和本书中的不完全一样,也可以通过第 3 章了解一些常见的板载器件,以便对照理解并熟悉自己手里的开发板。

对于本书的 5 篇内容,其中第 2 篇是后续篇章的基础,必须打好本篇的基础。

在学习过程中,读者要多动手、多动脑,边学边做、边做边学,在不断实践中理解单片机的工作原理,领悟程序对单片机资源的控制方式。对于程序的编写,读者开始可以模仿案例,然后尝试修改案例代码,最后用自己的思路完成案例功能,循序渐进、逐步消化。

致　谢

本书由大连东软信息学院多年从事嵌入式系统及物联网项目开发的曹新、李瑛达、窦乔老师和具有多年嵌入式竞赛指导经验的杨涛老师,以及上海朗译电子科技有限公司的技术开发人员师访联合编写,曹新担任主编。

本书第 1、21、22、23 章由师访编写,第 2、3、4、5、9、10、20 章由曹新编写,第 6、7、8、11、12 章由窦乔编写,第 13、14、15、16、17、19 章由李瑛达编写,第 18 章由杨涛编写,最后由曹新统稿完成。感谢张福艳老师对本书章节目录安排的指导,同时感谢参考文献的作者们,本书借鉴了他们的部分成果,他们的工作给了我们很大的帮助和

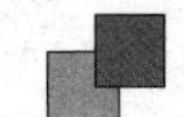

启迪。

本书集所有编者多年教学经验和项目开发经验的积累于一体，全体参编人员已尽心尽力，但限于自身水平，书中难免出现疏漏和错误之处，恳请广大读者不吝指正，在此深表感谢！

有兴趣的读者可以发送电子邮件到 xdhydcd5@sina.com 与策划编辑进行沟通。

曹 新

2019 年 8 月

目录

第1篇　知识准备篇

第 2 篇 基础功能篇

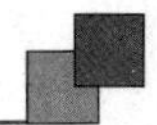

第3篇 进阶功能篇

第4篇 总线协议篇

第 5 篇　综合实战篇

第 1 篇
知识准备篇

本篇是单片机学习的入门篇，共 4 章，包括单片机概述、开发准备、硬件基础知识和单片机基本原理。其中，单片机概述主要从单片机的概念、发展、分类、特点和用途几方面让读者对单片机有一个初步认识，并给出了学习建议；开发准备包括开发环境的详细安装过程、开发流程及主要工具的使用说明、51 的常用数据类型讲解，并从实际项目开发的角度给出了一些注意事项；硬件基础知识主要介绍了 LY－51S 开发板的基本结构以及板载的几类常用器件；单片机基本原理部分主要介绍了单片机的内部结构、外部引脚、时序、最小系统和存储器系统。

学习单片机一定要理论与实践相结合，通过实践强化理解单片机的工作原理和使用方法。

通过本篇的学习，读者首先对硬件开发板有个初步认识，了解开发过程和开发工具的使用，为后续基础功能篇的学习做好软、硬件准备。

➢ 单片机概述
➢ 开发准备
➢ 硬件基础知识
➢ 单片机基本原理

第1章

单片机概述

1.1 什么是单片机

单片机中文名字的全称叫“单芯片微型计算机”。看到这里大家可能会想，一块芯片就相当于一台计算机吗？计算机我们都比较熟悉，下面通过对比计算机的硬件资源和单片机的资源，简单了解一下单片机。

如图 1－1 和图 1－2 所示，除去外围设备，一块单片机的资源几乎相当于一台计算器的硬件资源了。

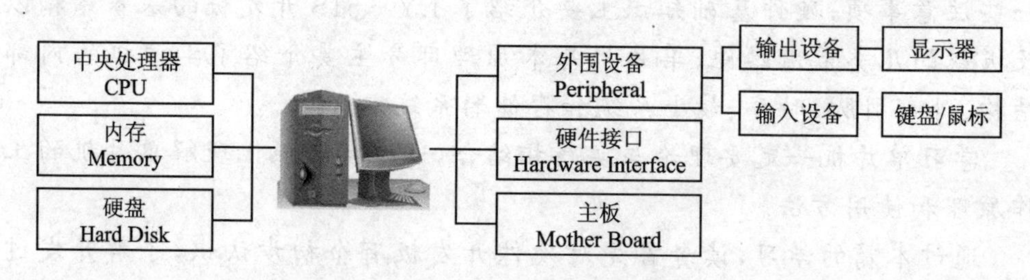

图 1－1 计算机硬件结构图

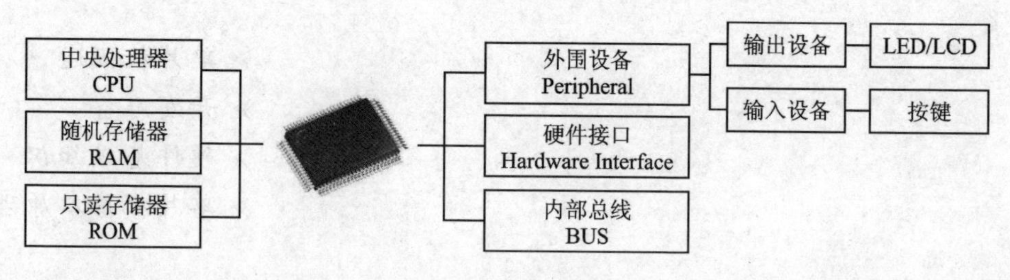

图 1－2 单片机结构图

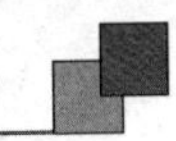

把微型计算机中的微处理器、存储器、I/O接口、定时/计数器、串行接口、中断系统等电路集成到一个集成电路芯片上形成的微型计算机,被称为“单片微型计算机”,简称单片机,常用英文字母缩写MCU表示。形象表述单片机就是一个芯片,芯片内部的程序可以更改,不同的程序运行不同功能。它的体积小、质量轻、价格便宜,为学习、应用和开发提供了便利条件。同时,学习使用单片机是了解计算机原理与结构的最佳选择。

1.2　单片机的发展

1. 单片机的发展可分为3个主要阶段

(1) 单芯片微机形成阶段

1976年,Intel公司推出了MCS-48系列单片机:8位CPU、1 KB ROM、64字节RAM、27根I/O口线和一个8位定时/计数器。

特点:存储器容量较小,寻址范围小(不大于4 KB),无串行接口,指令系统功能不强。

(2) 性能完善提高阶段

1980年,Intel公司推出了MCS-51系列单片机:8位CPU、4 KB ROM、128字节RAM、4个8位并口、一个全双工串口、2个16位定时/计数器。寻址范围64 KB,有控制功能较强的布尔处理器。

特点:结构体系完善,性能已大大提高,面向控制的特点进一步突出。现在,MCS-51已成为公认的单片机经典机种。

(3) 微控制器化阶段

1982年,Intel公司推出了MCS-96系列单片机。芯片内集成16位CPU、8 KB ROM、232字节RAM、5个8位并口、一个全双工串口、2个16位定时/计数器。寻址范围64 KB,片上还有8路10位ADC、一路PWM输出及高速I/O部件等。

特点:片内面向测控系统外围电路增强,使单片机可以方便灵活地用于复杂的自动测控系统及设备。“微控制器”的称谓更能反应单片机的本质。

2. 单片机的发展趋势

1) 低功耗CMOS化

80C51采用了HMOS(高密度金属氧化物半导体工艺)和CHMOS(互补高密度金属氧化物半导体工艺),更适用于要求低功耗(比如电池供电)的场合。

2) 微型单片化

要求体积小、质量轻、具有多种封装形式,其中,SMD(表面封装)越来越受欢迎使得由单片机构成的系统正朝微型化方向发展。

3) 主流与多品种共存

在一定的时期内,以 C8051 为核心的单片机占据半壁江山,各品种单片机陆续侵占市场的情形将得以延续,不存在某个单片机一统天下的垄断局面,走的是依存互补、相辅相成、共同发展的道路。

1.3 单片机的特点

MCS-51 系列单片机的基本组成、基本工作原理与一般的微型计算机相同,但在具体结构和处理过程上又有自己的特点,其主要特点如下:

(1) 存储器结构

单片机的存储器采用哈佛(Harvard)结构。存储器结构一般有两种:冯·诺依曼结构(也叫普林斯顿(Princeton)结构)和哈佛(Harvard)结构。通用微型计算机一般采用冯·诺依曼结构,将程序和数据合用一个存储空间,取指令和取操作数都在同一总线上,通过分时复用的技术进行;缺点是在高速运行时不能达到同时取指令和取操作数,从而形成了传输过程的瓶颈。单片机一般采用哈佛结构,将程序和数据存储在不同的存储空间,每个存储器独立编址、独立访问,目的是减轻程序运行时的访问瓶颈。

(2) 芯片引脚

单片机的引脚大部分采用分时复用技术。单片机芯片内集成了较多的功能部件,需要的引脚信号较多。但由于工艺和应用场合的限制,芯片上引脚数目又不能太多。为解决实际的引脚数和需要的引脚数之间的矛盾,一个引脚往往设计了两个或多个功能。每个引脚在当前起什么作用,由指令和当前机器的状态来决定。

(3) 内部资源访问

单片机对内部资源的访问采用特殊功能寄存器(SFR)的形式。单片机中集成了微型计算机的微处理器、存储器、I/O 接口、定时/计数器、串行接口、中断系统等电路。用户对这些资源的使用是通过对相应的 SFR 进行访问来实现的。

(4) 指令系统

单片机采用面向控制的指令系统。为了满足控制系统的要求,单片机有很强的逻辑控制能力。在单片机内部一般设置有一个独立的位处理器,又称为布尔处理器,专门用于位运算。

(5) 全双工串行接口

单片机的内部集成了一个全双工的串行接口。通过这个串行接口可以方便地与其他外设进行通信,也可以与其他的单片机或微型计算机通信,从而组成计算机分布式控制系统。

(6) 外部扩展能力

单片机有很强的外部扩展能力。在内部的各功能部件不能满足应用系统要求

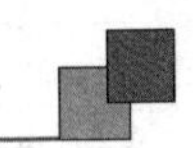

时，单片机可以方便地在外部扩展各种电路或模块，它能与很多通用的微机接口芯片兼容，以此满足对单片机系统的资源需求。

1.4　单片机的用途

单片机是典型的嵌入式微控制器(Microcontroller Unit)，是一种可通过编程控制的微处理器，最早用在工业控制领域。

目前，单片机渗透到生活的各个领域，几乎很难找到哪个领域没有单片机的踪迹。导弹的导航装置电路板，飞机上各种仪表的控制，计算机的网络通信与数据传输，工业自动化过程的实时控制和数据处理，广泛使用的各种智能IC卡，民用豪华轿车的安全保障系统，录像机、摄像机、全自动洗衣机的控制以及程控玩具、电子宠物等，这些都离不开单片机。更不用说自动控制领域的机器人、智能仪表、医疗器械以及各种智能机械了。因此，单片机的学习、开发与应用将造就一批计算机应用与智能化控制的科学家、工程师。

1.5　如何学习单片机

当今单片机种类繁多，配套的书籍和资料数不胜数，学习哪种单片机、如何学习单片机成为初学者的选择难题。

作者多年来一直从事单片机及物联网领域的教学和实践指导，总结如下经验：

➢ 51单片机是基础，最早投入实际应用、资料多、可借鉴产品广泛。

➢ 学习单片机需要“三多”：多看、多写、多实践。

① 多看。读别人的电路图和程序可以学习他们的思路和运作方法。

② 多写。能看懂电路和程序是第一步，下一步是独立编写程序。自己编写的程序可能会出现诸多错误，通过检查、修改这些错误，积累足够的经验。

③ 多实践。开发板是学习和实践的最好工具，利用这个工具，让它帮助你更快地了解并掌握知识。单片机是硬件和软件结合的产品，所以不能忽略其中任何一个。程序一定要根据对应的硬件来写，不要随便从网上下载个程序到板子上运行，发现开发板上没有对应的效果就怀疑是硬件出了问题。单片机不是计算机主板，尤其是单片机开发板，它们的通用性并不高，对应的程序也是有差别的，需要根据硬件连线修改程序。一般的单片机芯片可以反复擦写上万次，有的数十万次，一个单片机芯片才几元钱，所以不要担心芯片损坏而不敢去反复烧写实验，开发板就是帮助我们学习开发的工具。

单片机种类繁多，如何选择也成为困扰初学者的一个难题。一般来说，单片机的原理都是相通的，所以应该首先学习最基础的单片机类型。基础的单片机经过了长期的应用，其资料和应用案例较多，可以借鉴的范围广。例如，51单片机存在几十年，现在仍有多个厂家使用 51 核心，国内的 STC 公司是国产 51 的代表，近几年也取得长足的进步。这种单片机价格低，非常适合初学使用。之后的学习扩展就要根据实际需要，我们不可能、也不需要学习所有单片机。每种单片机都有多种分类，核心是相同的，功能、存储容量、引脚数量、电压等级会有差别，只要学会核心部分，其他的举一反三就比较容易掌握了。

经典的 51 单片机适合小型的控制场合，由于其内存和闪存的容量限制，不能运行大型的程序，也不适合运行操作系统。当前比较流行的 ARM 核有几种高速 32 位单片机，比如 Cotex－M3、M0 等，这种单片机自身集成的功能多，包括各种硬件端口，比如 I^2C、SPI、SDIO、USB、CAN 等硬件接口；内存和闪存也有很大提升，可以运行一些裁减的小型操作系统，比如 μC/OS、μC/Linux 等。还有多种其他的 8 位、16 位、32 位单片机，比如 8 位的 AVR，Arduino 使用该单片机做了二次应用，使得 AVR 在全球范围内又掀起了一股热潮。Arduino 是类似于 PLC 的二次应用，但比 PLC 可以自由支配的功能更多，没有任何单片机基础的朋友也可以很快学会并能应用。Arduino 主要用于创意和奇特产品的 DIY，所以在“玩”的圈子里占有极其重要的地位，感兴趣的读者可以去深入了解。

1.6 练习题

1. 什么是单片机？

2. 单片机的英文缩写是什么？

3. 单片机的存储器与通用微型计算机的存储器有什么区别？

4. 单片机芯片上的引脚数目不能太多，如何解决实际的引脚数和需要的引脚数之间的矛盾？

5. 单片机中集成了存储器、I/O 接口、定时/计数器等多种资源，用户如何访问这些资源？

第 2 章 开发准备

第一次使用单片机开发板，首先做一下概括的了解。

单片机就是一个芯片，里面需要有程序才能运行，然后才能实现不同功能。因此，需要一个可以运行的程序下载(烧写)到单片机里面。就像把歌曲复制到 MP3 中，MP3 才能播放歌曲。单片机和 MP3 有以下相同点和不同点：

相同点：

➢ 可以反复下载：想换首 MP3 只需要重新下载，单片机也可以重复下载不同程序。

➢ 都有容量限制：只能下载小于容量的内容。

不同点：单片机每次只能下载一个程序，下载第二个程序后第一个程序就自动被清除了。

程序下载需要一个硬件工具，称之为下载器。不同单片机有不同的下载器。能下载多种单片机程序的设备叫专用编程器。下载器类似于读卡器，把 MP3 通过 USB 口复制到 SD 卡或者 TF 卡里面。下载器需要专用的下载软件支持才能使用。

开发程序的软件叫 IDE(Integrated Development Environment，集成开发环境)。IDE 软件是用于程序开发的应用程序，一般包括代码编辑器、编译器、调试器和图形用户界面工具。也就是集成了代码编写功能、分析功能、编译功能、调试功能等一体化的开发软件。绝大部分这种软件需要在 PC 机(计算机)上运行。

2.1 开发环境

2.1.1 硬件连接

如图 2－1 所示，将 USB 线的方口端连接到单片机主板。该 USB 线有 3 个作用：主板供电、程序下载和串口通信(仅用于串口下载的芯片，比如 STC 系列)。

单片机的放置方向如图 2－2 所示。

图 2-1　USB 线与主板连接图

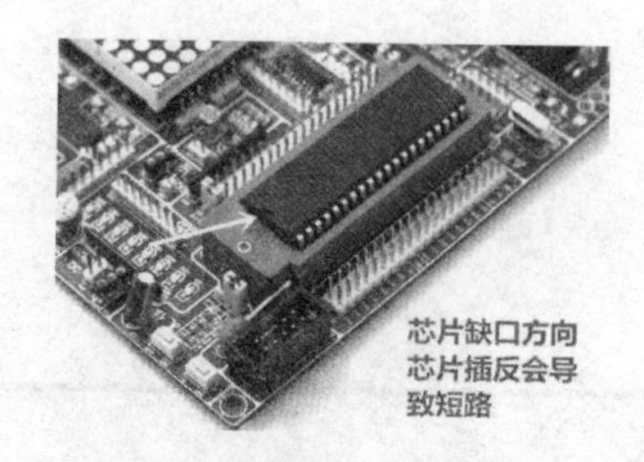

图 2-2　单片机放置方向图

如图 2-3 所示，锁紧插座的手柄抬起时处于锁松状态，此时可以取下或者安装芯片；手柄按下时处于锁紧状态，此时开发板可以正常使用。

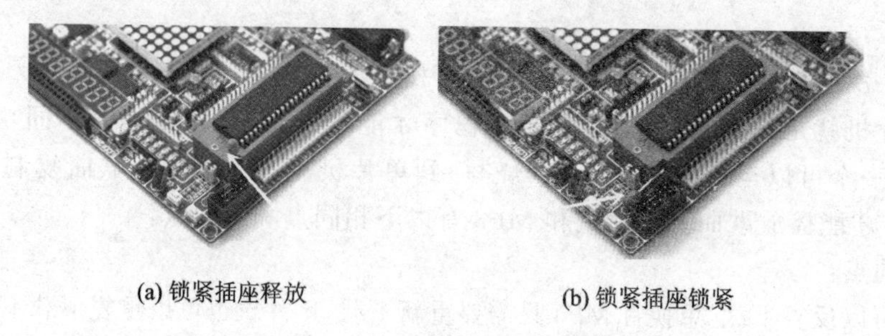

(a) 锁紧插座释放　　(b) 锁紧插座锁紧

图 2-3　锁紧插座的释放与锁紧

2.1.2　下载器驱动安装

将 USB 线的另一端扁口端插入计算机的 USB 口，则弹出如图 2-4 所示信息，单击“取消”按钮，则需要手动安装驱动程序。下面介绍两种手动安装方法。

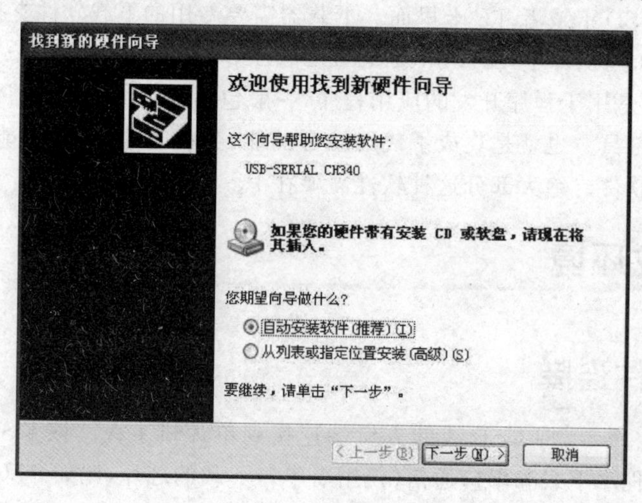

图 2-4　新硬件向导图

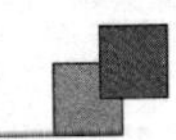

方法一：打开 CH341 文件夹（位于驱动程序文件夹内），双击安装驱动，则弹出如图 2－5 所示界面，单击左侧“安装”按钮。

驱动安装成功后，则弹出如图 2－6 所示界面。

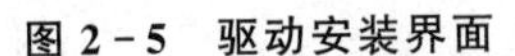

图 2－5 驱动安装界面

图 2－6 驱动安装成功界面

方法二：右击“我的电脑”，在弹出的级联菜单中选择“属性”→“设备管理器”，则弹出设备管理器对话框。驱动安装前，在“其他设备”中出现黄色警告符号的端口提示，如图 2－7 所示。

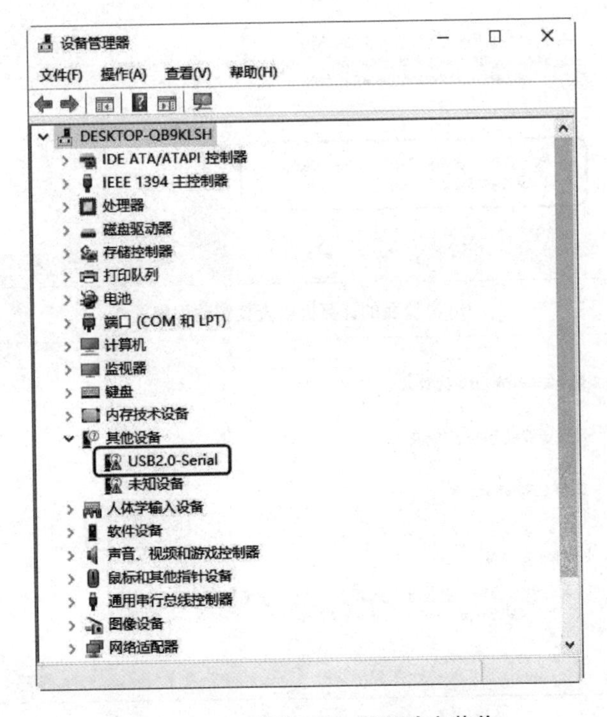

图 2－7 PC 插入 USB 后驱动安装前

右击 USB2.0－Serial，在弹出的级联菜单中选择“更新驱动程序”，并在弹出的对话框中选择“浏览我的计算机以查找驱动程序软件”，接下来在弹出的对话框中单击“浏览”按钮，找到驱动文件 CH341SER，单击“下一步”完成驱动安装。具体操作步骤如图 2－8 所示。

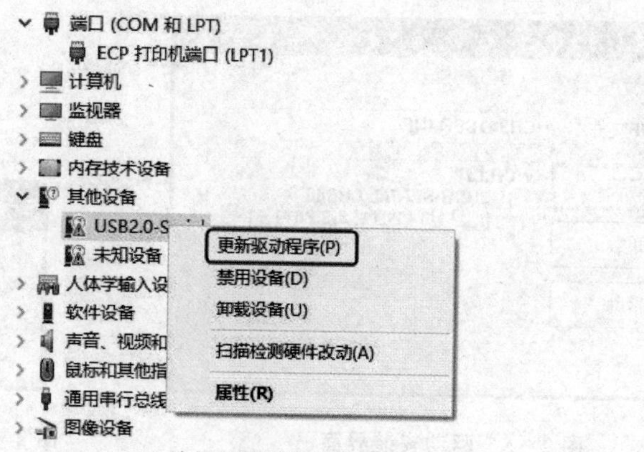

(a) 选择更新驱动程序

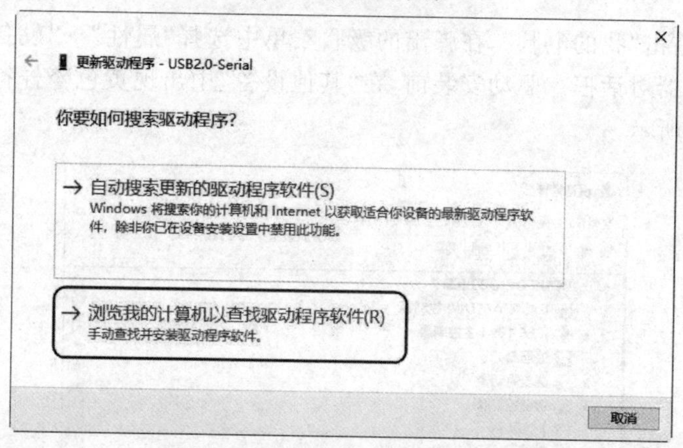

(b) 浏览我的计算机以查找驱动程序软件

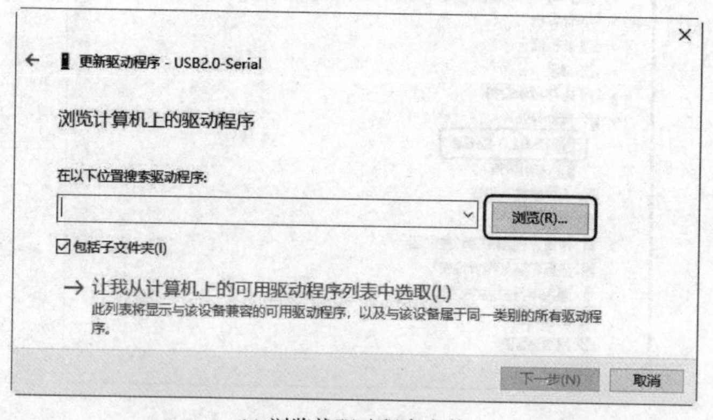

(c) 浏览找驱动程序文件

图 2－8 USB 转串口驱动安装过程

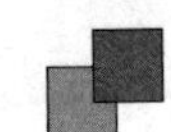

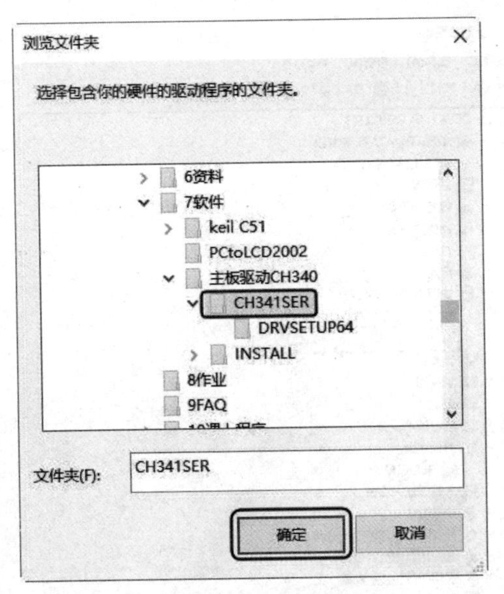

(d) 驱动文件CH341SER

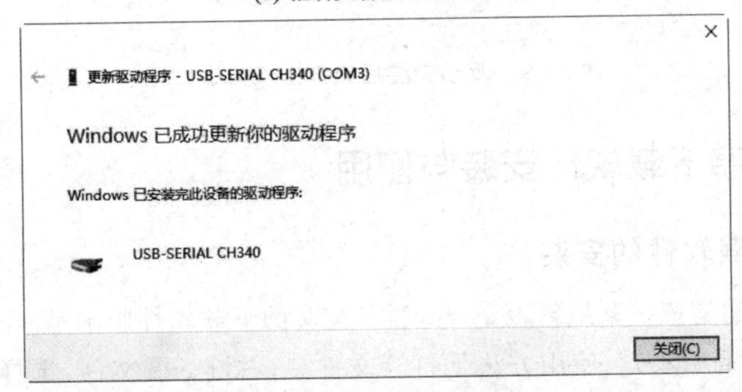

(e) 驱动安装成功界面

图 2-8　USB 转串口驱动安装过程(续)

如何验证串口驱动安装是否正确呢？再一次打开“设备管理器”，在“端口”处显示“USB-SERIAL CH340(COM 口)”字样，如图 2-9 所示，没有则表明驱动不正确。COM 后面的数字代表虚拟串口号，记住这个数字，后面进行程序下载时会使用到该 COM 口。

【注意】Win7、Win8、Win10 操作系统会自动安装驱动程序，系统根据芯片型号自动上网搜索，前提是必须连接互联网。如果提示驱动未正确安装，重启计算机之后按照上述手动安装方法重新操作。

有部分 Win7 以上系统不能正确安装驱动程序，一种是驱动版本低，不支持该系统，需要去芯片的官网下载最新驱动；另外一种是系统有管理权限，需要使用管理员权限进行安装。遇到更多不确定的故障可到“德飞莱论坛”发帖求助。

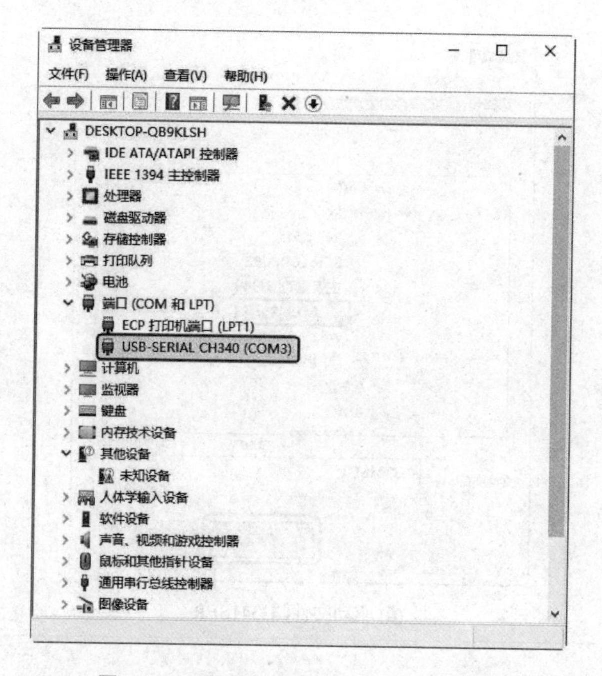

图 2-9　驱动安装后识别出虚拟串口号

2.1.3　程序下载软件安装与使用

1. 程序下载软件的安装

本书使用的是德飞莱最新版 51 开发板，配套的下载软件版本是 stc-isp-15xx-v6.85I(或者更高版本)。使用方法是打开文件夹，右键 exe 文件，选择以“管理员身份运行”即可启动软件。ISP 软件主界面如图 2-10 所示。

如果使用的是德飞莱低版本开发板，或者其他厂家的开发板，手里的下载软件是非安装版的压缩文件，安装方法是打开 STC-ISP 软件(如果不能正常打开，则可去官方网站 http://www.stcmcu.com/下载其他安装版本安装)，双击安装图标(如图 2-11 所示)，启动自解压界面(如图 2-12 所示)。

下载软件 ISP 并解压到指定文件夹(记住文件夹路径)，进入文件夹找到对应的 exe 文件，如图 2-13 所示。双击 STC_ISP_V483.exe 可执行文件(或者右键以“管理员身份运行”)，ISP 启动界面如图 2-10 所示。为了使用方便，右击界面，并在弹出的级联菜单中选择“发送到→桌面快捷方式”，则可以建立桌面快捷图标。

如果软件打不开或者缺少插件，说明计算机系统不能兼容，须到 STC 官方网站下载安装版本，或者参考 STC 官方声明下载缺少的插件。Win7、Win8、Win10 如果提示缺少“XXXX 插件”，则只需要在软件图标上右击并选择“使用管理员身份”打开即可，以后就能以正常模式打开软件了。

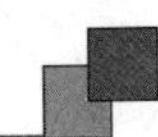

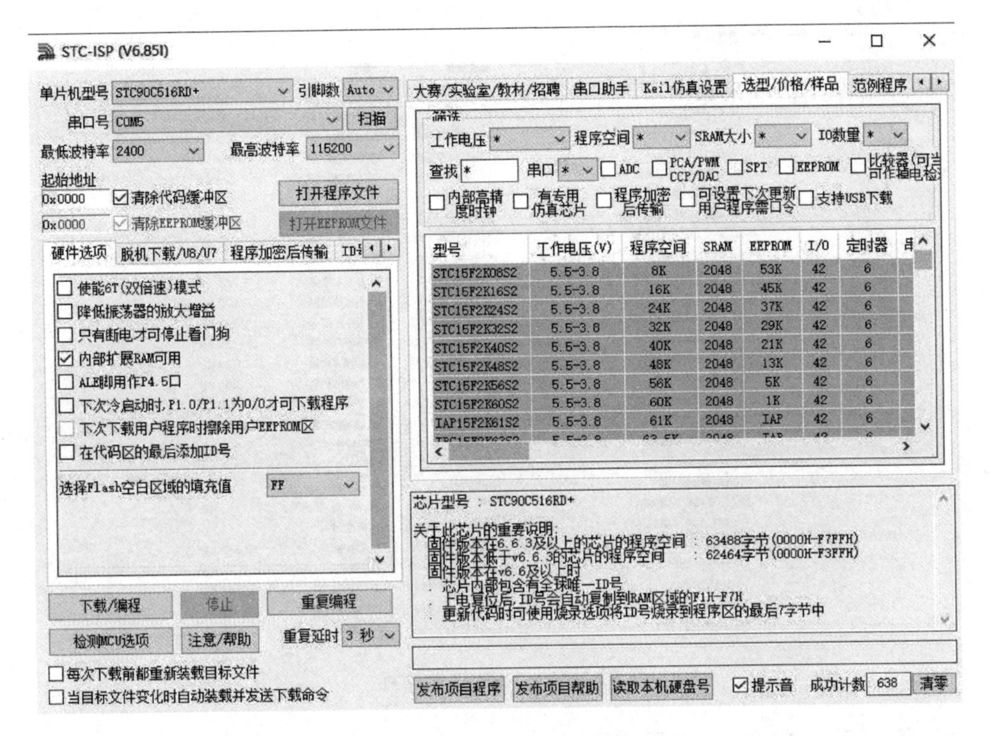

图 2－10　ISP 软件主界面

STC-ISP-V4.83-NOT-SETUP-CHINESE.EXE

图 2－11　ISP 安装图标

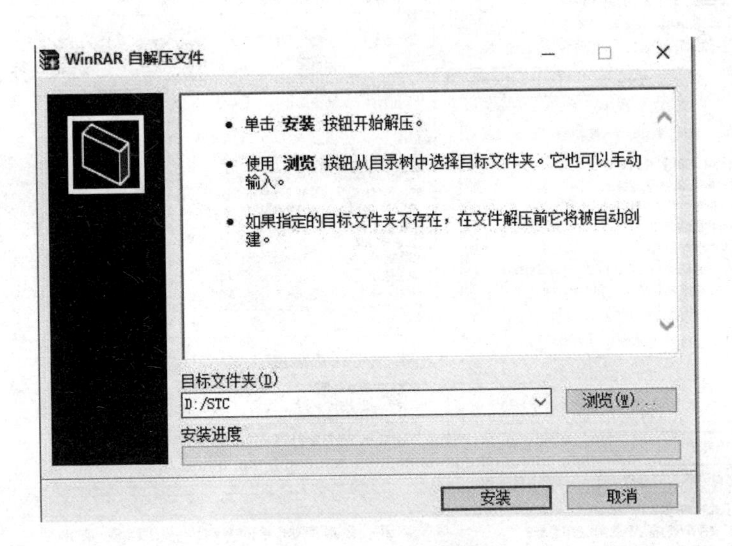

图 2－12　ISP 自解压界面

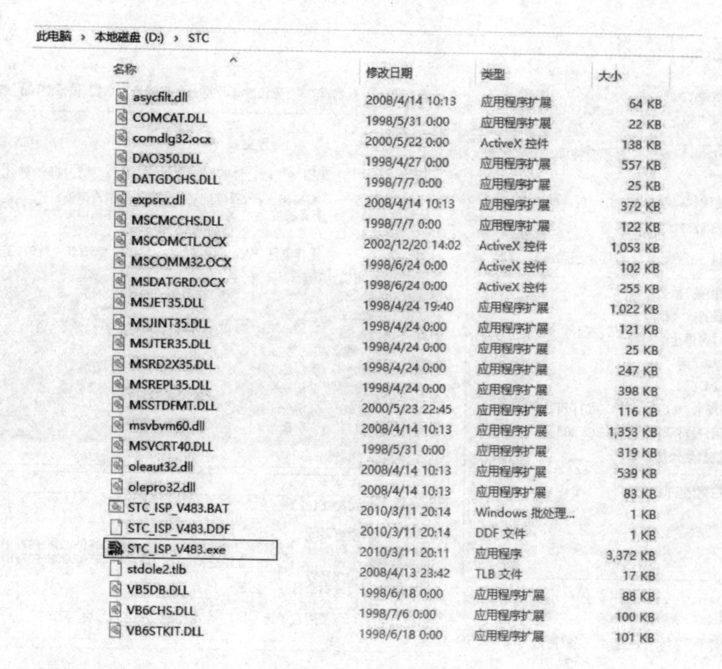

图 2-13　ISP 软件位置

2. 程序下载软件的使用

如图 2-14 所示，按照①～④的顺序进行操作，具体操作如下：

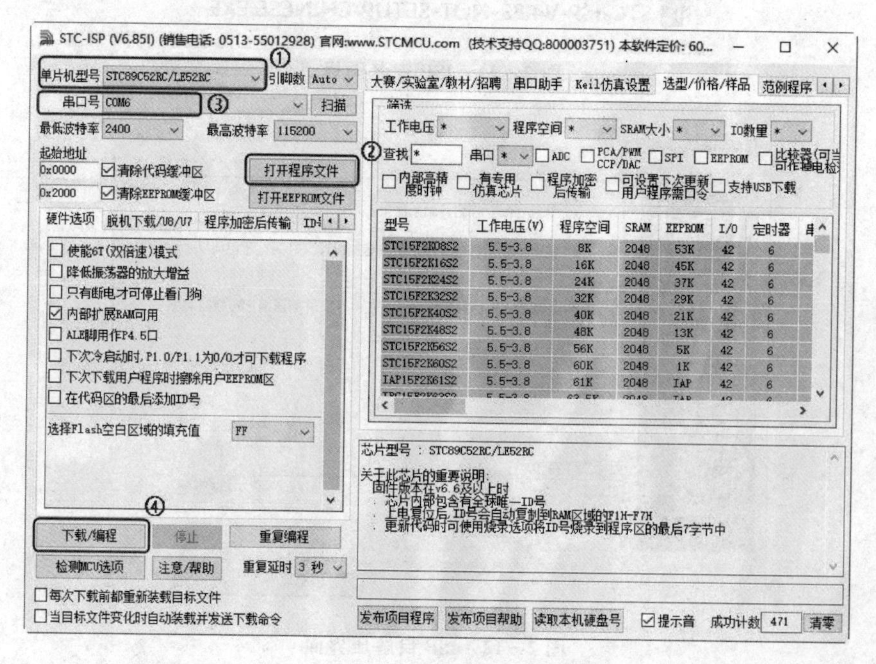

图 2-14　ISP 软件下载基本选项

【注意】单击“下载/编程”按钮之前，①～③的操作顺序没有影响。第一次设置好之后，一般第①步的设置在下一次启动软件时会默认记住。由于每次下载线可能插入的 USB 端口不同，要检查第②步的串口号是否正确，否则下载失败。

① 选择芯片型号。必须与开发板上单片机型号完全对应(主板锁紧座上的单片机)，如图 2-15 所示。如果下载软件中没有对应型号，则须去 STC 官网下载最新版本，这里以 STC90C516RD+为例。

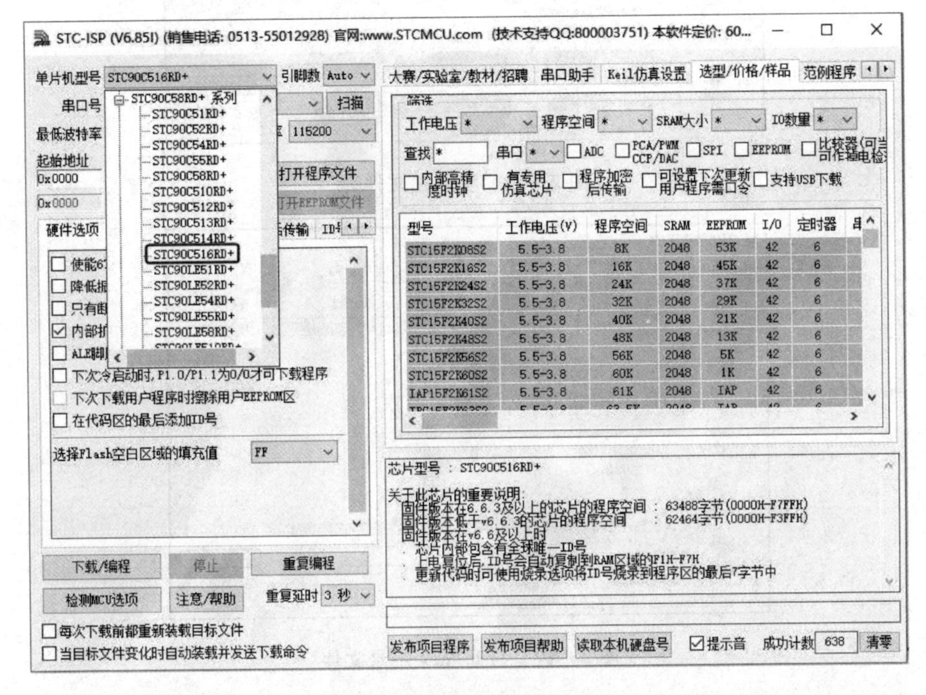

图 2-15　芯片型号选择界面

② 加载可执行文件。打开需要烧写到单片机里的可执行文件，即. hex 文件(例如，LY-51S 开发板配套资料→5、配套程序→LY-51S C 语言程序→14-花样灯→obj 文件夹→花样灯. hex)，文件位置如图 2-16 和图 2-17 所示。

③ 选择 COM 口。安装驱动程序时虚拟出来的 COM 口(到设备管理器查看，本例为 COM3，如图 2-18 所示)。

④ 程序下载。单击“下载/编程”，先关掉电源，稍等片刻打开电源，等待下载完成，这个过程称为“冷启动”。下载过程如图 2-19～图 2-21 所示，不同版本的下载软件在下载过程中可能显示蓝色下载进度条。

注意：上述第 4 步的操作顺序非常重要。

【冷启动】单击“下载/编程”按钮前开发板电源是关闭的，单击“下载/编程”按钮后大概 1 秒钟打开开发板电源，右下角下载窗口显示进度状态或蓝色进度条，并有提示音表示下载成功。

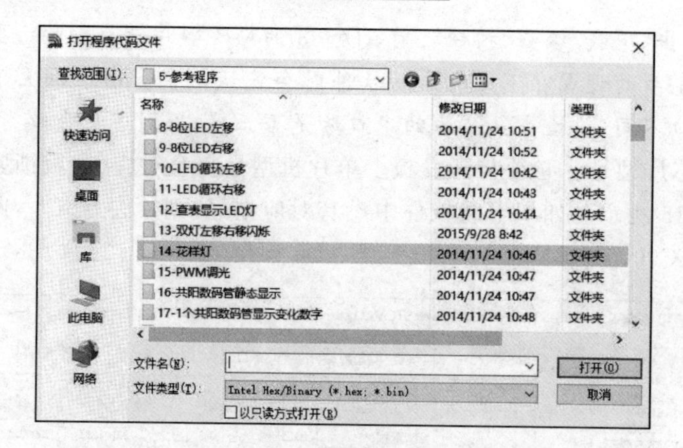

图 2-16　程所在文件夹

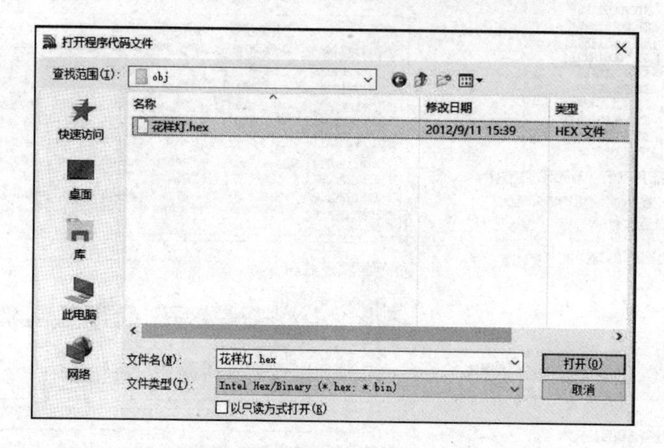

图 2-17　打开.hex 烧录文件

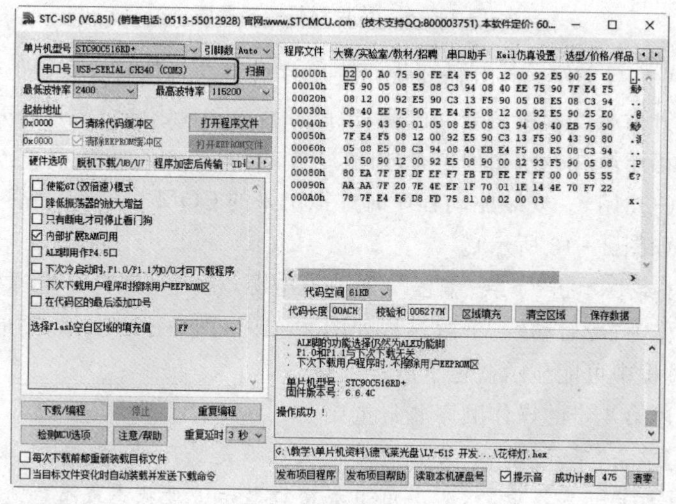

图 2-18　选择串口

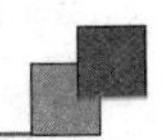

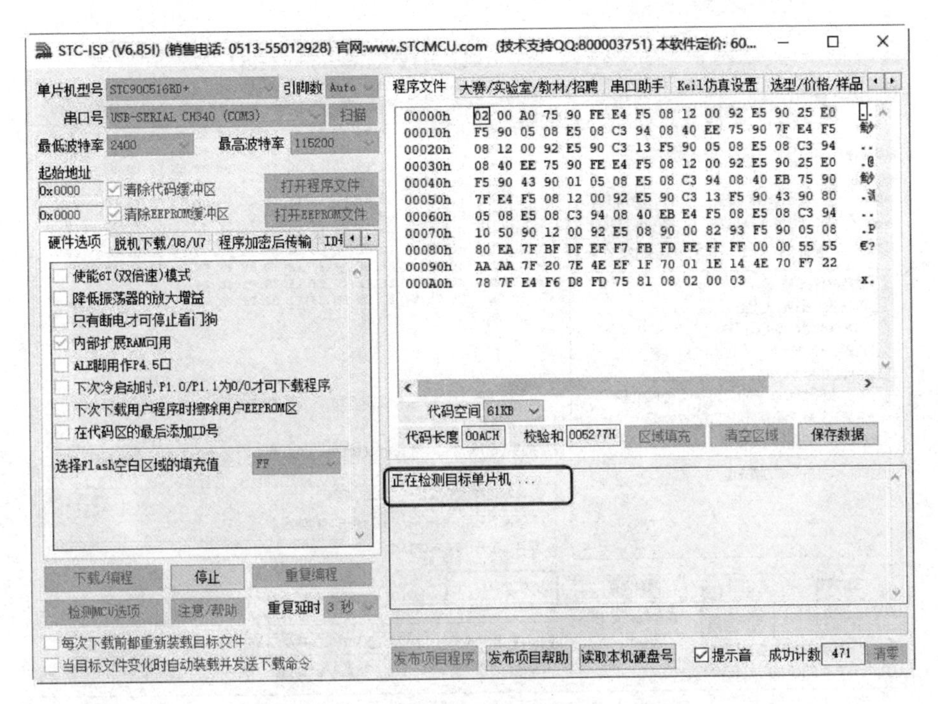

图 2-19　等待硬件冷启动(关闭再打开电源)

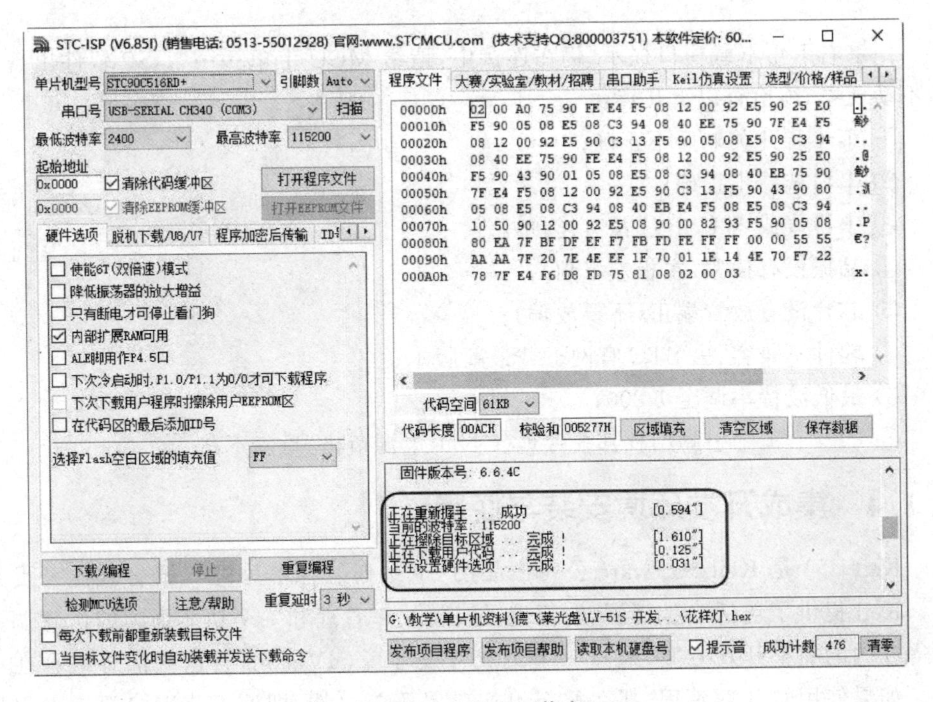

图 2-20　程序下载中

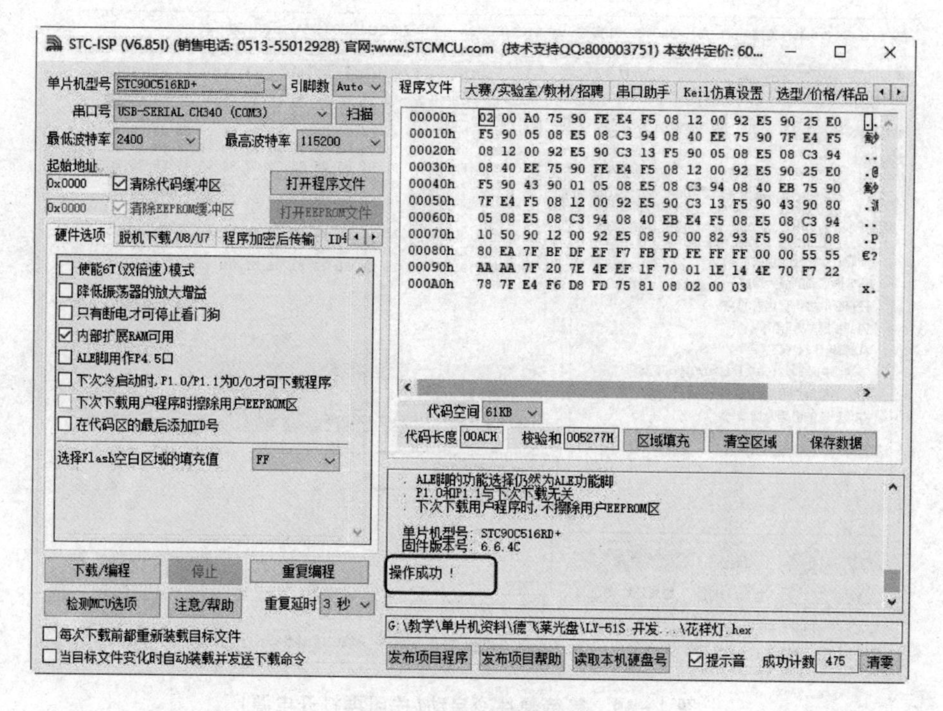

图 2-21 程序下载成功

如果右下角下载窗口提示“仍在连接中，请给 MCU 上电……”，ISP 软件出现长期不动现象，须检查以下几点：

① 第 4 步开关顺序不正确；

② 串口选择不正确；

③ 串口线或者 USB 线没有连接好；

④ 晶振没有插紧(主板左下角)；

⑤ 芯片没有放置端正(不要放偏)；

⑥ 软件不兼容，去 STC 官网下载最新版本；

⑦ 最低波特率调至 1 200；

⑧ P1.0、P1.1 引脚用杜邦线接地(GND，电源负极)重新下载。

2.1.4 集成开发环境安装与使用

Keil C51 是 Keil Software 公司出品的 51 系列兼容单片机 C 语言软件开发系统。Keil 提供了包括 C 编译器、宏汇编、链接器、库管理和一个功能强大的仿真调试器等在内的完整开发方案，通过一个集成开发环境(μVision)将这些部分组合在一起。如果使用 C 语言编程，那么 Keil 几乎就是不二之选；即使不使用 C 语言而仅用汇编语言编程，其方便易用的集成环境、强大的软件仿真调试工具也会事半功倍。

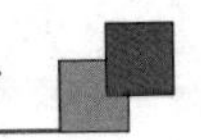

关于集成开发环境 Keil μVision 的版本，Keil 公司目前发布的最高版本是 Keil μVision5。具体使用哪个版本读者可以依据自己的喜好选择，本书使用 Keil μVision2。

1. Keil C51 的安装

读者自行下载 Keil 软件，双击 Setup. exe 可执行安装文件，安装欢迎界面如图 2-22 所示，选择第一个 Install。

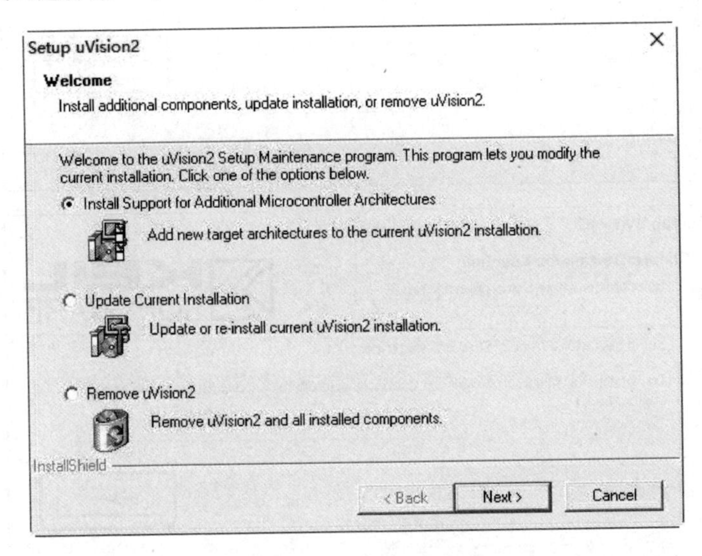

图 2-22 程序下载成功

安装版本选择如图 2-23 所示，有两个版本供选择：Eval(评估版)和 Full(完整版)。Eval 版本有 2 KB 代码限制，这里选择 Full 版本安装。

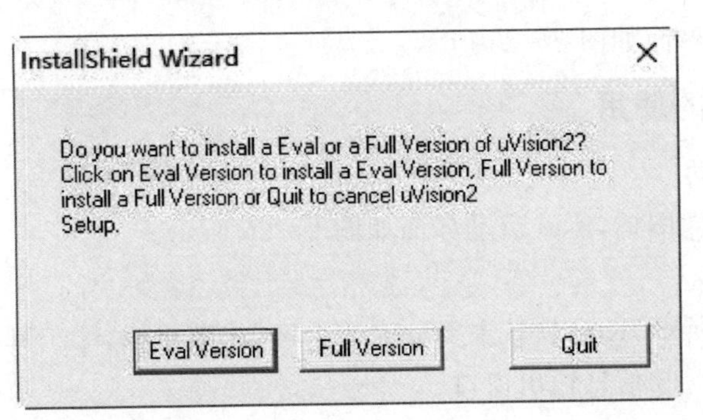

图 2-23 安装版本选择界面

单击 Browse 按钮选择安装路径，如图 2-24 所示。这里选择 D:\Keil，然后单击 Next。

【注意】安装路径可以选择自己习惯放置的位置，建议安装到非中文路径下。

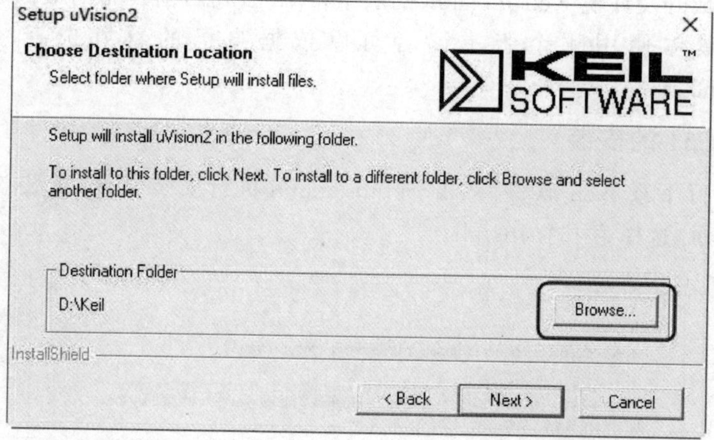

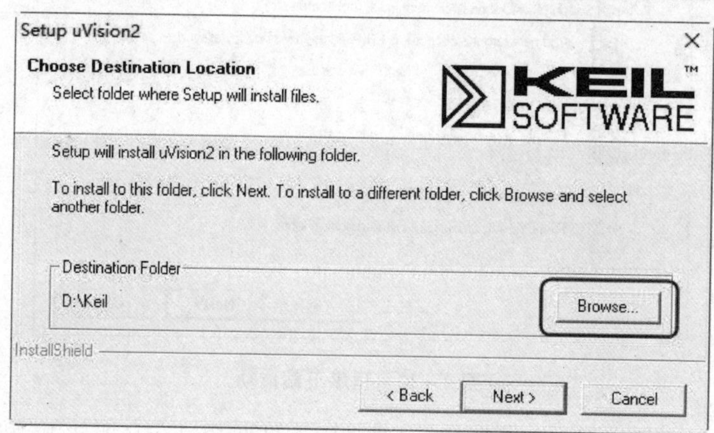

图 2－24　安装路径选择界面

安装完成后界面如图 2－25 所示。

2. Keil C51 的使用

(1) 软件启动

双击桌面上图标，Keil 启动界面如图 2－26 所示。

(2) 窗口分区

如图 2－26 所示，Keil 软件主要分为 5 个区：①菜单栏，②工具栏，③项目管理器窗口，④编辑窗口，⑤信息输出窗口。

(3) 常用按钮

1) 窗口的显示或隐藏

按钮：显示或隐藏项目管理窗口。重复单击该按钮，可观察窗口变化情况。

按钮：显示或隐藏输出信息窗口。进行程序编译时，在输出信息窗口可以查看被编译的文件有哪些、程序代码是否有错误（错误或警告个数、错误或警告提示）、

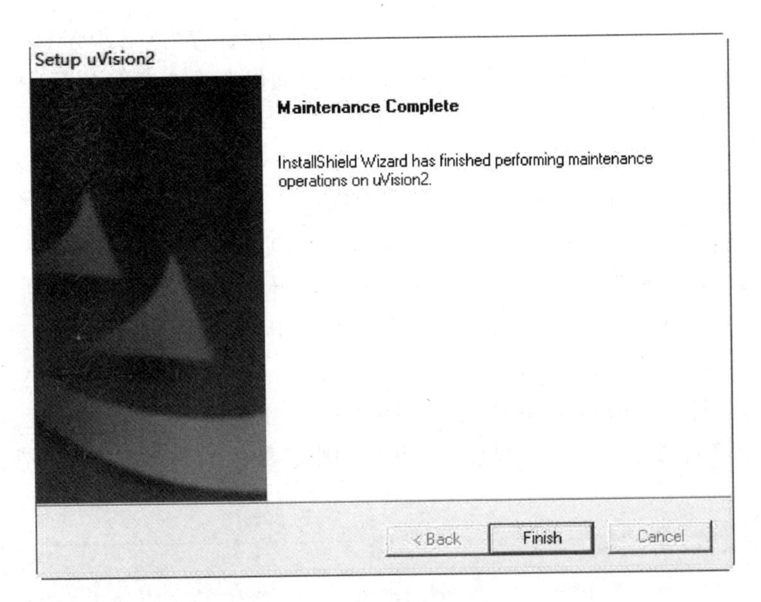

图 2－25　安装完成

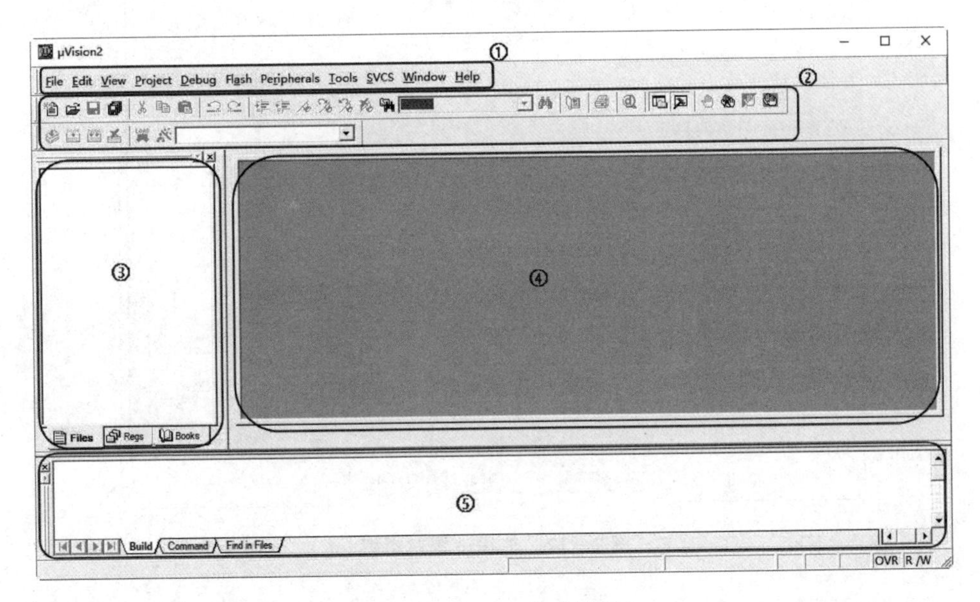

图 2－26　Keil 启动界面

编译是否成功、是否生成了单片机烧写文件、生成文件的大小等。重复单击该按钮，可观察窗口变化情况。

2）文件操作

按钮：创建新文件。

按钮：打开已经存在的文件。

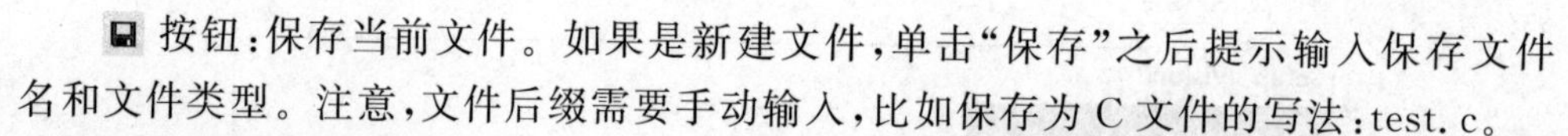

按钮：保存当前文件。如果是新建文件，单击“保存”之后提示输入保存文件名和文件类型。注意，文件后缀需要手动输入，比如保存为 C 文件的写法：test.c。

按钮：保存所有文件。

3）程序编译

按钮：编译正在操作的文件，用于错误检测，不产生可执行文件。

按钮：编译修改过的文件，并生成应用程序供单片机直接下载。

按钮：重新编译当前工程中的所有文件，并生成应用程序供单片机直接下载。因为一个工程不止有一个文件，有多个文件时可使用此按钮进行编译。

4）工程设置

按钮：打开 Options for Target 对话框进行工程选项设置，如图 2-27 所示。要想生成能够直接下载的单片机程序文件，则需要在 Output 选项卡选中 Create HEX File。

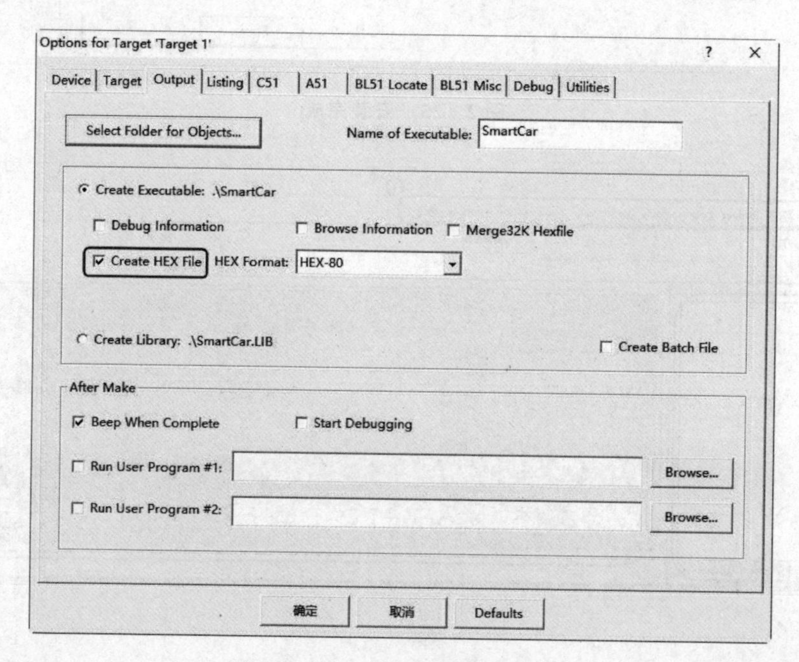

图 2-27　工程设置对话框

5）程序调试

按钮：启动/停止调试模式。重复单击该按钮，可观察窗口变化情况。

按钮：设置/取消断点。将光标放置到可以设置断点的行，则该按钮会生效；否则，无效。反复点击该按钮，则光标所在代码行首会有一个“红色”标记出现/消失。

按钮：取消已经设置的所有断点。

以上是使用频率较多的按钮，这些按钮的功能也可以通过菜单栏启动，放到工具栏中方便使用。还有一些调试按钮具体用到时再介绍。

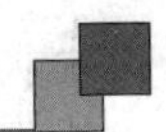

2.2 开发流程

2.2.1 Keil C51 工程创建及程序编译

1. 新建工程

双击桌面 Keil 图标启动软件，并选择 Project→New Project 菜单项，如图 2-28 所示，则弹出新建工程对话框，如图 2-29 所示。其中，①为工程存放位置，②为工程名。

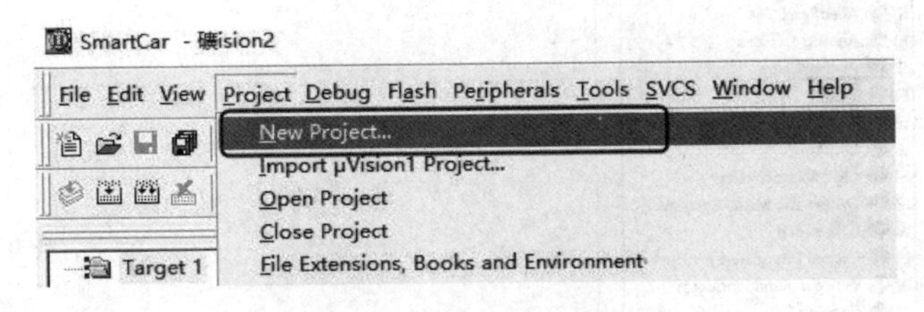

图 2-28 新建工程操作

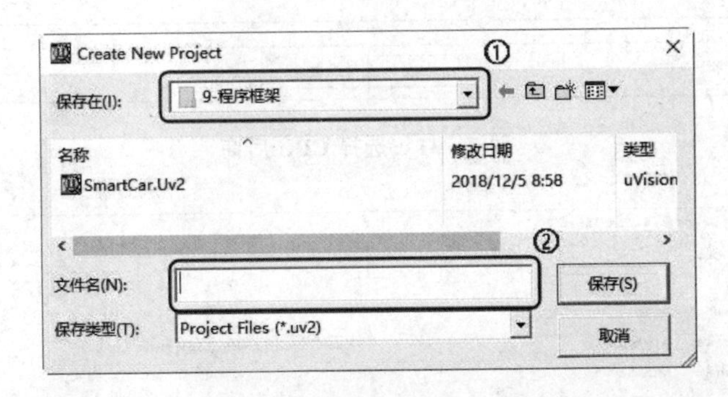

图 2-29 新建工程对话框

【注意】尽量单独建立一个文件夹来存放一个工程，方便管理。本例中首先建立了 Keil Programme 文件夹，用于存放所有单片机程序。在其下面又建立了 test 文件夹，用于存放新建立的 test1 工程，如图 2-30 所示，单击“保存”。

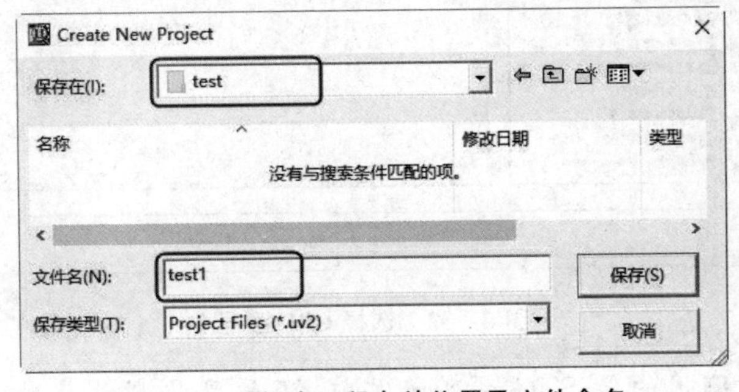

图 2-30 新建工程存放位置及文件命名

保存之后则弹出 CPU 选型对话框，如图 2-31 所示，显示的是各厂商的名字，这里选择 Atmel。点开“+”则显示该厂商支持的各种具体型号的 CPU，如图 2-32 所示（右侧提示选定芯片的内部资源信息），这里选择 AT89S52，单击“确定”。

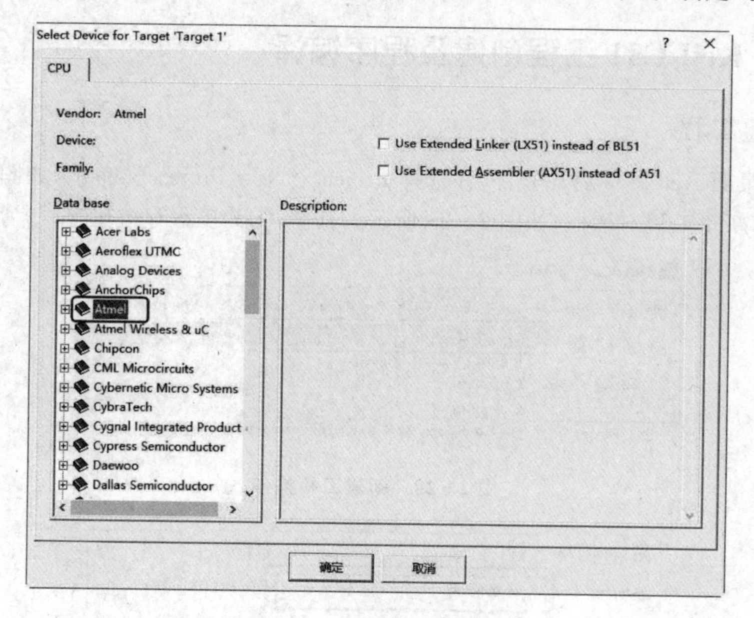

图 2-31　选择 CPU 厂商

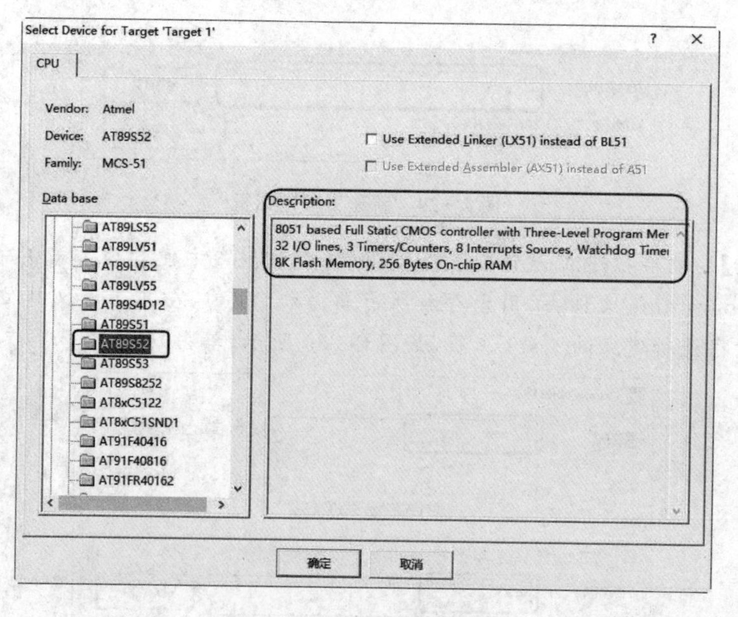

图 2-32　选择 CPU 型号

【注意】如果使用的是 STC 系列单片机，不管具体型号是什么，都可以选择

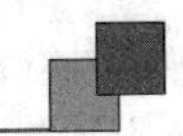

AT89S52或者AT89C52替代，这个对编译没有影响。或者参考STC的建议，Keil开发环境下选择Intel的8051、52、58等型号芯片进行编译。如果必须要选择STC对应的芯片型号，须到STC官方网站下载keil对应的文件，并覆盖Keil安装文件下同名文件。

如图2-33所示，提示是否加载"标准启动文件"。刚开始学习可以不用加载，选择"否"。

到这里工程就建立完成了，下一步需要建立一个C或者ASM(汇编)类型的文件，并添加到该工程中，这里以C文件为例讲解。

2. 新建文件

选择File→New菜单项(也可以单击工具栏中的快捷按钮)，如图2-34所示，则弹出一个空白文本Text1，如图2-35所示。

图2-33 是否加载标准启动文件对话框

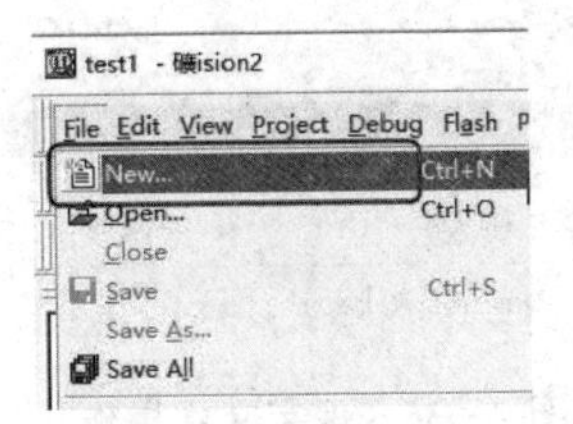

图2-34 新建文件操作

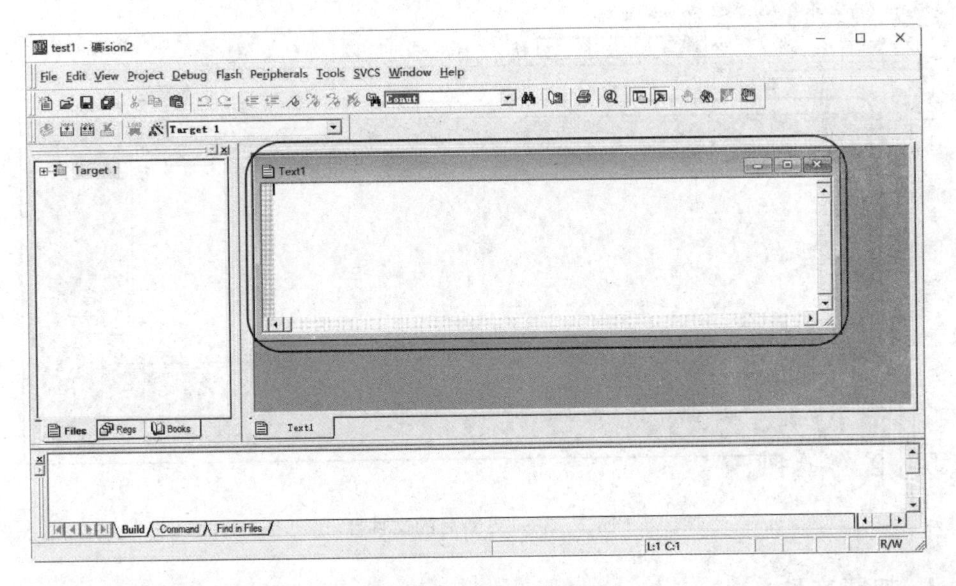

图2-35 空白文件界面

选择File→Save菜单项，如图2-36所示，则弹出保存对话框，如图2-37所示。文件默认存储路径是当前test工程，输入文件名Text1.c，单击"保存"。

【注意】文件默认的保存类型是 All Files，这里需要的类型是 C 文件，所以需要手动输入后缀为".c"的文件名。

保存之后可以看到，文件名自动更新为带绝对路径的新命名，如图 2-38 所示。单击文件窗口右上角的"最大化"按钮（或者双击文件窗口的标题栏），则可以全屏显示。

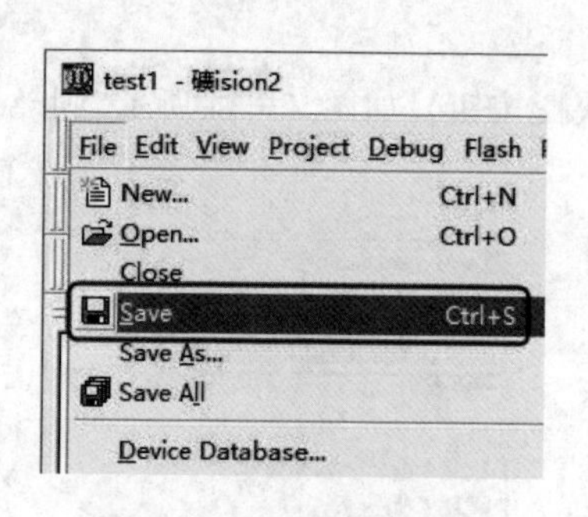

图 2-36 保存文本操作

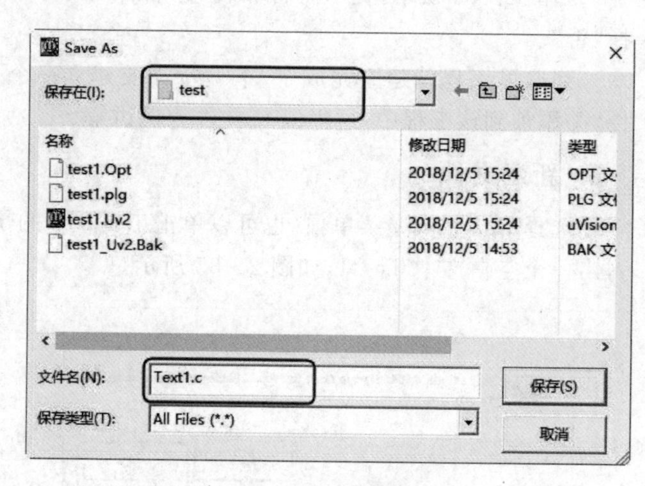

图 2-37 保存对话框

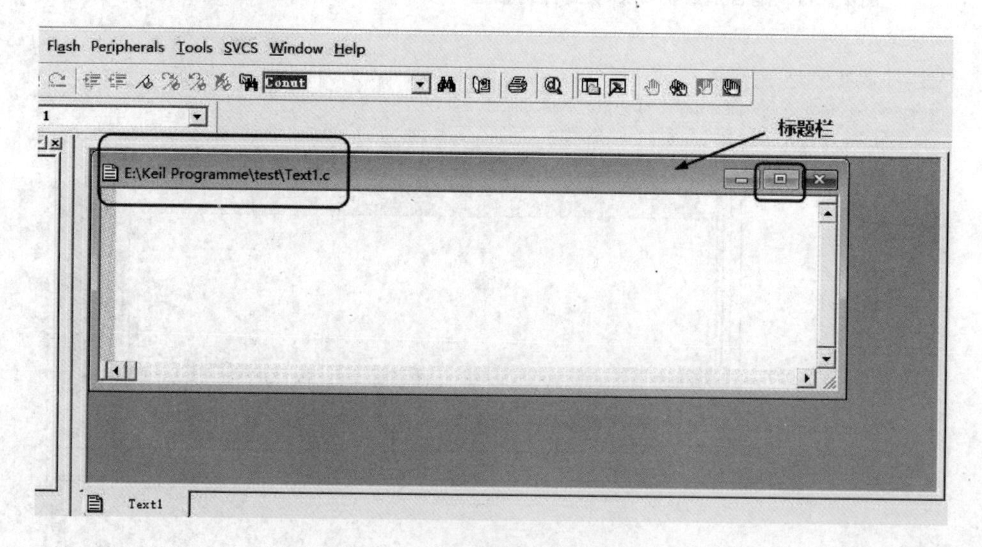

图 2-38 更新后的文件名

3. 加载文件

经过前两步，工程和 C 文件均已创建成功，但是两者是独立的，需要将 C 文件加载到工程中才可以在工程中对文件进行编译等操作，从而生成可以下载到单片机的

执行文件。具体步骤操作如下：

① 单击 Target1 前面的“+”号可以看到，Source Group 1 下面没有任务文件，如图 2-39 所示。

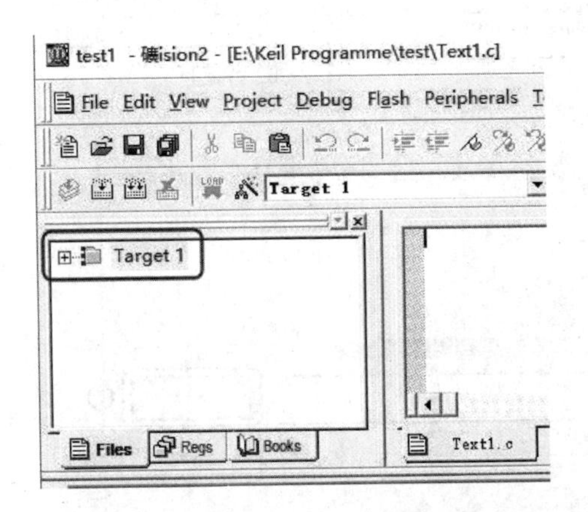

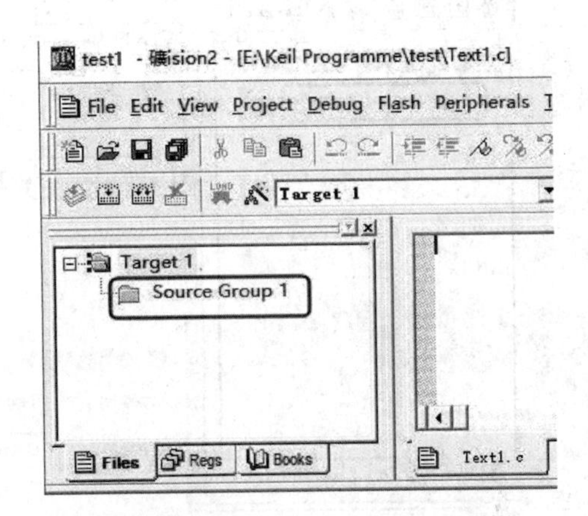

图 2-39 新建工程目录结构(无文件)

② 右键 Source Group 1，如图 2-40 所示，在弹出的级联菜单中选择 Add Files to Group(添加文件到源程序组)，则弹出文件选择对话框，如图 2-41 所示。

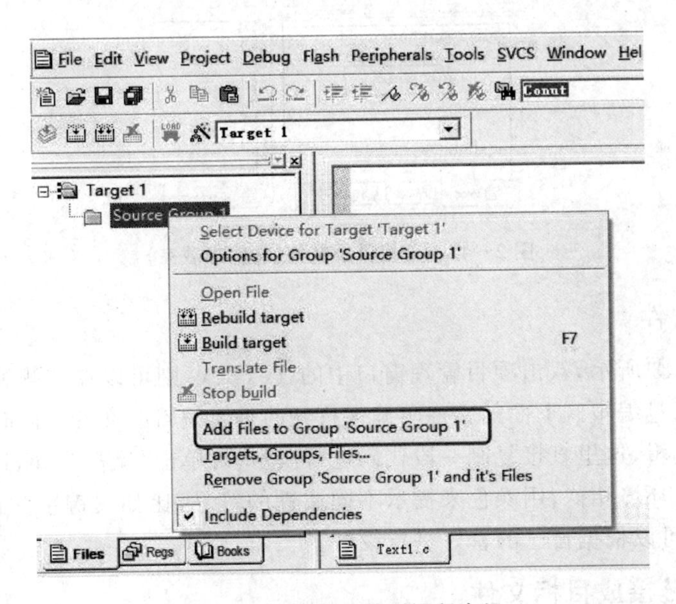

图 2-40 添加文件到源程序组

③ 选中刚才保存的 Text1.c 文件并单击 Add，然后单击 Close 文件添加完成。此时可以看到 Source Group 1 前面出现了“+”号。单击“+”号，如图 2-42 所示，可以看到 C 文件已经添加到工程中了。

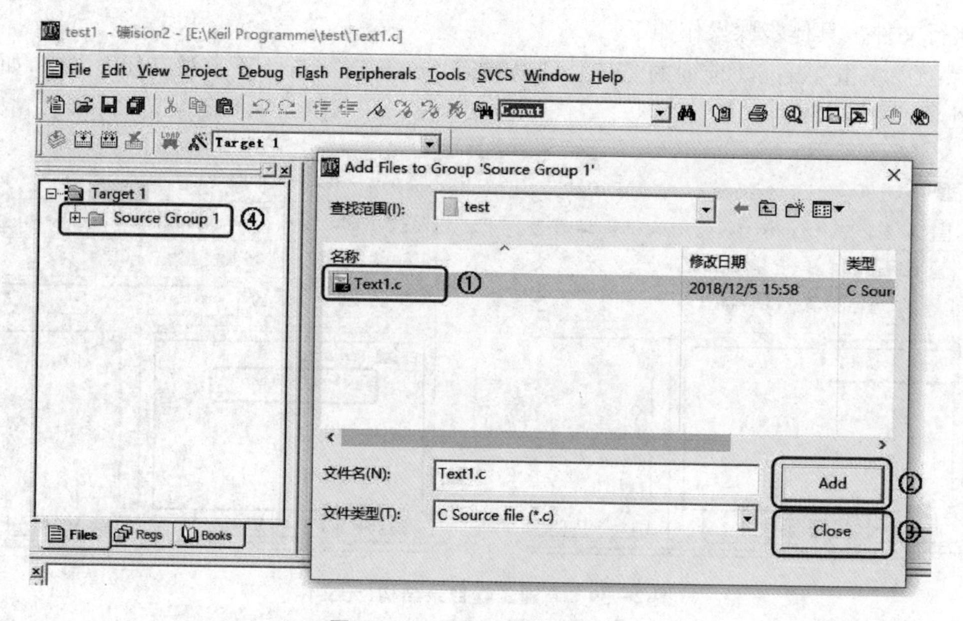

图 2-41 添加文件操作过程

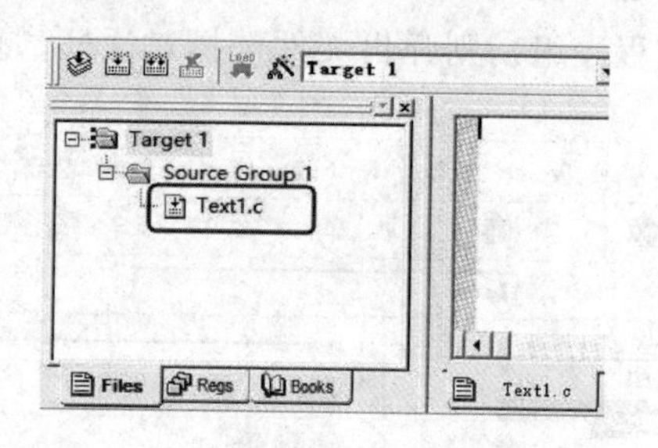

图 2-42 工程目录结构(文件加载完)

4. 编辑文件

如图 2-43 所示,双击项目管理窗口中的 Text1.c,则可以在右侧编辑区打开该文件。可以通过编辑区下面的文件名确保打开的是要编辑的文件。此时可以在编辑区进行代码编辑,这里直接复制一段代码进行演示,再单击“保存”。Keil C51 软件同其他集成开发环境相似,用颜色来提示不同属性的符号,比如关键字为蓝色、注释为绿色,当然也可以根据自己的喜好进行设置。

5. 编译、链接成目标文件

对文件进行编译的目的是通过 IED 来发现程序中的警告和错误,非语法性的逻辑错误是发现不了的。编译前还需要对工程进行设置,设置之后如果编译没有错误,才能生成单片机可以运行的程序。操作方法是单击工具栏的按钮,打开工程参数设置对话框,如图 2-44 所示。

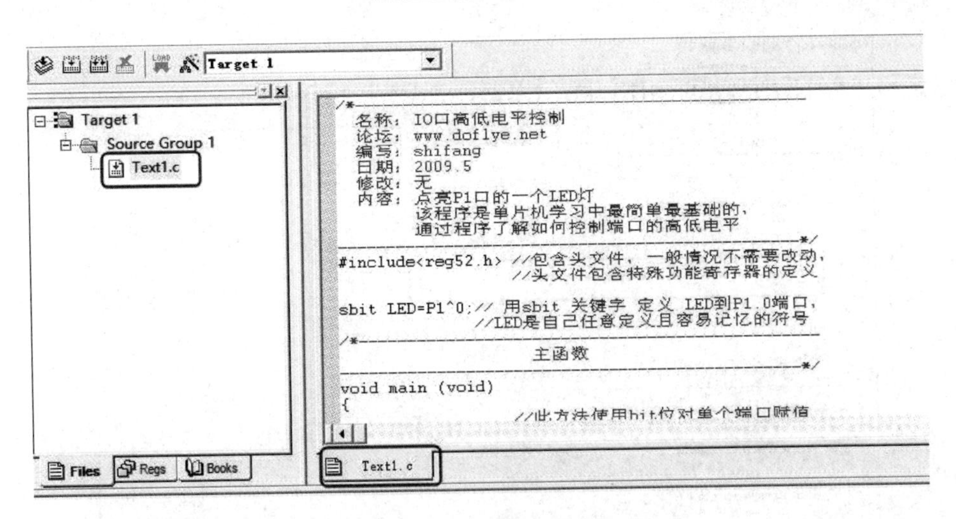

图 2－43　编辑文件

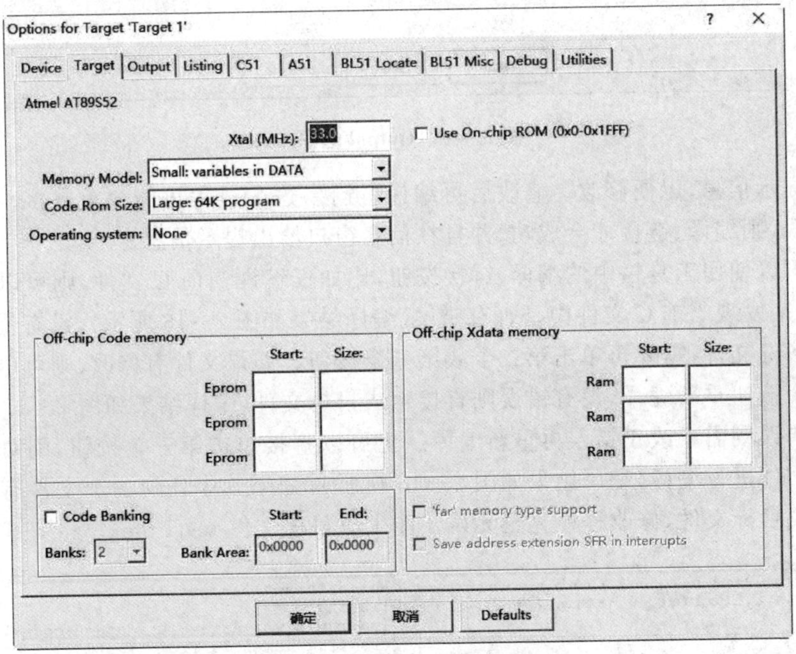

图 2－44　工程参数设置对话框

选择 Output 选项卡，如图 2－45 所示。选中 Create HEX File 项，表示编译需要产生十六进制文件；这个文件是烧写到单片机必须的文件，所以必须选中此项。然后单击“确定”。

接下来选择 Project→Built Target 菜单项对文件进行编译、链接，以生成目标文件。编译、链接时如果程序有错，则编译不成功，并在界面底部的信息窗口给出相应

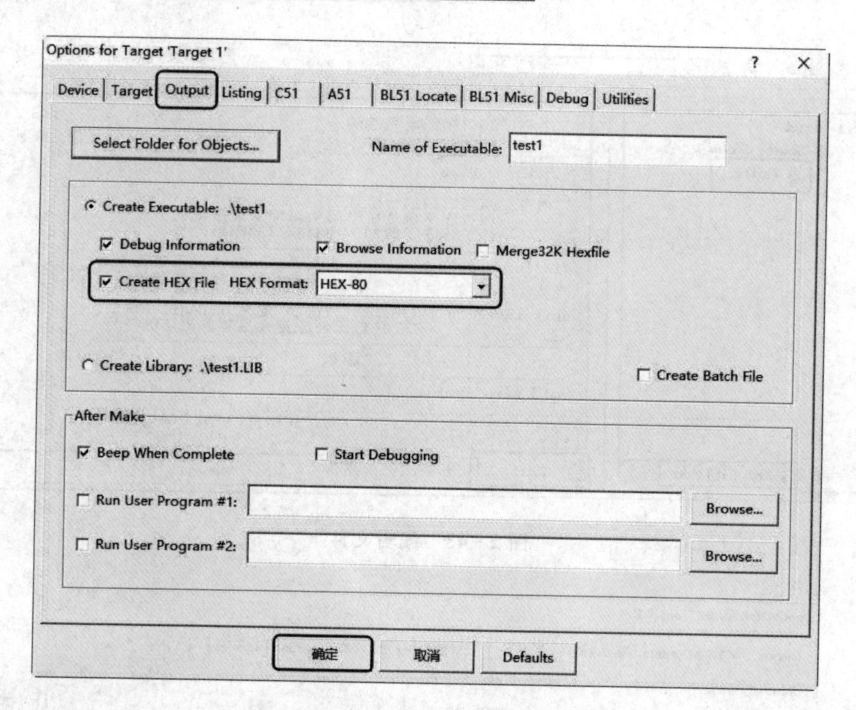

图 2-45　Output 选项卡

的错误提示信息，以便修改。修改后再编译、链接，这个过程可能会重复多次。如果没有错误，则编译、链接才会成功，并且在信息窗口给出提示信息。

也可以使用工具栏中的编译、链接按钮，比如仅编译当前 C 文件，则可以单击第一个，用来发现当前 C 文件中是否有错误（编译结果如图 2-46 所示），没有错误也不能生成目标文件，需要再单击第二个或第三个按钮。如果文件有修改，则可以直接单击第二个按钮重新编译，没有错误则直接生成目标文件（编译结果如图 2-47 所示），如果有错误则需要改正错误再重新编译。也可以直接单击第三个按钮，则对工程中的所有文件进行编译（编译结果如图 2-48 所示）；如果其中任何一个文件有错误都不会生成目标文件，修改程序直至无误才能生成目标文件 test1. hex。

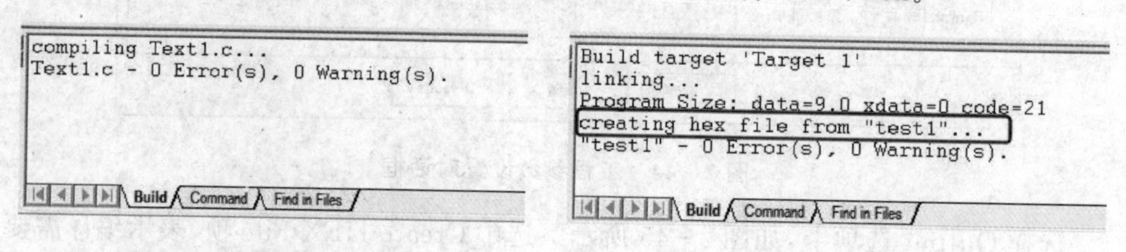

图 2-46　编译当前文件　　　　图 2-47　编译修改过的文件

如图 2-47 和图 2-48 所示，编译生成目标文件的提示为“creating hex file from "test1"……”，意思是从 test1 工程生成了目标文件。

【注意】目标文件名与工程名相同，与工程内的文件名无关。本工程名为 test1，

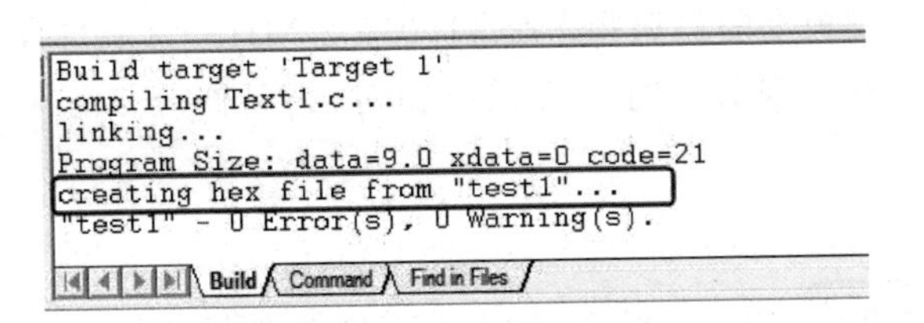

图 2-48　编译工程

因此编译后生成的目标文件名为 test1.hex。

2.2.2　程序运行

1. 下载运行

下载运行是将编译、链接之后生成的 hex 文件下载到开发板上，运行并观察结果。一般操作流程如下：

① 目标文件下载：使用下载软件将生成的 test1.hex 文件下载到开发板上（具体下载方法参考 2.1.3 小节）。

② 电路连线：按照项目功能需求，使用杜邦线将单片机引脚与相应模块连接好。

③ 观察结果：观察运行结果是否与项目预期功能一致，不一致则修改程序，重新编译、链接、下载，再观察。重复以上步骤直至达到预期效果。

2. 调试运行

调试运行是指利用 Keil 软件的调试功能，通过仿真运行来观察结果。此时程序并没有下载到开发板上，该过程称为软件仿真。下面以一个简单的程序为例，演示运行调试的详细过程：

```
#include <reg52.h>                  //52 系列单片机头文件
sbit LED = P1^0;                    //声明单片机 P1 口的第一位为 LED(重命名)
void main(void)
{
    unsigned char i = 0;            //循环次数
    while(1)                        //主循环
    {
        for(i = 0;i<4;i++)
        {
            LED = 1;                //LED 熄灭
            LED = 0;                //LED 点亮
        }
        i = 0;
    }
}
```

一般单片机开发板上的晶振频率是 11.059 2 MHz，为了与真实环境保持一致，启动调试前首先设置该参数。打开工程设置对话框，修改 Target 选项卡中的 Xtal (MHz)，如图 2-49 所示。

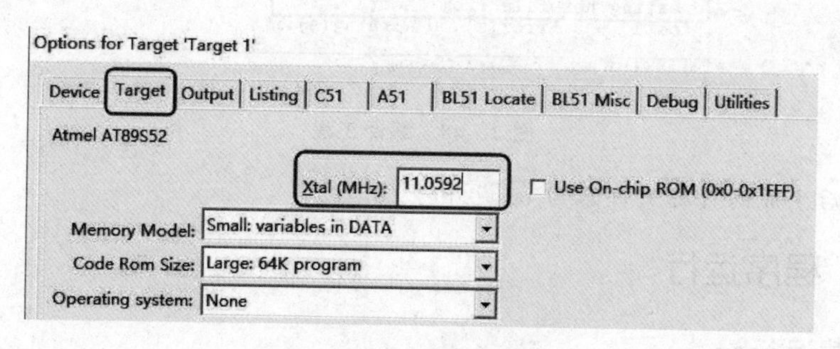

图 2-49　设置晶振频率

(1) 第一步

选择 Debug→Start/Stop Debug Session 菜单项（或者工具栏中的按钮）进入调试模式，如图 2-50 所示。其中，①区显示的是寄存器名称及其数值；②区是 main 函数的入口地址，可以看到，main 是从第 19 行开始的，其前面的语句为启动代码；③区 Disassembly 窗口是反汇编窗口，如果看不懂汇编语言，则单击右上角的“X”号关闭窗口即可，于是弹出如图 2-51 所示界面。该界面为 Text1.c 程序界面，其中，黄色箭头指示下一步将要执行的语句。

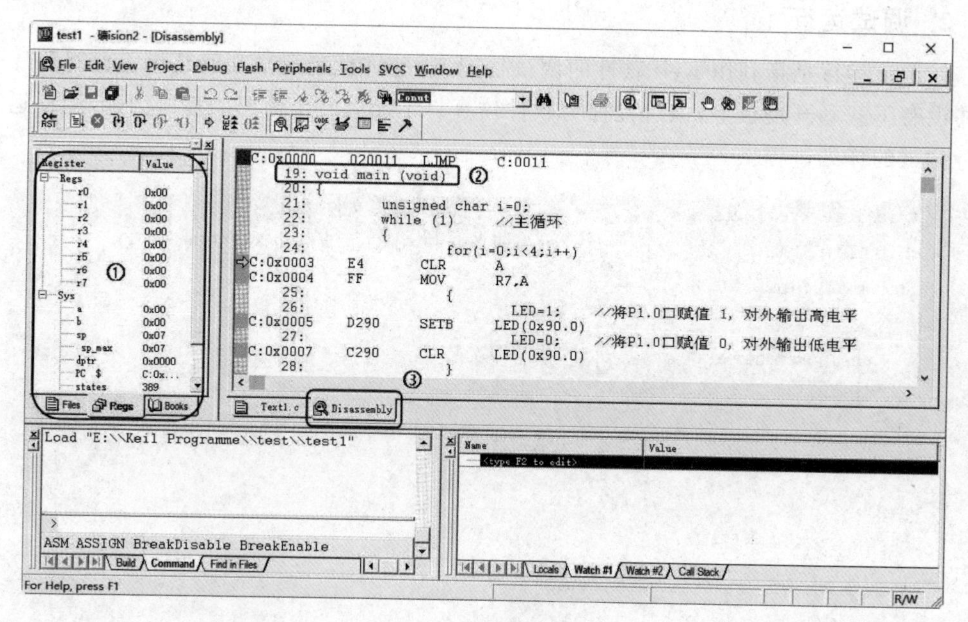

图 2-50　启动调试

【注意】在软件调试模式下，可以设置断点、单步、全速、进入某个函数内部运行程

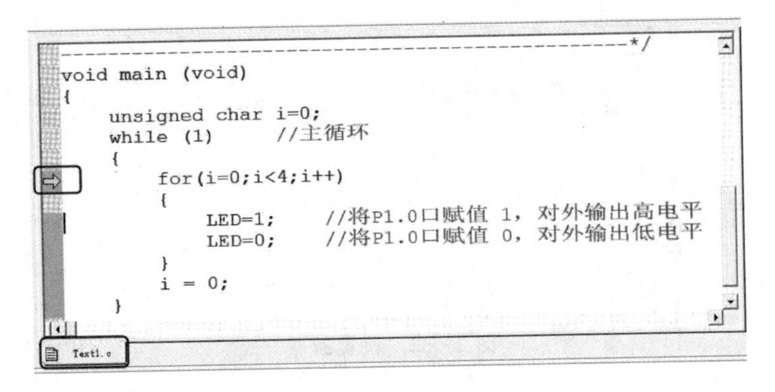

图 2-51　启动界面

序，还可以查看变量的变化过程、模拟硬件 I/O 口电平状态变化、查看代码执行时间等。进入调式模式下可以看到，工具栏上多了一行调试按钮，如图 2-52 所示。

图 2-52　调试工具栏

常用的调试按钮功能如下：

：将程序复位到主函数的开始处，准备重新运行程序。

：全速运行，运行程序时中间不停止。

：停止全速运行。程序全速运行时该按钮被激活，用来停止正在全速运行的程序。

：单步运行，进入子函数内部。

：单步运行，不进入子函数内部，把函数当成一条语句直接跳过。

：跳出当前函数，只有进入子函数内部时该按钮才被激活。

：程序直接运行到当前光标所在行。

：显示/隐藏编译窗口，可以查看目标文件对应的汇编代码。

：显示/隐藏变量观察窗口，可以查看变量值的变化状态。

(2) 第二步：设置断点

将光标放置到想要设置断点的代码行首双击(或者使用工具栏上的图标)，则行首会出现一个"红色"标记，如图 2-53 所示。

断点的作用：程序在全速运行状态下，每遇到断点，则程序自动停止在断点处，接下来执行断点所在行的语句。有的时候跟踪代码时不希望从头开始运行，此时就可以在想要开始跟踪的代码行前设置断点，启动全速运行，则停止在断点处。

(3) 第三步：设置观察窗口

通过观察窗口可以监测变量的变化过程，变量不同，观察区域不同。变量主要有两类：一类是单片机内部资源对应的变量(特殊功能寄存器)，另一类是用户自定义

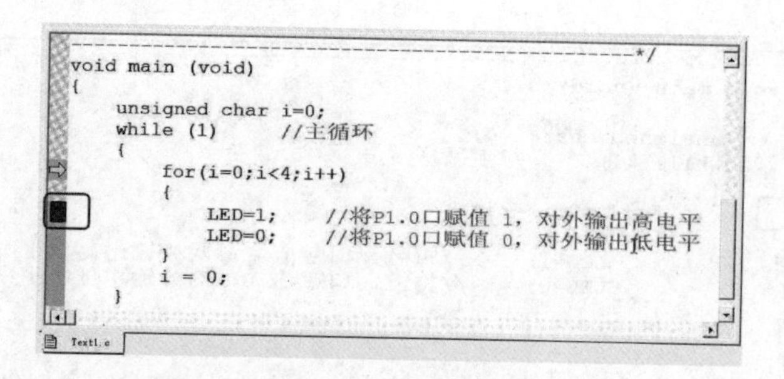

图 2-53　设置断点

变量。

① 单片机内部资源变量：比如本程序控制 LED 灯的亮灭，其中，LED 连接到了 P1.0 端口。打开端口 P1 模拟器的方法：选择 Peripherals→I/O Ports→Port1 菜单项。图 2-54(b)显示了单片机 P1 口 8 位口线的状态，单片机上电后 I/O 口默认全是 1(高电平)，即十六进制的 0xFF。单片机的中断、并口、串口、定时器等内部资源对应的模拟器窗口都在这里调出，其中，"√"表示值为 1，"空白"表示值为 0。

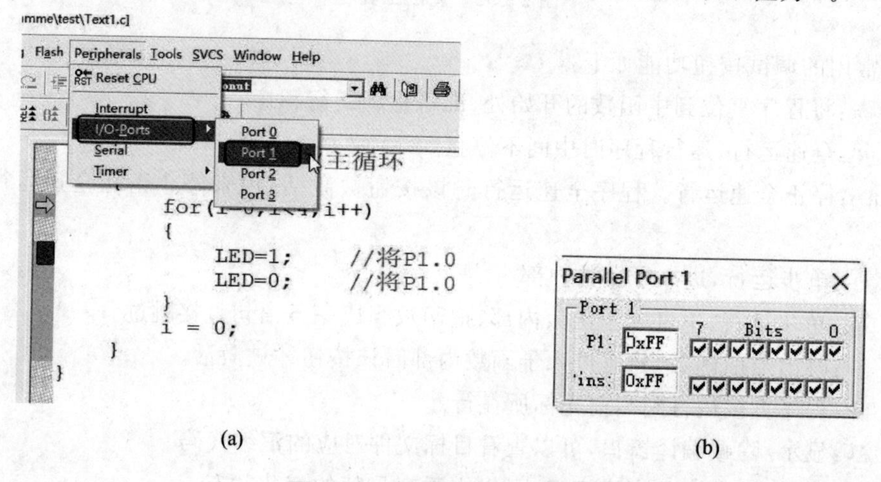

(a)　　(b)

图 2-54　内部资源监测窗口

② 用户自定义变量：比如本程序控制循环次数的变量 i，如图 2-55 所示，在观测窗口 Watch #1 中(其他窗口也可以)：鼠标单击观测窗口"type F2 to edit"一行(获取焦点)→按功能键 F2→输入变量 i→回车，则可以看到变量名及其对应的当前值(i=0)。继续按 F2 可以添加多个变量，使用 delete 键可以删除不需要的变量。

【注意】对于局部变量，在变量的生命周期内 Locals 窗口自动显示该变量，无须手动设置；生命周期结束后 Locals 窗口内的局部变量自动消失，而 Watch 窗口手动设置的变量会一直存在。

(4) 第四步：单步运行

选择 Debug→Step/Step Over 菜单项(或者快捷键 F11/F10)启动单步运行。两

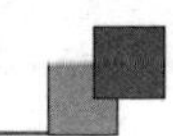

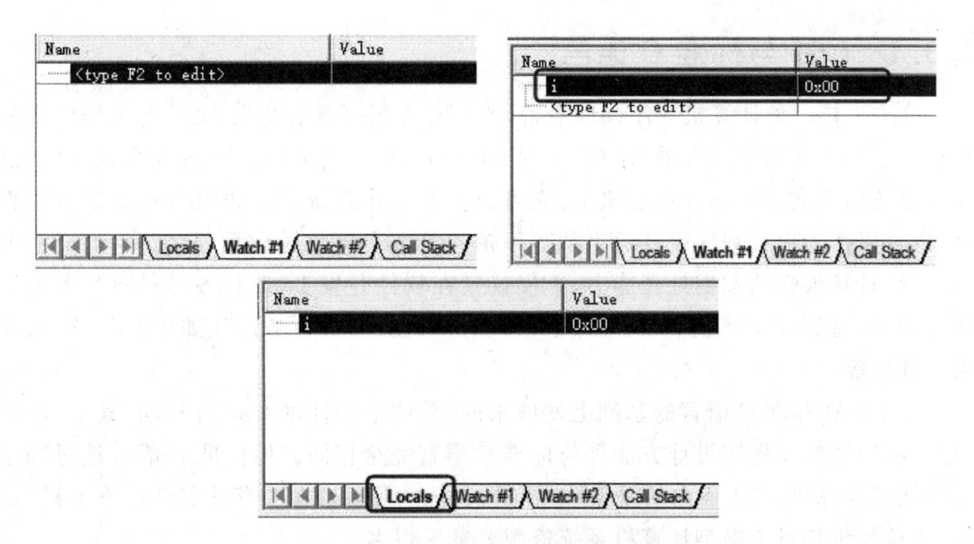

图 2-55　用户自定义变量监测窗口

者的区别是：当遇到函数时，Step 会进入函数内部进行跟踪；而 Step Over 则不进入函数内部，它把函数当成一条语句一步跳过。在没有遇到函数的时候，两者功能是一样的。

如图 2-56 所示，通过单步调试可以看到 P1.0 端口的状态在 1 和 0 之间不断变化，同时循环变量 i 的值也在随着循环次数的执行而改变。

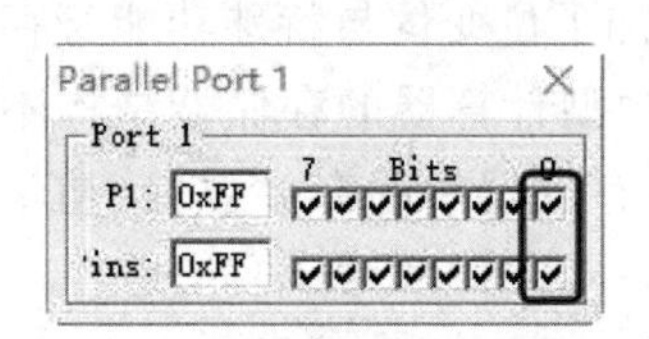

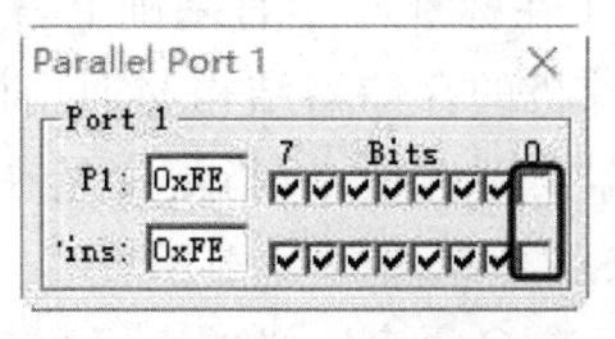

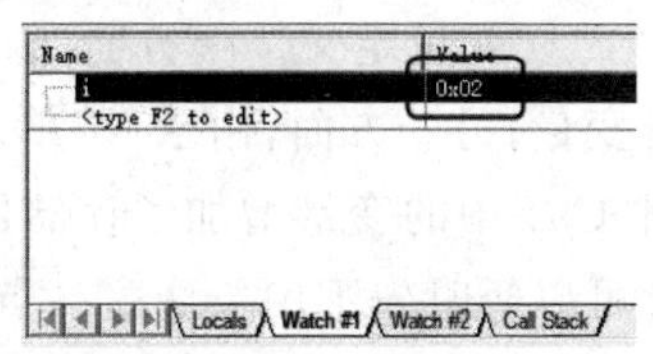

图 2-56　单步调试

(5) 第五步：退出调试

再次单击按钮则退出调试状态，返回程序窗口，单击取消所有断点即可。如果程序跟踪过程中想重新运行，可以单击按钮返回到程序首部。

【注意】在软件仿真运行环境下，可以控制程序单步运行，从而验证程序的正确性。当程序出现逻辑错误（非语法错误）时，仿真运行特别适合用来帮助排查错误。当然，不是所有的程序都能仿真运行，如果程序涉及外部模块或者采用了中断处理，以上情况需要使用单独的仿真器来仿真。

2.3　开发语言

与汇编相比，C 语言在功能、结构性、可读性、可维护性上有明显的优势，因而易学易用。

2.3.1 C51 与标准 C 语言

C 语言是一种计算机程序设计语言，既具有高级语言的特点，又具有汇编语言的特点。它由美国贝尔研究所的 D. M. Ritchie 于 1972 年推出。1978 年后，C 语言已先后被移植到大、中、小及微型机上；它可以作为工作系统设计语言编写系统应用程序，也可以作为应用程序设计语言编写不依赖计算机硬件的应用程序。它的应用范围广泛，具备很强的数据处理能力，不仅仅是在软件开发上，而且各类科研都需要用到 C 语言，适于编写系统软件、三维、二维图形和动画，具体应用比如单片机、嵌入式系统开发等。

C51 是在标准 C 语言的基础上发展来的，总体上与标准 C 语言相同，其中，语法规则、程序结构及程序设计方法等与标准 C 语言完全相同。但标准 C 语言针对的是通用微型计算机，C51 面向的是 51 单片机，它们的硬件资源与存储器结构不一样，而且 51 单片机相对于微型计算机系统资源要贫乏很多。

C51 与标准 C 语言的区别主要体现在以下几个方面：

① 数据类型。在标准 C 语言的数据类型基础上，C51 增加了两种数据类型：一是位类型(bit 和 sbit)，用于对 51 单片机位数据的访问；二是特殊功能寄存器型(sfr 和 sfr16)，用于对 51 单片机内部特殊功能寄存器的访问。同时，还对部分数据类型的存储格式进行了改造，以适应 51 单片机。

② 变量定义。一方面，C51 在标准 C 语言基础上增加了位变量与特殊功能寄存器变量；另一方面，由于 51 单片机的存储器结构与通用微型计算器的存储器结构不同，C51 中的变量增加了存储器类型选项，以指定变量在存储器中的存放位置(初学者可以暂时先不用关注这一点)。

③ 函数的定义和使用。标准 C 语言定义的库函数针对通用微型计算机，而 C51 中的库函数是按 51 单片机定义的。C51 中用户可以定义编写中断函数，而标准 C 语言中用户一般不自己定义中断函数。

C51 主要面向的是硬件，由于 51 单片机的局限性，比如速度、存储容量等，所以不能像在计算机上写 C 语言一样，需要更合理地使用变量和空间。

2.3.2 C51 的数据类型

1. C51 的基本数据类型

首先想一个问题：什么是数据类型？我们知道，程序和数据都是存储在内存中的，一个数据在内存所占空间的大小是由声明它时所使用的数据类型决定的。与通用微型计算机相比，单片机的内存空间要小很多，为了合理利用单片机的内存空间，使用一个变量前必须声明一个合适的类型，以便让编译器在单片机内存中为其分配合适的空间。

C51中常用的基本数据类型如表2-1所列。

表2-1 C51中常用的基本数据类型

关键字	数据类型	长度/字节	取值范围
unsigned char	无符号字符型	1	0～255
char	有符号字符型	1	－128～127
unsigned int	无符号整型	2	0～65 535
int	有符号字整型	2	－32 768～32 767
unsigned long	无符号长整型	4	$0\sim2^{32}-1$
long	有符号字长整型	4	$-2^{31}\sim2^{31}-1$
float	单精度实型	4	$3.4e^{-38}\sim3.4e^{38}$
double	双精度实型	8	$1.7e^{-308}\sim1.7e^{308}$

C语言中还有short int、long int、signed short int等数据类型。在51中默认规则如下：short int即int，long int即long，前面若无unsigned符号，则都按signed型处理。

单片机存储器的最小长度单位是"位"，那么1位又是多大空间呢？在单片机中，所有的数据都是以二进制形式存储在存储器中的，二进制就只有两个状态：0或1，那么0或1所占的空间大小就是一个位，通常用bit或b表示。比位大的单位是字节，通常用byte或B表示，1个字节等于8位(1B=8b)。其他数据类型与位之间的对应关系可自行转换，具体细节可以参看C语言书籍中数据类型部分。

2. C51扩充的数据类型

在C语言的基础上，C51又扩充了4种数据类型，如表2-2所列。表中的4种数据类型可以概括为两类：位类型和特殊功能寄存器型。

表2-2 C51中扩充的数据类型

关键字	数据类型	长 度	取值范围
bit	位型	1位	0或1
sbit	特殊位型	1位	0或1
sfr	8位特殊功能寄存器型	1字节	0～255
sfr16	16位特殊功能寄存器型	2字节	0～65 535

(1) 位类型

用于访问51单片机可位寻址的单元。在C51中支持两种位类型：bit型和sbit型，它们在内存中都只占一个二进制位，其值可以是"0"或"1"。位类型的使用方法如下：

① bit:位变量声明,当定义一个位变量时使用此符号。例如:

```
bit flag = 0;          //声明一个位变量 flag,flag 可以赋值为 0 或 1
```

② sbit:特殊功能位声明,即声明一个特殊功能寄存器中的某一位。例如:

```
sbit EA = IE^7;          //IE 是一个 8 位寄存器,IE^0 表示其最低位,IE^7 表示其最高位。
```

该语句表示将 IE 寄存器的最高位定义为 EA,该定义之后可以直接使用 EA 对 IE 的最高位进行操作,比如:EA=0;或者 EA=1。

【注意】关于 sbit 的应用,通常有两种情况:

```
/*  IE   */
sbit EA    = IE^7;
sbit ET2   = IE^5; //8052 only
sbit ES    = IE^4;
sbit ET1   = IE^3;
sbit EX1   = IE^2;
sbit ET0   = IE^1;
sbit EX0   = IE^0;
```

图 2-57 sbit 声明特殊功能寄存器的位

① 头文件 reg51.h 或 reg52.h 中关于特殊功能寄存器的位声明。如图 2-57 所示,图中仅以 IE 寄存器为例,其他更多寄存器的位声明参看 reg51.h 或 reg52.h 头文件。

② 用户自定义位。当单片机的 I/O 端口对外连接了外设时,比如 P1.0 口连接了一个 LED 灯,程序中如果写 P1.0,往往不能明确理解端口的实际含义;如果写成 LED,则很容易理解 P1.0 端口是控制 LED 灯,从而增强程序的可读性。程序实现如下:

```
sbit LED = P1^0;        //重新定义 P1.0 口为 LED
LED = 0;                //即控制 P1.0 端口输出低电平,结合实际电路,LED 点亮
LED = 1;                //即控制 P1.0 端口输出高电平,结合实际电路,LED 熄灭
```

(2) 特殊功能寄存器型

用于访问 51 单片机的特殊功能寄存器。C51 中支持两种特殊功能寄存器类型:sfr 型和 sfr16 型。使用方法如下:

① sfr:8 位特殊功能寄存器声明。例如:

```
sfr P0 = 0x80;       //"P0"是 P0 端口寄存器,它在存储器中的地址是 0x80,此定义之后,可
                     //以通过该变量符号对 P0 端口直接操作(即告知编译器,程序要操作的
                     //是地址为 0x80 处的寄存器)当然,也可以定义为其他的名字
```

【注意】换个角度理解:通过 sfr 关键词,让 keil 编译器在单片机与人之间搭建一条沟通的渠道。程序中对 P0 符号操作,通过 sfr 定义之后单片机知道 P0 对应的内部地址是 0x80,从而完成相应操作;但是对于用户来说,地址是个数据,代表什么含义记不住,给地址重新起个名字(类似于其他编程语言中的变量声明),提高程序的可读性。

② sfr16:16 位特殊功能寄存器声明,用法与 sfr 相同。

【用法总结】

关于特殊功能寄存器的一般用法:=左边是"变量名",=右边是"寄存器地址"。

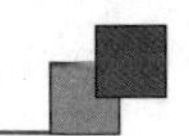

变量名可以随意命名,但是一般与单片机的内部资源保持一致,便于理解。寄存器地址就是寄存器在存储器中所处的位置。为了加深理解,这里与 C 语言的变量定义做个对比:

```
int a;              //C 语言中,编译器会给 a 随机分配一个地址
sfr P0 = 0x80;      //Keil 里给 P0 分配了一个固定地址
```

关于 51 内部资源特殊功能寄存器的声明已经全部被包含在头文件 reg51.h 或 reg52.h 中,用户要使用时,只需要用一条预处理命令"#include <reg51.h>"把这个头文件包含到程序中就可以了。reg51.h 或 reg52.h 头文件中 sfr 的用法如图 2-58 所示。

```
/*  BYTE Registers  */
sfr P0    = 0x80;
sfr P1    = 0x90;
sfr P2    = 0xA0;
sfr P3    = 0xB0;
sfr PSW   = 0xD0;
sfr ACC   = 0xE0;
sfr B     = 0xF0;
sfr SP    = 0x81;
sfr DPL   = 0x82;
sfr DPH   = 0x83;
sfr PCON  = 0x87;
sfr TCON  = 0x88;
sfr TMOD  = 0x89;
```

图 2-58　sfr 声明特殊功能寄存器

2.3.3　C51 常用头文件

C51 中常用的头文件有:reg51.h/reg52.h、math.h、intrins.h、absacc.h、stdio.h、stdlib.h、ctype.h。各头文件的主要作用如下:

reg51.h/reg52.h:51/52 系列单片机特殊功能寄存器和特殊功能位的声明。其中,reg52.h 比 reg51.h 多了定时/计数器 T2 的相关寄存器声明。由于 LY-51S 开发板自带的是宏晶科技的 STC89C516RD+系列单片机,其指令代码完全兼容传统 8051 单片机,同时在创建工程时 CPU 选型是 AT89S52/AT89C52,所以程序中包含 reg51.h 或 reg52.h 都可以。

math.h:定义常用数学运算函数,比如求方根、正余弦、绝对值等。

intrins.h:定义内部函数,比如空指令_nop_()、字符循环左移_crol_()等。

absacc.h:定义访问绝对地址的宏,包括 CBYTE、XBYTE、PWORD、DBYTE、CWORD、XWORD、PBYTE、DWORD。

stdio.h:定义标准输入、输出函数,同 C 语言。

stdlib.h:定义标准库文件函数,同 C 语言。

ctype.h:定义 C 语言字符分类函数。

其中,C51 中使用最多的是 reg51.h/reg52.h。如果程序中需要使用到某一类函数,可以先在文件开头使用"#include <头文件名>"语句加载相应头文件,这样在程序中就可以调用其中的函数了。

2.4　练习题

1. 单片机开发需要准备的环境有哪些?分别都是什么作用?

2. 单片机程序的开发流程是什么?

3. 目前单片机应用普遍使用的开发语言是什么?

4. C51 扩充数据类型中的 bit 和 sbit 的区别?

5. C51 中声明特殊功能寄存器的头文件是什么?

6. 下列 C51 语言定义有误的一项是________。

(A) bit tmp;　　　　　　(B) sbit tmp;

(C) sbit KEY=P1^1;　　(D) sfr P1=0x90;

7. 在 C51 中,关于 bit 位与 sbit 位的描述有误的一项是________。

(A) 可使用 bit 定义一般的位变量

(B) 可使用 sbit 定义特殊功能寄存器中的位

(C) 可使用 bit 定义特殊功能寄存器中的位

(D) 使用 sbit 时须指明位地址,该地址可以是直接地址、也可以是可寻址变量或特殊功能寄存器的带位号,如 sbit P1.7=P1^7

第3章

硬件基础知识

3.1 LY-51S 开发板简介

本书以 LY-51S 开发板为例讲解，LY-51S 属于独立模块结构，理论上不受硬件连接的限制，自由度高，可以通过更改硬件连接实现强大的整体功能。本书的例程通过简单的修改、移植，可以适用多种开发板或者 51 单片机产品。

LY-51S 开发板的主板结构如图 3-1 所示。主板上的丝印使用粗线条把相应的模块分开。

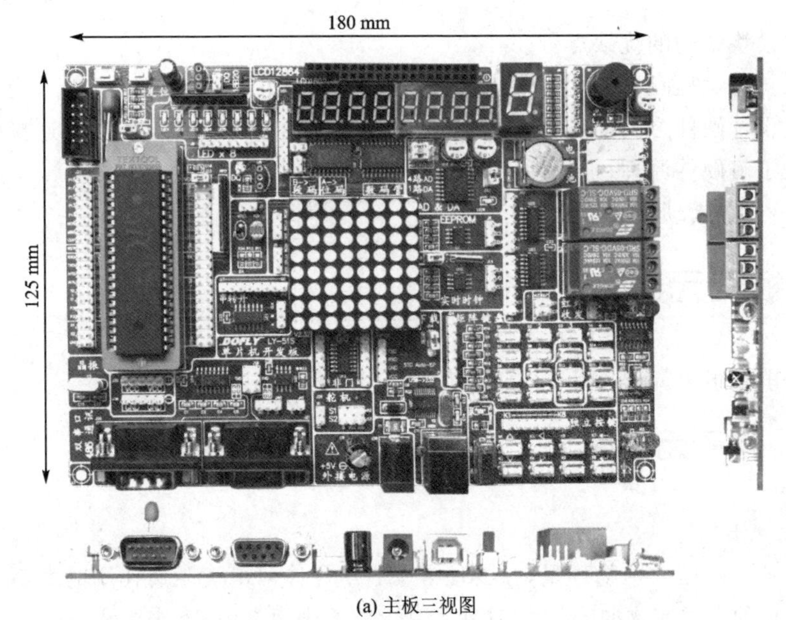

(a) 主板三视图

图 3-1　主板三视图和器件图

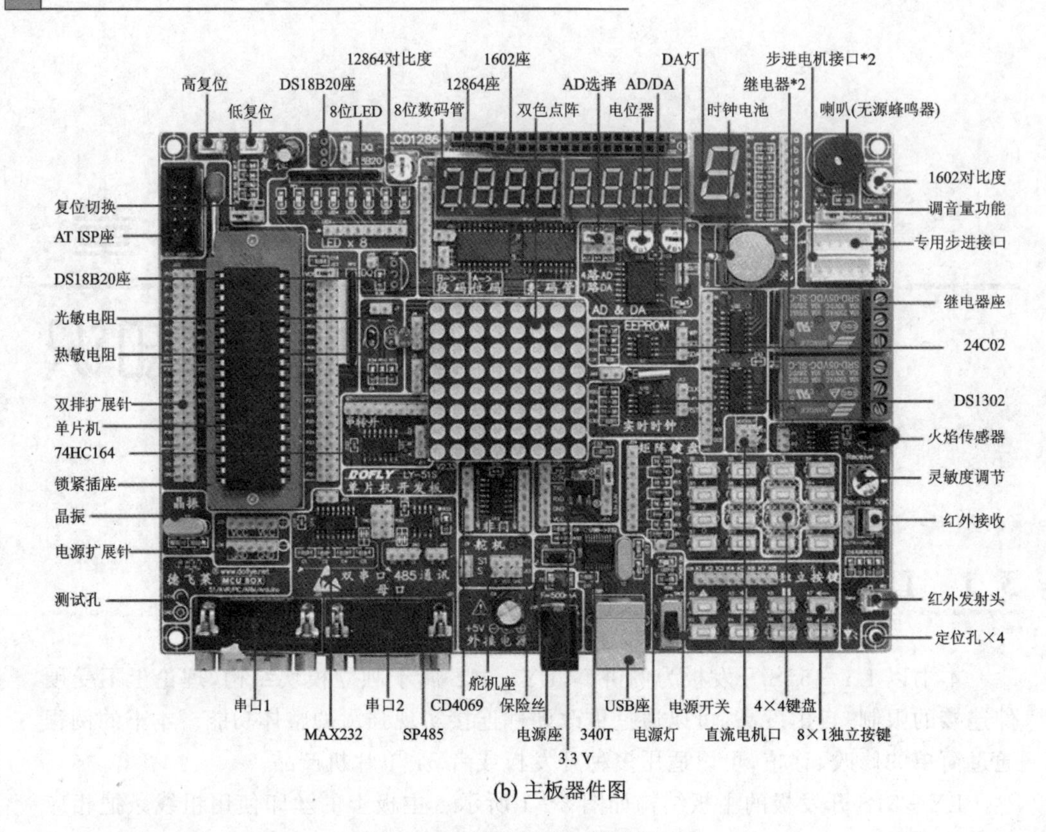

(b) 主板器件图

图 3-1　主板三视图和器件图(续)

独立模块结构的优缺点：

优点：各模块独立，使用时仅连接必需的模块，防止相互干扰。硬件不受限制，可以自由地设计硬件之间的连接模式，降低软件成本。使用之前需要自行连接电路，也可以深入了解硬件原理，加深硬件知识，提高动手能力等。

缺点：连线繁琐，不美观。

3.2　板载元器件

根据电路板上元器件的不同类型，分以下几类介绍。

3.2.1　电子元器件

1. 电　阻

Resistance，是一个物理量，在物理学中表示导体对电流阻碍作用的大小，中文称电阻。常见的电阻实物如图 3-2 所示。在电路图中通常用“R”来标注电阻，如图 3-3 所示，标注电阻的同时也标注了其阻值大小。

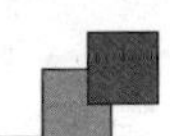

(a) 精密电阻

(b) 贴片电阻

(c) 可调电阻

(d) 中功率电阻

图 3-2 常见电阻类型

电阻阻值的标注：

➢ 直接标注：比如 10K 10 W，表示 10 kΩ 10 W 功率。

➢ 纯数字标注：比如 222，表示 $22\times10^2=2\,200\ \Omega$，即 2.2 kΩ。

➢ 色环标注：是指电阻上面用了四/五/六道色环来表示电阻值，如表 3-1 所列。

R1

10 kΩ

图 3-3 电路图中的电阻符号

表 3-1 色环电阻数值对照表格

颜　色	数　值	倍乘数	误差/(%)	温度关系/(×10/℃)
棕	1	10	±1	100
红	2	100	±2	50
橙	3	1k	—	15
黄	4	10k	—	25
绿	5	100k	±0.5	
蓝	6	1M	±0.25	10
紫	7	10M	±0.1	5
灰	8		±0.05	
白	9		—	1
黑	0	1	—	—
金	—	0.1	±5	—
银	—	0.01	±10	—
无色			±20	

1) 四色环电阻

指用四条色环表示阻值的电阻。从左向右数，第一、二环分别代表阻值的前两位，第三环代表倍率，第四环代表偏差(精度)。

例如，一个电阻的四色环分别为：红(2)紫(7)棕(10 倍)金(±5%)，那么这个电阻的阻值应该是 270 Ω，阻值的误差范围为±5%。

2）五色环电阻

指用五条色环表示阻值的电阻。从左向右数，第一、二、三环分别代表阻值的前三位，第四环代表倍率，第五环代表偏差（精度）。

例如，一个电阻的五色环分别为：红（2）红（2）黑（0）黑（1 倍）棕（代表±1%），则其阻值为 220 Ω×1＝220 Ω，误差范围为±1%。

3）六色环电阻

指用六色环表示阻值的电阻。六色环电阻前五色环与五色环电阻表示方法一样，第六色环表示该电阻的温度系数。

导体的电阻越大，表示导体对电流的阻碍作用越大。不同的导体，电阻一般不同，电阻是导体本身的一种特性。电阻将会导致电子流通量的变化，电阻越小，电子流通量越大，反之亦然，而超导体则没有电阻。在大部分电路中，电阻器通常起限流作用。

2. 电　容

Capacitance，电容器的简称，亦称作“电容量”，是指在给定电位差下的电荷储藏量，记为 C，国际单位是法拉（F）。一般来说，电荷在电场中会受力而移动，当导体之间有了介质，则阻碍了电荷移动而使得电荷累积在导体上，从而造成电荷的累积储存，储存的电荷量则称为电容。常见的电容实物如图 3-4 所示。在电路图中通常用“C”来标注电容，如图 3-5 所示。

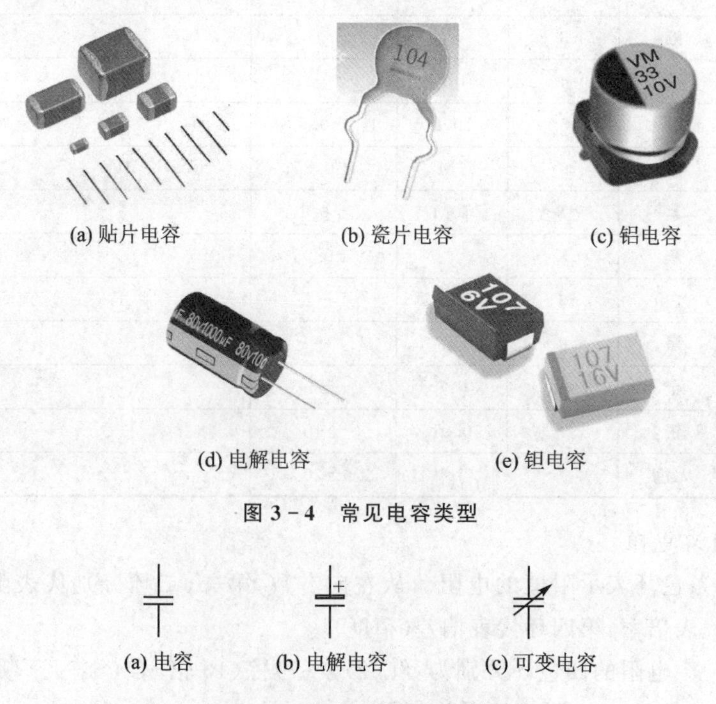

(a) 贴片电容　(b) 瓷片电容　(c) 铝电容

(d) 电解电容　(e) 钽电容

图 3-4　常见电容类型

(a) 电容　(b) 电解电容　(c) 可变电容

图 3-5　电路图中的电阻符号

(1) 电容的分类

① 大容量电容:10 μF 以上,材质是铝电解电容、钽电容等,容量大,有极性,用作整个电路的电源部分的滤波、储能作用。

② 小容量电容:容量小于 1 μF,无极性,用作电源引脚的退耦、高频滤波等。

(2) 电容容量的标注

① 直接标注:如图 3-3 中的电解电容 80 V/1 000 μF,表示容量 1 000 μF,最高耐压80 V。

② 数字标注:如图 3-3 中的瓷片电容 104,表示 10×104=100 000 pF=0.1 μF(微法);钽电容 107,表示 10×107=100×106 pF=100 μF(微法)。

(3) 电容的作用

电容器的基本作用就是阻直流通交流,充电和放电。但由这种基本作用所延伸出来的许多电路现象,使得电容器有着种种不同的用途,其中,典型的应用包括滤波、旁路、去耦、储能、耦合、谐振和时间常数。

1) 滤　波

滤波是电容的作用中很重要的一部分,几乎所有的电源电路中都会用到。从理论上说,电容越大,阻抗越小,通过的频率也越高。但实际上超过 1 μF 的电容大多为电解电容,有很大的电感成分,所以频率高反而阻抗会增大。有时会看到有一个电容量较大电解电容并联了一个小电容,这时大电容通低频,小电容通高频。电容的作用就是通高频阻低频。电容越大低频越容易通过,电容越小高频越容易通过。具体用在滤波中,大容量电容滤低频,小容量电容滤去高频。也有人将滤波电容比作"水塘"。由于电容的两端电压不会突变,形象地说电容像个水塘,因为水塘里的水不会因几滴水的加入或蒸发而引起水量的变化。它把电压的变化转换为电流的变化,从而缓冲了输出电压。滤波就是充电、放电的过程,起到稳定输出电压的作用。

2) 旁　路

旁路电容的主要功能是产生一个交流分路,即当混有高频和低频的信号经过放大器被放大时,要求通过某一级时只允许低频信号输入到下一级,而不需要高频信号进入,则在该级的输入端加一个适当大小的接地电容,使较高频率的信号很容易通过此电容被旁路掉(这是因为电容对高频阻抗小),而低频信号由于电容对它的阻抗较大而被输送到下一级放大。

3) 去耦,又称为解耦

与旁路电容相比,去耦电容一般接在电路输出端。去耦电容起到一个电池的作用,满足驱动电路电流的变化,避免相互间的耦合干扰。

将旁路电容和去藕电容结合起来更容易理解。旁路电容实际也是去耦的,只是旁路电容一般指高频旁路,也就是给高频提供一条低阻抗泄放途径。高频旁路电容一般比较小,而去耦合电容一般比较大,依据电路中分布参数以及驱动电流的变化大小来确定。

旁路是把输入信号中的干扰作为滤除对象，而去耦是把输出信号的干扰作为滤除对象，防止干扰信号返回电源。这就是它们的本质区别。

4）储　能

储能型电容器通过整流器收集电荷，并将存储的能量通过变换器引线传送至电源的输出端，属于物理反应，而电池属于分解化学反应。常见的电容储能有充磁机、电容电焊机等通过高电压、大电流的场合。在使用电容储能时一般用大电容或者若干的小电容并联组成的电容组，具体容量和耐压应根据需求选择。

5）耦　合

电容的耦合又称"电场耦合"。耦合是指信号由第一级向第二级传递的过程，一般不加注明时往往是指交流耦合。从电路来说，总是可以区分为驱动电源和被驱动的负载。如果负载电容比较大，驱动电路要把电容充电、放电，才能完成信号的跳变。在上升沿比较陡峭的时候，电流比较大，这样驱动的电流就会吸收很大的电源电流，由于电路中的电感、电阻(特别是芯片引脚上的电感，会产生反弹)，这种电流相对于正常情况来说实际上就是一种噪声，会影响前级的正常工作，这就是耦合。

例如，晶体管放大器发射极有一个自给偏压电阻，同时使信号产生压降反馈到输入端形成了输入/输出信号耦合，这个电阻就是产生耦合的元件。如果在这个电阻两端并联一个电容，由于适当容量的电容器对交流信号有较小的阻抗，这样就减小了电阻产生的耦合效应，故称此电容为"去耦电容"。

6）谐　振

利用电容和其他无源元件所产生的电压与电流之间的变化，实际是利用了电容充放电的特性。一般有电容的并联谐振和串联谐振，亦可以通过谐振电容的串并联组合成陷波器等工程应用的滤波器。

7）时间常数

表示过渡反应的时间过程的常数，指该物理量从最大值衰减到最大值的 1/e 所需要的时间。电容中的时间常数常见的是 RC 电路中，当输入信号电压加在输入端时，电容(C)上的电压逐渐上升，而其充电电流则随着电压的上升而减小。

3. 二极管

Diode，又称晶体二极管，简称二极管。在半导体器件的大家族中，二极管是诞生最早的成员。如图 3-6 所示，板载主要用到了 SS14、4148 和贴片发光二极管。在电路图中普通二极管的符号表示如图 3-7 所示。

(1) 二极管的工作原理

晶体二极管是一个由 P 型半导体和 N 型半导体烧结形成的 P-N 结界面，在其交界面的两侧形成空间电荷层，构成自建电场。当外加电压等于零时，由于 P-N 结两边载流子的浓度差引起扩散电流和由自建电场引起的漂移电流相等而处于电平衡状态，这也是常态下的二极管特性。

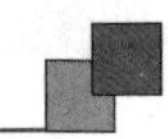

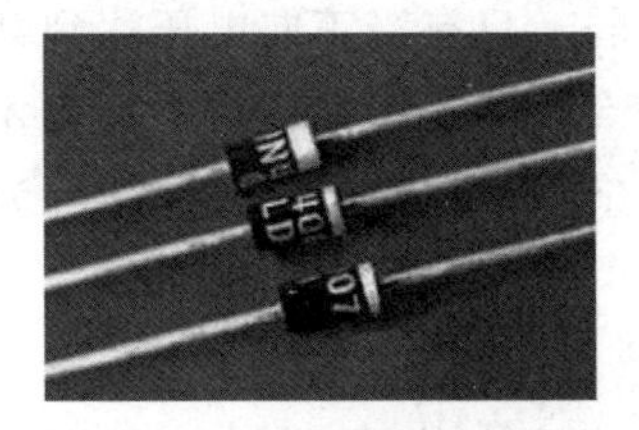

(a) 直插二极管1N4007

(b) 贴片二极管SS14

(c) 贴片二极管4148

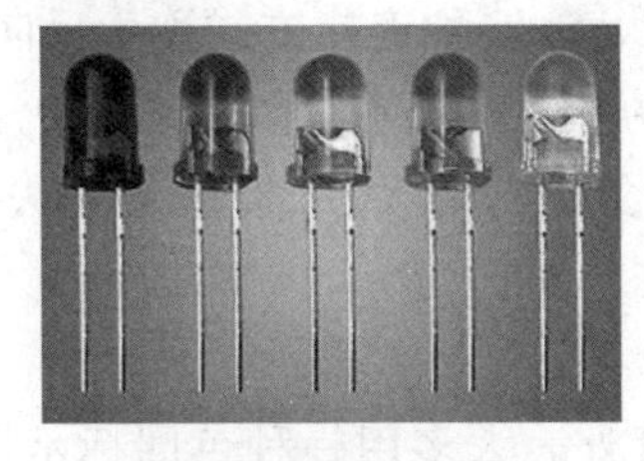

(d) 直插发光二极管

(e) 贴片发光二极管

图 3-6 常见二极管类型

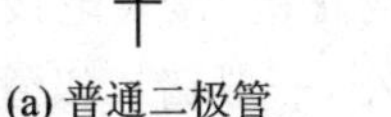

(a) 普通二极管 (b) 发光二极管

图 3-7 普通二极管电路符号

当外界有正向电压偏置时，外界电场和自建电场的互相抑制作用使载流子的扩散电流增大而引起正向电流。当外界有反向电压偏置时，外界电场和自建电场进一步加强，形成在一定反向电压范围内与反向偏置电压值无关的反向饱和电流。当外加的反向电压高到一定程度时，P-N 结空间电荷层中的电场强度达到临界值而产生载流子的倍增过程，进而产生大量电子空穴对，由此产生了数值很大的反向击穿电流，这称为二极管的击穿现象。

(2) 二极管的类型

按所用半导体材料划分，可分为锗二极管(Ge 管)和硅二极管(Si 管)。

按用途划分，可分为检波二极管、整流二极管、稳压二极管、开关二极管、隔离二极管、肖特基二极管、发光二极管等。

按管芯结构划分，可分为点接触型二极管、面接触型二极管及平面型二极管。

(3) 二极管的特性

单向导电性是二极管的基本特性，即在电路中，电流只能从二极管的正极流入、负极流出。下面通过简单的实验说明二极管的正向特性和反向特性。

1) 正向特性

在电子电路中，将二极管的正极接在高电位端，负极接在低电位端，二极管就会导通，这种连接方式称为正向偏置。必须说明，当加在二极管两端的正向电压很小时，二极管仍然不能导通，流过二极管的正向电流十分微弱。只有当正向电压达到某一数值（这一数值称为“门槛电压”，锗管约为 0.2 V，硅管约为 0.6 V）以后，二极管才能真正导通。导通后二极管两端的电压基本上保持不变（锗管约为 0.3 V，硅管约为 0.7 V），称为二极管的“正向压降”。

2）反向特性

在电子电路中，二极管的正极接在低电位端，负极接在高电位端，此时二极管中几乎没有电流流过，此时二极管处于截止状态，这种连接方式称为反向偏置。二极管处于反向偏置时，仍然会有微弱的反向电流流过二极管，称为漏电流。当二极管两端的反向电压增大到某一数值时，反向电流会急剧增大，二极管将失去单方向导电特性，这种状态称为二极管的击穿。

(4) 二极管的识别

小功率二极管的 N 极（负极）在二极管外表大多用一种色圈标示出来；有些二极管也用二极管专用符号来表示 P 极（正极）或 N 极（负极），如用符号 P、N 来标志二极管极性。发光二极管的正负极可从引脚的长、短来识别，长脚为正、短脚为负。

借助数字万用表的电阻挡可以粗略判断晶体二极管的好坏。把万用表拨到“RX100”或“RX1k”挡，红表笔接二极管的正极、黑表笔接二极管的负极，测得的阻值是二极管的正向电阻。这个电阻读数较小，一般锗二极管为 500～2 000 Ω，而硅二极管 3 kΩ 左右。然后把两支表笔对调一下，再测量二极管的反向电阻。读数应明显变大，锗管应大于几百千欧，硅管则接近无穷大，说明二极管是好的；如果反向电阻很小，说明二极管已经失去了单向导电性。

(5) 二极管的作用

二极管是最常用的电子元器件之一，几乎所有的电子电路中都要用到二极管。二极管的作用有很多，其中常用的有整流、开关、限幅、续流、稳压和检波。

① 整流。完成整流作用的二极管称为整流二极管。利用二极管单向导电性，可以把方向交替变化的交流电变换成单一方向的脉冲直流电。

② 开关。完成开关作用的二极管称为开关二极管。二极管在正向电压作用下电阻很小，处于导通状态，相当于一只接通的开关；在反向电压作用下，电阻很大，处于截止状态，如同一只断开的开关。利用二极管的开关特性，可以组成各种逻辑电路。

③ 限幅。完成限幅作用的二极管称为限幅二极管。二极管正向导通后，它的正向压降基本保持不变（硅管为 0.7 V，锗管为 0.3 V）。利用这一特性在电路中作为限幅元件，可以把信号幅度限制在一定范围内。

④ 续流。完成续流作用的二极管称为续流二极管。在开关电源的电感中和继电器等感性负载中起续流作用。

⑤ 稳压。完成稳压作用的二极管称为稳压二极管。稳压二极管是一种工作于反向击穿状态的面结型硅二极管，在稳压电路中串入限流电阻，限制稳压二极管击穿

后的电流值,使得其击穿状态可以一直保持下去。

⑥ 检波。完成检波作用的二极管称为检波二极管。检波主要是将高频信号中的低频信号检出,这一作用经常用于收音机中。

3.2.2 集成电路

Integrated Circuit 是一种微型电子器件或部件,采用一定的工艺,把一个电路中所需的晶体管、电阻、电容和电感等元件及布线互连一起,制作在一小块或几小块半导体晶片或介质基片上,然后封装在一个管壳内,成为具有所需电路功能的微型结构。其中,所有元件在结构上已组成一个整体,使电子元器件向着微小型化、低功耗、智能化和高可靠性方面迈进了一大步。它在电路中用字母“IC”表示。

安装半导体集成电路芯片用的外壳,起着安放、固定、密封、保护芯片和增强电热性能的作用,而且还是沟通芯片内部世界与外部电路的桥梁——芯片上的接点用导线连接到封装外壳的引脚上,这些引脚又通过印制板上的导线与其他器件建立连接。因此,封装对 CPU 和其他 LSI 集成电路都起着重要的作用。

(1) 封装材料

封装材料有塑料、陶瓷、玻璃、金属等。

(2) 封装形式

封装形式分为普通双列直插式、普通单列直插式、小型双列扁平、小型四列扁平、圆形金属、体积较大的厚膜电路等。其中,最常见的几种封装有 DIP(双列直插式)、SOP(贴片式小外形封装)、PLCC(带引线的塑料芯片封装)、QFP(塑料方形扁平式封装)、PGA(插针网络阵列封装)、BGA(球栅阵列封装),如图 3-8 所示。

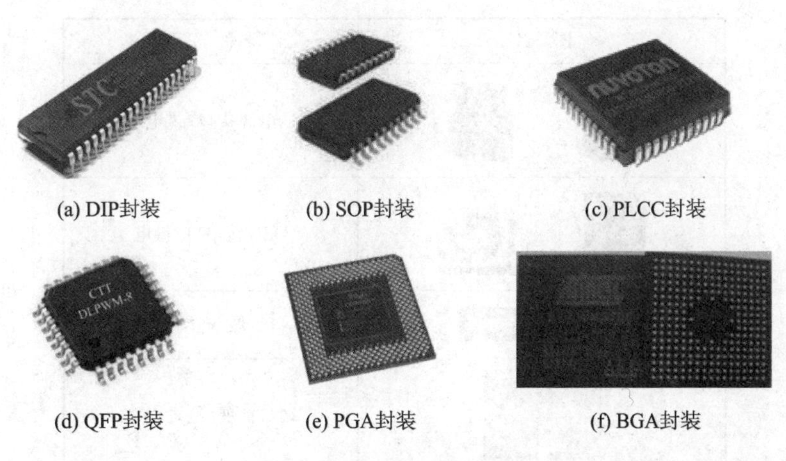

(a) DIP封装　(b) SOP封装　(c) PLCC封装

(d) QFP封装　(e) PGA封装　(f) BGA封装

图 3-8　集成电路常见封装

(3) 封装体积

体积最大的为厚膜电路,其次分别为双列直插式、单列直插式、金属封装、双列扁平、四列扁平为最小。

(4) 引脚间距

普通标准型塑料封装，双列、单列直插式一般多为(2.54±0.25)mm，其次有2 mm(多见于单列直插式)、(1.778±0.25)mm(多见于缩型双列直插式)、(1.5±0.25) mm，或(1.27±0.25)mm(多见于单列附散热片或单列 V 型)、(1.27±0.25)mm(多见于双列扁平封装)、(1±0.15)mm(多见于双列或四列扁平封装)、(0.8±0.05～0.15)mm(多见于四列扁平封装)、(0.65±0.03)mm(多见于四列扁平封装)。

(5) 引脚宽度

双列直插式封装：一般有 7.4～7.62 mm、10.16 mm、12.7 mm、15.24 mm 等数种。

双列扁平封装(包括引线长度)：一般有 6～6.5 mm、7.6 mm、10.5～10.65 mm 等。

四列扁平封装(40 引脚以上的长×宽)：一般有 10×10 mm(不计引线长度)、13.6×(13.6±0.4)mm(包括引线长度)、20.6×(20.6±0.4)mm(包括引线长度)、8.45×(8.45±0.5)mm(不计引线长度)、14×(14±0.15)mm(不计引线长度)等。

3.2.3 接插件

接插件也叫连接器，国内也称作接头和插座，一般是指电器接插件，即连接两个有源器件的器件，传输电流或信号。接插件靠接触面传导信号或者电流，材质的选择尤为重要。单片机应用中多数是小电流或者信号，故对接插件电流要求很低。

板载上使用到的几种接插件如表 3-2 所列。

表 3-2 板载使用的接插件

图 片	名称/作用
	电源接口/供电
	USB 转串口/供电
	端口扩展/连接杜邦线
	端口扩展/电机模块
	接线柱/继电器模块

续表 3－2

图　片	名称/作用
	串口/公口、母口
	芯片锁紧座/51单片机

3.2.4　导　线

指用作电线电缆的材料，工业上也指电线。单片机中低频数字信号，电流 mA 或者 μA 级别，对导线没有特殊要求；模拟信号对导线的要求较高。

由于开发板使用独立模块式结构，需要用到该器件时，用杜邦线连接到对应的单片机端口，不使用时悬空即可。杜邦线的实物图如图 3－9 所示，分单芯杜邦线和多芯杜邦线。

(a) 8P

(b) 4P

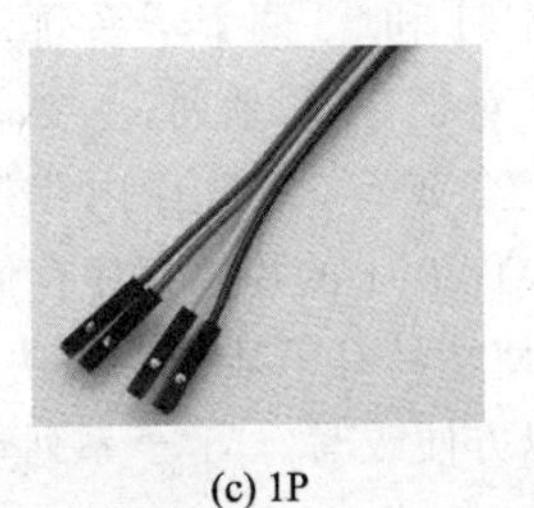

(c) 1P

图 3－9　常用杜邦线

3.3　练习题

1. LY－51S 开发板上使用的板载元器件有哪些？
2. LY－51S 开发板上使用的电子元器件有哪些？如何表示？
3. 电容的基本作用是什么？其典型应用有哪些？
4. 二极管常用的作用有哪些？
5. 集成电路常见的封装有哪些？
6. 举例说明 LY－51S 开发板上使用的接插件有哪些？

第4章

单片机基本原理

4.1 MCS-51单片机基本特性

MCS-51系列单片机是美国Intel公司在1980年推出的高性能8位单片机，它包含51和52两个子系列。

对于51子系列，主要有8031、8051、8751这3种产品，它们的指令系统和芯片引脚完全兼容，只是片内程序存储器制造工艺不同。8031无ROM，使用时须外接ROM；8051的片内程序存储器ROM为掩膜型的，制造芯片时已将应用程序固化进去，使它具有了某种专用功能；8751的片内ROM是EPROM型的，固化的应用程序可以方便改写。51子系列单片机的性能结构特点如下：

- 8位CPU；
- 4 KB程序存储器(ROM)；
- 128字节的数据存储器(RAM)；
- 32条I/O口线；
- 111条指令，大部分为单字节指令；
- 21个专用寄存器；
- 2个可编程定时/计数器；
- 5个中断源，2个优先级；
- 一个全双工串行通信口；
- 外部数据存储器寻址空间为64 KB；
- 外部程序存储器寻址空间为64 KB；
- 逻辑操作位寻址功能；
- 双列直插40PinDIP封装；
- 单一+5 V电源供电。

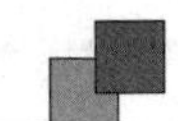

4.2　单片机内部结构

MCS－51单片机内部包含：中央处理器（CPU）、程序存储器（ROM）、数据存储器（RAM）、定时/计数器、并行接口、串行接口和中断系统等几大单元，如图4－1所示。各单元与CPU之间通过内部总线进行信息交互。

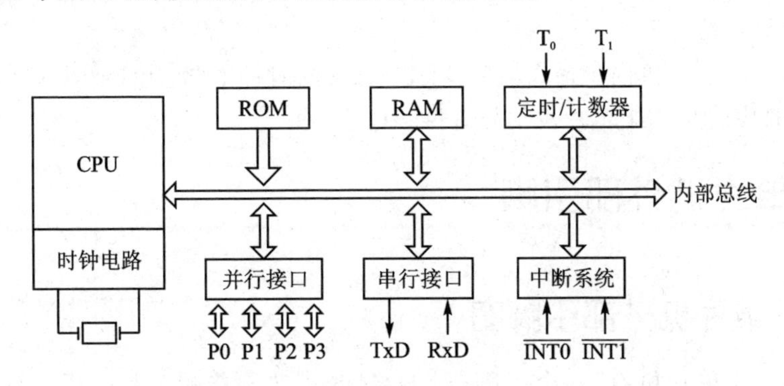

图4－1　51单片机的基本结构

下面简单介绍一下各单元的主要功能：

1）CPU

CPU是整个单片机的核心部件，是8位数据宽度的处理器，能处理8位二进制数据和代码。CPU负责控制、指挥和调度整个单元，以协调系统工作，完成运算和控制输入、输出功能等操作。

2）ROM

MCS－51单片机共有4 096个8位掩膜ROM，用于存放用户程序、原始数据或表格。

3）RAM

MCS－51单片机内部有128个8位用户数据存储单元和128个专用寄存器单元，它们是统一编址的。专用寄存器只能用于存放控制指令数据，用户只能访问，而不能用于存放用户数据。所以，用户能使用的RAM只有128个，可存放读/写的数据、运算的中间结果等。

4）定时/计数器

MCS－51单片机有2个16位的可编程定时/计数器，以实现定时或计数产生中断，用户控制程序转向。

5）并行输入/输出（I/O）口

MCS－51单片机共有4组8位I/O口（P0、P1、P2、P3），用于对外部数据的传输。

6）全双工串行口

MCS－51 单片机内置一个全双工串行通信口，用于与其他设备间的串行数据传送。该串行口既可以用作异步通信收发器，也可以当同步移位器使用。

7）中断系统

MCS－51 单片机具备较完善的中断功能，有 2 个外部中断、2 个定时/计数器中断和一个串行中断，可满足不同的控制要求，并具有 2 级的优先级别选择。

8）时钟电路

MCS－51 单片机内置最高频率达 12 MHz 的时钟电路，用于产生整个单片机运行的脉冲时序，但 8051 单片机须外置振荡电容。

4.3 单片机外部引脚

4.3.1 单片机外部引脚图

MCS－51 单片机有 40 个引脚，用 HMOS 工艺制造的芯片采用双列直插式封装；低功耗、采用 CHMOS 工艺制造的机型也有采用方形封装结构的，一般在型号中间加一个“C”作为标识，比如 80C51。40 个引脚的排列如图 4－2 所示，起始引脚为 1 号，逆时针排序，最大为 40 号。

AT89S52

引脚名	引脚号	引脚号	引脚名
T2/P1.0	1	40	V_{CC}
T2EX/P1.1	2	39	P0.0/AD0
P1.2	3	38	P0.1/AD1
P1.3	4	37	P0.2/AD2
P1.4	5	36	P0.3/AD3
MOSI/P1.5	6	35	P0.4/AD4
MISO/P1.6	7	34	P0.5/AD5
SCK/P1.7	8	33	P0.6/AD6
RST	9	32	P0.7/AD7
RXD/P3.0	10	31	$\overline{EA}/V_{PP}$
TXD/P3.1	11	30	$\overline{ALE/PROG}$
$\overline{INT1}$/P3.3	12	29	$\overline{PSEN}$
$\overline{INT0}$/P3.2	13	28	P2.7/A15
T0/P3.4	14	27	P2.6/A14
T1/P3.5	15	26	P2.5/A13
$\overline{WR}$/P3.6	15	25	P2.4/A12
$\overline{RD}$/P3.7	17	24	P2.3/A11
XTAL2	18	23	P2.2/A10
XTAL1	19	22	P2.1/A9
GND	20	21	P2.0/A8

图 4－2　51 单片机的引脚图

【注意】通常在芯片实物上会看到一个凹陷的小圆点，用于标识 1 号引脚，同样逆时针排序到最大号引脚，这个规律其他芯片也适用。

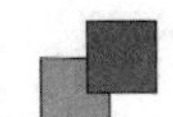

4.3.2　单片机引脚分类

40个引脚大致可以分为4类：电源、时钟、控制和I/O引脚。

1. 电　源

Pin40：正电源脚，正常工作或对片内EPROM烧写程序时，接+5 V电源。

Pin20：接地脚。

2. 时　钟

Pin19：时钟XTAL1脚，片内振荡电路的输入端。

Pin18：时钟XTAL2脚，片内振荡电路的输出端。

MCS-51单片机的时钟有两种方式：

① 片内时钟方式。利用单片机内部的振荡器，其输入端(XTAL1)和输出端(XTAL2)外接石英晶体振荡器(简称晶振)和微调电容，构成了稳定的自激振荡器。电容C1和C2对频率有微调作用，电容容量一般选择30 pF左右；晶振频率范围为1.2～12 MHz，电路如图4-3(a)所示。

② 外部时钟方式。将XTAL1接地，外部时钟信号从XTAL2脚输入，电路如图4-3(b)所示。

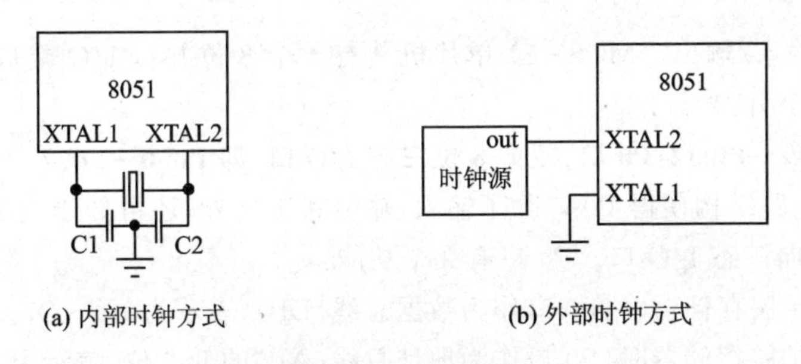

图4-3　时钟电路

时钟电路用于产生整个单片机运行的脉冲时序。

【注意】为了减少寄生电容，更好地保证振荡器稳定、可靠地工作，振荡器和电容应尽可能安装得与单片机芯片靠近。

3. 控制引脚

Pin9：RST/V_{pd} 复位信号复用脚(RST即RESET)。当单片机通电时，时钟电路开始工作，在RST引脚上出现24个时钟周期以上的高电平，系统即初始复位。RST由高电平下降为低电平后，系统即从0000H地址开始执行程序。MCS-51单片机的复位方式可以是自动复位，也可以是手动复位，如图4-4所示。此外，RST/V_{pd} 还是一个复用引脚，V_{cc} 掉电期间，此脚可接备用电源，以保证单片机内部RAM的数据不丢失。

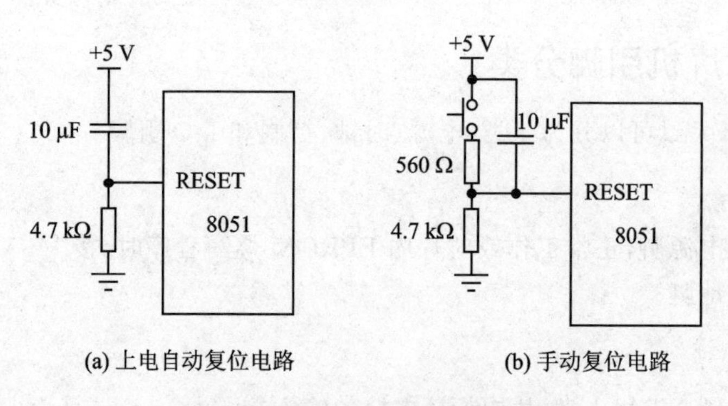

(a) 上电自动复位电路　　(b) 手动复位电路

图 4-4　MCS-51 单片机复位电路

Pin29：$\overline{\text{PSEN}}$，片外程序存储器读选通信号输出端，低电平有效。

Pin30：ALE/$\overline{\text{PROG}}$，地址锁存信号输出端。

Pin31：$\overline{\text{EA}}/V_{pp}$，片外程序存储器选用端。该引脚为低电平时，选用片外程序存储器；高电平或悬空时，选用片内程序存储器。

以上 3 个引脚在外扩程序存储器或系统扩展时使用，一般情况下暂时不使用，需要时查阅其他资料，这里不做过多介绍。

4. I/O 引脚

I/O，即输入/输出。MCS-51 单片机共有 4 个 8 位并行 I/O 端口：P0、P1、P2、P3 口，共 32 个引脚。

(1) Pin39～Pin32：P0 口，双向 8 位三态 I/O 口，即 P0.0～P0.7

其内部电路结构使得 P0 口除了输入/输出状态之外，还可处于高阻的“浮空”状态，故称为双向三态 I/O 口。P0 口有 3 个功能：

① 外部扩展存储器时：P0 口作为数据总线(DB)，表示为 D0～D7。

② 外部扩展存储器时：P0 口作为地址总线(AB)的低 8 位，表示为 A0～A7。

③ 不扩展时：作为一般的 I/O 使用，但内部无上拉电阻，为高阻状态，所以不能正常输出高/低电平。因此，作为输入或输出时应外接上拉电阻(一般选择 10 kΩ 左右)。

(2) Pin 1～Pin 7：P1 口，准双向 8 位 I/O 口，即 P1.0～P1.7

P1 口只作为 I/O 使用，其内部自带上拉电阻。这种接口输出没有高阻状态，输入也不能锁存，所以不是真正的双向 I/O 口。之所以称为“准双向”，是因为该口在作为输入使用前，要先向该口进行写 1 操作，然后单片机内部才可以正确读出外部信号，也就是使其有个“准备”的过程。

(3) Pin21～Pin28：P2 口，准双向 8 位 I/O 口，即 P2.0～P2.7

P2 口有 2 个功能：

① 外部扩展存储器时：P2 口作为地址总线(AB)的高 8 位，表示为 A8～A15。

② 做一般 I/O 使用,其内部有上拉电阻。

(4) Pin10～Pin17:P3 口,准双向 8 位 I/O 口,即 P3.0～P3.7

P3 口有 2 个功能:

① 做一般 I/O 使用,其内部有上拉电阻。

② 第二功能:由特殊功能寄存器来设置,具体功能如表 4-1 所列。

表 4-1　P3 口的第二功能

P3 口的引脚	第二功能描述
P3.0	RXD,串行口输入端
P3.1	TXD,串行口输出端
P3.2	INT0,外部中断 0 请求输入端,低电平有效
P3.3	INT1,外部中断 1 请求输入端,低电平有效
P3.4	T0,定时/计数器 0 外部计数脉冲输入端
P3.5	T1,定时/计数器 1 外部计数脉冲输入端
P3.6	WR,外部数据存储器写信号,低电平有效
P3.7	RD,外部数据存储器读信号,低电平有效

【注意】P0～P3 在作为 I/O 使用时,端口的每一位都可以单独控制输入或者输出,即程序中可以出现类似 P0.0 的控制语句。P3 口的每个引脚均可独立定义为第一功能的输入/输出或第二功能。

【注意】什么是上拉电阻?在电路中起什么作用?

首先明确一下概念。"上拉":通过一个电阻对电源相连,该电阻则称为"上拉电阻"。与上拉对应的是"下拉":通过一个电阻接到地,该电阻则称为"下拉电阻"。上拉就是将不确定的信号通过一个电阻钳位在高电平,电阻同时起限流作用;下拉同理。

因此,上拉电阻就是一个电阻。当引脚作为输入时,上拉电阻将其电位拉高,若输入为低电平则可提供电流源。如果 P0 口作为输入,且处在高阻抗状态,则只有外接一个上拉电阻才能有效。

4.4　单片机时序

单片机工作是在统一的时钟脉冲控制下一拍一拍地进行,这个脉冲是由单片机控制器中的时序电路发出的。时序就是 CPU 在执行指令时所需控制信号的时间顺序,为了保证各部件间的同步工作,单片机内部电路应在唯一的时钟信号下严格地控制时序进行工作。

单片机内部的时间单位有:时钟周期、机器周期和指令周期。

1. 时钟周期

时钟周期是单片机内部时钟电路产生(或外部时钟电路送入)的信号周期,也称为振荡周期,是单片机中最小的时间单位。其值的大小定义为时钟脉冲的倒数,如12 MHz 的晶振,它的时钟周期就是 $1/(12\times10^6)$ s=1/12 μs。单片机的时序信号是以时钟周期为基础而形成的,在它的基础上形成了机器周期、指令周期和各种时序信号。

在一个时钟周期内,CPU 仅完成一个最基本的动作。在 MCS-51 单片机中,把一个时钟周期定义为一个节拍(用 P 表示),两个节拍定义为一个状态周期(用 S 表示)。

2. 机器周期

通常,把一条指令的执行过程划分为若干个阶段,每一阶段完成一项工作。例如,取指令、存储器读、存储器写等,每一项工作称为一个基本操作。完成一个基本操作所需要的时间称为机器周期。

MCS-51 系列单片机的一个机器周期由 6 个状态周期组成,即 S1、S2、……、S6。又因一个时钟周期为一个节拍,两个节拍为一个状态周期,即一个机器周期=6 个状态周期=12 个时钟周期。

3. 指令周期

指令周期是执行一条指令所需要的时间,一般由若干个机器周期组成。每条指令由一个或若干个字节组成,有单字节指令、双字节指令、多字节指令等,字节数少则占存储器空间少。每条指令的指令周期都由一个或几个机器周期组成。MCS-51 有单周期指令、双周期指令和四周期指令,机器周期数少则执行速度快。

【注意】时钟周期、机器周期和指令周期的关系:

1 个指令周期=若干个机器周期(1/2/4)

1 个机器周期=12 个时钟周期

4.5 单片机最小系统

单片机最小系统是单片机正常工作的最小硬件配置,包括电源电路、晶振电路、复位电路,如图 4-5 所示。

1. 电源电路

单片机是一种超大规模集成电路,在该集成电路内有成千上万个晶体管或场效应管。因此,要使单片机正常运行,就必须为其提供能量,即为片内的晶体管或场效应管供给电源,使其能工作在相应的状态。

图 4-5 使用外部稳定的 5 V 电源供电,一般市面上出售的单片机开发板在图 4-5 的基础上增加了 USB 口供电,同时采用开关控制电源通断,LED 指示灯指

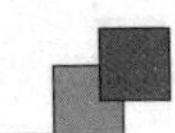

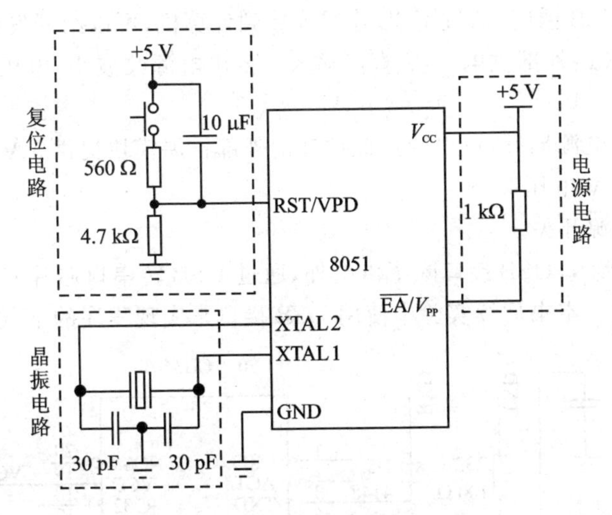

图 4-5 单片机的最小应用系统

示电源状态。

LY-51S 开发板提供了两种供电方式：外部供电和 USB 口供电，电路原理图如图 4-6 所示。图中主要元件的功能如下：

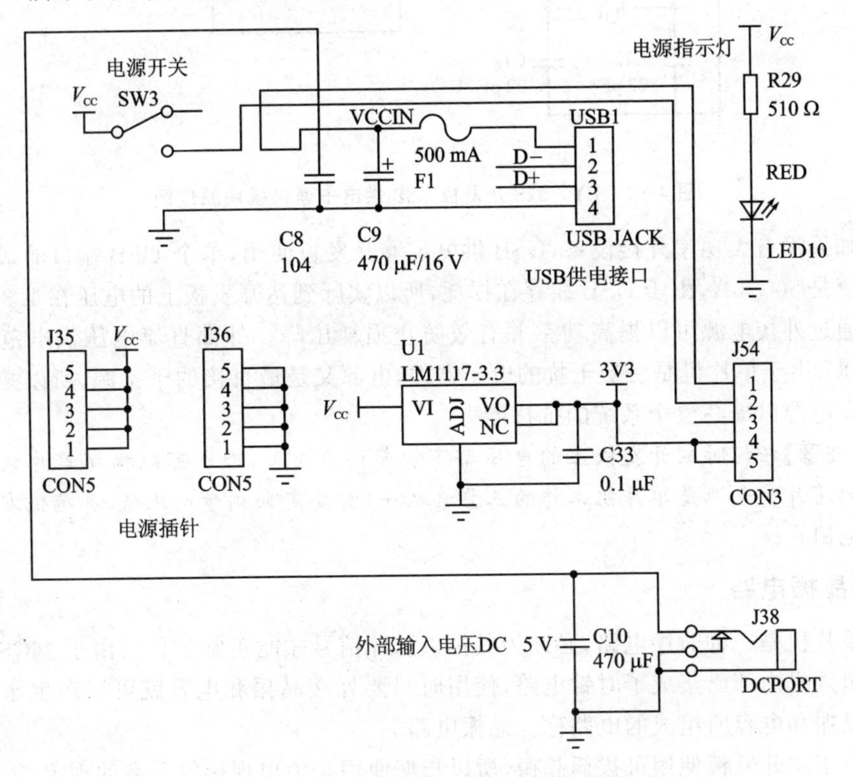

图 4-6 LY-51S 开发板电源供电模块原理图

① USB1:USB 插座,通过 USB 连线连接到计算机,可以给开发板供电。

② DC PORT:外部供电(5 V 直流输入),要求电源纹波小,电压稳定,电流大于 500 mA。

③ J35、J36 电源插针:可以通过此插针向外部扩展模块提供 5 V 电压,也可以从外部电源引入 5 V 电压。

④ SW3:电源开关。

如图 4-7 所示,USB 接口除了供电外,通过 USB 转串口芯片 CH340 还实现了串口通信的功能。本书后续实验中使用 USB 接口来实现程序的下载。

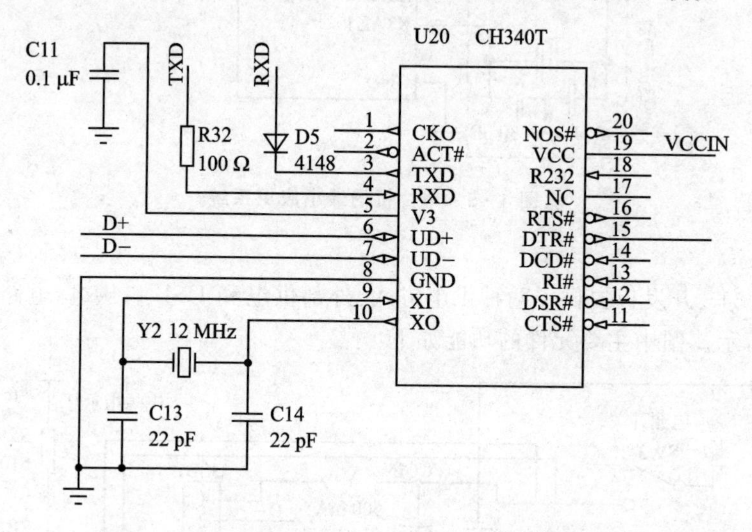

图 4-7 LY-51S 开发板 USB 供电+通信模块原理图

如果没有大功率外接设备,USB 供电足够开发板使用,单个 USB 端口的最高供电电流是 500 mA,由于 USB 线存在损耗,所以实际到达开发板上的电压在 4.8 V 左右。通过外接电源可以提高功率并有效防止损耗压降。外部直流电压供电范围是 5 V DC,由于单片机是易受干扰的电子器件,电源又是最直接的干扰源,所以必须使用优质电源以提高整个系统的抗扰能力。

【注意】任何时刻开发板上的电压都不能超过 5.2 V,否则可能损坏单片机和主板上的芯片。电源是单片机工作的三要素之一,需要定期测量电压值,并确保在正常电压范围内。

2. 晶振电路

单片机是一种时序电路,必须为其提供脉冲信号才能正常工作。由于 MCS-51 系列单片机内部已集成了时钟电路,使用时只要外接晶振和电容就可以产生脉冲信号。晶振和电容所组成的电路称为晶振电路。

由于本开发板使用可拔插晶振,所以长期使用难免出现接触不良的现象,需要定期检测晶振的可靠性。对于正常工作的开发板,晶振产生的时钟频率与标称的频率

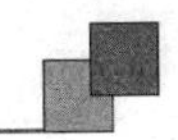

是一致的,可以用示波器观察波形和频率;在没有示波器的情况下,可以使用万用表测量2个引脚的对地电压估计晶振的工作状态。一般情况如下:5 V系统中,2个引脚的对地电压都是2 V左右,且压差不大;如果出现引脚电压为0 V或者5 V,则表明晶振没有起振,需要检查连接可靠性或者更换晶振。

【注意】在开发板使用过程中,有时需要更换不同频率的晶振;更换晶振之前,确保晶振的类型和特性参数基本相同。单片机不能正常工作时,必须检查的要素之一就是晶振。

3. 复位电路

单片机在启动运行时都需要先复位,使CPU和系统中的其他部件都处于一个确定的初始状态,并从这个状态开始工作。MCS-51系列单片机本身一般不能进行自动复位,必须配合相应的外部电路才能实现。复位电路的作用就是使单片机上电时能够复位,或者运行出错时进入复位状态,内部的程序自动从头开始执行。

LY-51S开发板提供了2种复位方式:低电平复位与高电平复位,如图4-8所示。

MCS-51单片机都采用高电平复位(阻容复位),即正常工作时复位引脚为低电平,按下复位按键时,复位脚为高电平。阻容复位的特点是成本低、连接方便。在一些要求高可靠性的设备中,专用的复位芯片常用于替代当前的阻容复位电路。图4-8的J19是3脚插针,中间引脚为公共脚,连接到单片机复位引脚(51单片机的第9脚);通过使用跳帽(短路块)可以切换1、2脚或者2、3脚相连,用于连接高电平复位或者低电平复位。由于51单片机使用高电平复位,所以正常使用时跳帽默认连接到1、2脚。在使用AVR芯片时需要切换到低电平复位。

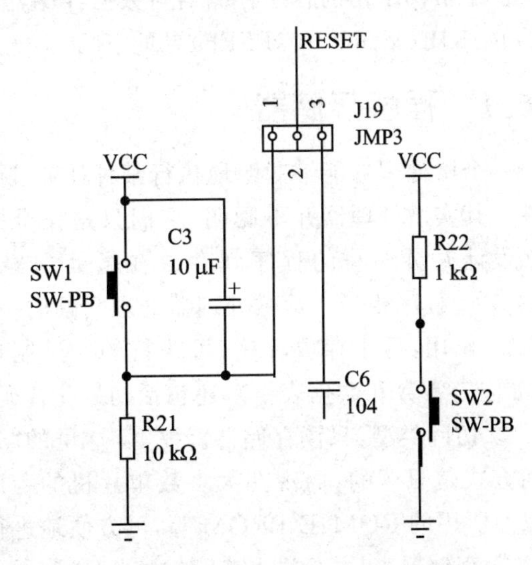

图4-8　LY-51S开发板复位电路原理图

单片机复位电路可以正常引导单片机到正确的程序执行位置,复位电路不正常会导致程序运行错乱甚至不能运行。所以称为单片机工作的三要素之一,检查复位电路是否正常的方法有以下2种:

① 电压法:测量按下复位按键与松开按键时的电压,一个是0 V,另外一个是5 V(VCC)。

② 观察法:连接好单片机系统,如果此时数码管或者LED连接在单片机端口

上，单片机烧录对应的程序，按下复位与松开复位时各个显示器件的状态是有变化的，说明复位电路正常。

【注意】复位电路是通过跳帽连接到单片机，长期使用，会造成引脚氧化或者接触不良，需要定期检查复位可靠性。

4.6 单片机存储器结构

单片机的存储器结构有两种类型：一种是程序存储器（ROM）和数据存储器（RAM）分开的形式，即哈佛（Harvard）结构；另一种是采用通用计算机广泛使用的程序存储器与数据存储器合二为一的结构，即普林斯顿（Princeton）结构。MCS-51 系列单片机采用的是哈佛结构，而后续产品 16 位的 MCS-96 系列单片机则采用普林斯顿结构。

由于哈佛结构的程序存储器与数据存储器是分开的，因此两者各有一个相互独立的 64 KB（0x0000～0xFFFF）寻址空间。

4.6.1 程序存储器

一个微处理器能够聪明地执行某种任务，除了它们强大的硬件外，还需要运行的软件。其实微处理器并不聪明，它们只是完全按照人们预先编写的程序而执行之。那么设计人员编写的程序就存放在微处理器的程序存储器中，俗称只读存储器（ROM）。程序相当于给微处理器处理问题的一系列命令：

① 作用：用于存放程序（可执行的二进制代码映像文件，包括程序中的数据信息，如固定常数和数据表格），还包括初始化代码等固件。

② 访问类型：只读存储器。注意，这里的“只读”是指单片机在正常工作时对其访问方式是只读的；而现在大多数单片机的程序存储器都采用 FLASH ROM 来取代以前所用的 ROM、E^2PROM 等，可方便地进行在线编程（ISP）。

③ 存储器容量：标准 8051 的内部 RAM 大小为 4 KB（0x0000～0x0FFF）；其他具体 51 核兼容的单片机内部 RAM 大小需要参考其 Datasheet，如 P89C51RA2xx 的内部程序存储器是 8 KB 的 Flash。

【思考】外扩 RAM 最大容量是多少？

系统扩展时由 P0 口作为地址的低 8 位，P2 口作为地址的高 8 位，共计 16 条地址线，可寻址的空间范围为 0x0000～0xFFFF，即容量$=2^{16}=64$ KB。

④ 内部、外部存储器统一编址：在软件设计上没有区别，是否使用外部 RAM 是通过 EA 引脚在硬件电路上控制的。不使用外部 RAM 时，EA=0（接地）；如果扩展了外部 RAM，则使 EA=1，当寻址到内部存储空间以外时，会自动转向外部 RAM。

⑤ ROM 中的几个特殊地址如表 4-2 所列。

第一个地址是 0000H，它是系统的复位地址，复位后从 0000H 单元开始执行程

序;如果程序不是从0000H单元开始,则应在这三个单元中存放一条无条件转移指令,让CPU直接去执行用户指定的程序。后面6个地址为6个中断源的入口地址,51单片机中断响应后,按中断的类型,系统会自动转到相应的中断入口地址去执行程序。

表4-2　ROM的7个特殊地址

入口地址	特　点
0000H	系统程序的启动地址/复位地址
0003H	外部中断0中断入口地址
000BH	定时/计数器0中断入口地址
0013H	外部中断1中断入口地址
001BH	定时/计数器1中断入口地址
0023H	串行口中断入口地址
002BH	定时/计数器2中断入口地址(仅52子系列有)

从表4-2中可以看出,每个中断服务程序只有8个字节单元,用8个字节来存放一个中断服务程序显然是不可能的,因此这里通常也放一条无条件转移指令,转到真正的中断服务程序处去执行。该过程将由系统自动完成,作为原理了解即可。

4.6.2　数据存储器

数据存储器也称为随机存取数据存储器(RAM),分为内部数据存储器和外部数据存储器。MCS-51单片机的片内RAM有256个单元(00H~FFH),片外最多可扩展64 KB的RAM,构成两个地址空间,访问片内RAM用MOV指令,访问片外RAM用MOVX指令。数据存储器用于存放执行的中间结果和过程数据,掉电后内容消失。MCS-51的数据存储器均可读/写,部分单元还可以位寻址。

1. 片内数据存储器

MCS-51单片机的内部数据存储器在物理上和逻辑上都分为两个地址空间,即:

➢ 数据存储空间(低128单元:00H~FFH);

➢ 特殊功能寄存器空间(高128单元:80H~FFH);

如图4-9所示,这两个空间是相连的,从用户角度而言,低128单元才是真正的数据存储器。

(1) 通用寄存器区(00H~1FH)

00F~1FH单元为通用寄存器区,共32个单元,用于临时寄存8位信息。通用寄存器共有4组,称为0组、1组、2组、3组。每组8个寄存器,均以R0~R7来命名。也就是说,R0可能表示0组的第一个寄存器(地址为00H),也可能表示1组的第一

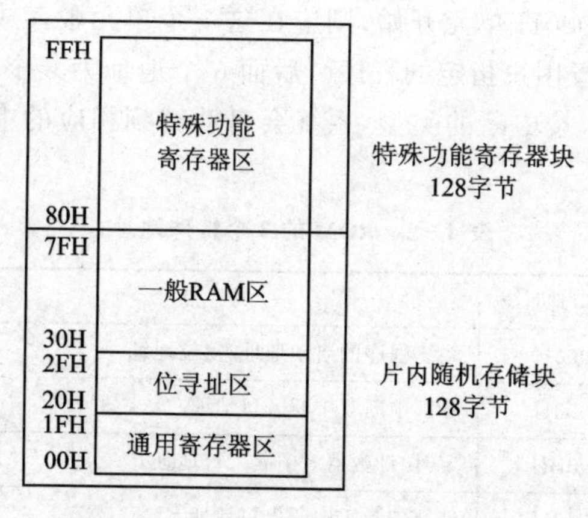

图 4-9 片内 RAM 的分配情况

个寄存器(地址为 08H),还可能表示 2、3 组的第一个寄存器(地址分别为 10H 和 18H)。使用哪一组当中的寄存器由程序状态字寄存器(PSW)中的 RS0 和 RS1 两位来选择。对应关系如表 4-3 所列。

表 4-3 RS1 和 RS0 通用寄存器的选择

组	RS1	RS0	R0～R7
0	0	0	00H～07H
1	0	1	08H～0FH
2	1	0	10H～17H
3	1	1	18H～1FH

(2) 位寻址区(20H～2FH)

片内 RAM 的 20H～2FH 单元为位寻址区,既可作为一般单元用字节寻址,也可对它们的位进行寻址。位寻址区共有 16 字节,128 个位,位地址为 00H～7FH。位地址分配如表 4-4 所列。

CPU 能直接寻址这些位,执行如置 1、清 0、求反、转移、传送和逻辑等操作。我们常称 MCS-51 单片机具有布尔处理能力,布尔处理的存储空间指的就是这些位寻址区。

(3) 一般 RAM 区(30H～7FH)

也称为用户 RAM 区,共 80 个单元,地址单元为 30H～7FH。对这部分区域的使用不做任何规定和限制,但应说明的是,堆栈一般开辟在这个区域。

(4) 特殊功能寄存器区(80H～FFH)

特殊功能寄存器(SFR)也称为专用寄存器,专门用于控制、管理片内算术逻辑部件、并行 I/O 口、串行口、定时/计数器、中断系统等功能模块的工作。SFR 反映了 MCS-51 单片机的运行状态。

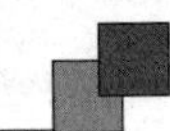

表 4-4　RAM 位寻址区地址表(地址表示为十六进制)

字节单元地址	位地址							
	D7	D6	D5	D4	D3	D2	D1	D0
20H	07	06	05	04	03	02	01	00
21H	0F	0E	0D	0C	0B	0A	09	08
22H	17	16	15	14	13	12	11	10
23H	1F	1E	1D	1C	1B	1A	19	18
24H	27	26	25	24	23	22	21	20
25H	2F	2E	2D	2C	2B	2A	29	28
26H	37	36	35	34	33	32	31	30
27H	3F	3E	3D	3C	3B	3A	39	38
28H	47	46	45	44	43	42	41	40
29H	4F	4E	4D	4C	4B	4A	49	48
2AH	57	56	55	54	53	52	51	50
2BH	5F	5E	5D	5C	5B	5A	59	58
2CH	67	66	65	64	63	62	61	60
2DH	6F	6E	6D	6C	6B	6A	69	68
2EH	77	76	75	74	73	72	71	70
2FH	7F	7E	7D	7C	7B	7A	79	78

MCS-51 单片机有 21 个 SFR,它们被离散地分布在内部 RAM 的 80H～FFH 地址中,这些寄存器的功能已经做了专门的规定,用户不能修改其结构。表 4-5 是 SFR 分布一览表。

在表 4-5 中,带有位名称或位地址的 SFR 既能按字节方式处理,也能按位方式处理。

大部分寄存器的应用将在后面有关章节中详细阐述,这里仅简单介绍。

1) 端口 P0～P3

专用寄存器 P0、P1、P2 和 P3 分别是 I/O 端口 P0～P3 的锁存器。P0～P3 作为专用寄存器还可用直接寻址方式参与其他操作指令(汇编编程时使用)。

2) 定时/计数器

MCS-51 系列中有两个 16 位定时/计数器 T0 和 T1。它们各由两个独立的 8 位寄存器组成,共有 4 个独立的寄存器:TH0、TL0、TH1、TL1。可以单独对这 4 个寄存器进行操作,但不能把 T0 和 T1 当作 16 位寄存器来使用。两个 16 位定时/计数器是完全独立的。

表 4-5 特殊功能寄存器(SFR)

特殊功能寄存器名称	符 号	地 址	位地址与位名称							
			D7	D6	D5	D4	D3	D2	D1	D0
P0 口寄存器	P0	80H	87	86	85	84	83	82	81	80
P1 口寄存器	P1	90H	97	96	95	94	93	92	91	90
P2 口寄存器	P2	A0H	A7	A6	A5	A4	A3	A2	A1	A0
P3 口寄存器	P3	B0H	B7	B6	B5	B4	B3	B2	B1	B0
定时控制寄存器	TCON	88H	TF1 8F	TR1 8E	TF0 8D	TR0 8C	IE1 8B	IT1 8A	IE0 89	IT0 88
定时器方式选择寄存器	TMOD	89H	GATE	C/T	M1	M0	GATE	C/T	M1	M0
定时/计数器 0 低字节	TL0	8AH								
定时/计数器 0 高字节	TH0	8BH								
定时/计数器 1 低字节	TL1	8CH								
定时/计数器 1 高字节	TH1	8DH								
电源控制寄存器	PCON	97H	SMOD				GF1	GF0	PD	IDL
串行口控制寄存器	SCON	98H	SM0 9F	SM1 9E	SM0 9D	REN 9C	TB8 9B	RB8 9A	TI 99	RI 98
串行数据缓冲寄存器	SBUF	99H								
中断允许控制寄存器	IE	A8H	EA AF		ET2 AD	ES AC	ET1 AB	EX1 AA	ET0 A9	EX0 A8
中断优先级控制寄存器	IP	B8H			PT2 BD	PS BC	PT1 BB	PX1 BA	PT0 B9	PX0 B8
堆栈指针	SP	81H								
数据指针 DPTR 低字节	DPL	82H								
数据指针 DPTR 高字节	DPH	83H								
程序状态字	PSW	D0H	C D7	AC D6	F0 D5	RS1 D4	RS0 D3	OV D2	D1	P D0
累加器	A	E0H	E7	E6	E5	E4	E3	E2	E1	E0
B 寄存器	B	F0H	F7	F6	F5	F4	F3	F2	F1	F0

3）串行数据缓冲器 SBUF

串行数据缓冲器 SBUF 用于存放预发送或已接收的数据，它实际上由两个独立的寄存器组成，一个是发送缓冲器，另一个是接收缓冲器。要发送和接收的操作其实都是对串行数据缓冲器进行操作。

4）CPU 专用寄存器

CPU 专用寄存器包括累加器、B 寄存器、程序状态字、堆栈指针 SP 和数据指针 DPTR。由于这些寄存器在程序运行中由编译器负责管理，用 C51 写程序时无须考虑，因此这里不展开论述。

5）其他控制寄存器

除了以上简述的几个专用寄存器外，还有 IP、IE、TMOD、TCON、SCON 和 PCON 等几个寄存器，分别包含有中断系统、定时/计数器、串行口和供电方式的控制和状态位，这些寄存器将在有关章节中叙述。

2. 片外数据存储器

MCS－51 单片机片内有 128 字节或 256 字节的数据存储器（依具体芯片型号而定），当片内数据存储空间不够使用时，可以扩展外部数据存储器；扩展的外部数据存储器最多为 64 KB，地址范围是 0000H～FFFFH。

外部 RAM 主要用于存储程序运行时产生的重要数据（如数据采集结果、数据处理结果、系统日志等），这时一般需要外加电源进行掉电保护，以在系统掉电时保存其中的数据信息；也可用于数据的暂时存储，供 CPU 正常读/写操作使用。因此，外部 RAM 主要是使用其“可随机访问、读/写方便且高速”的特性。

【思考】51 单片机只有 16 根地址线，为什么能同时将程序存储器和外部数据存储器都扩展到 64 KB 呢？即外部既有 ROM，又有 RAM，如何知道访问的是哪个？

在体系结构上，程序存储器和数据存储器是不同的地址空间，两者的访问是不会相互干扰的，这主要是通过在硬件和指令集设计上来实现的。

在硬件上：访问外部 ROM 时，是通过 EA 和 PSEN 引脚来控制的；访问外部 RAM 时，则是通过 WR 和 RD 信号来控制的。

在指令集上：访问外部 ROM 不需要使用显示指令，是通过 PC（指令计数器）来控制取地址的；而访问外部 RAM 则需要在程序设计上使用指令 MOVX 来执行。另外，访问内部 RAM 则使用指令 MOV，以区分外部 RAM 的访问。

【建议】在芯片选型时，一般直接选用内部 RAM 满足代码大小要求的单片机型号，避免扩展外部 RAM，造成系统软硬件设计上的复杂和额外开销。

【小结】MCS－51 单片机的存储器结构

① 物理结构上有 4 个存储空间，分别是片内程序存储器、片外程序存储器、片内数据存储器、片外数据存储器。

② 逻辑上，即从用户的角度，有 3 个存储空间：

➢ 片内外统一编址的 64 KB 的程序存储器地址空间；

➢ 256 字节的片内数据存储器的地址空间；

➢ 64 KB 片外数据存储器的地址空间。

4.7 练习题

1. MCS－51 单片机由哪几个部分组成？

2. MCS－51 单片机有几个可编程定的时/计数器？

3. MCS－51 单片机有几组 I/O 口？分别是几位的？命名是什么？

4. MCS－51 单片机有多少引脚？引脚如何分类？

5. MCS－51 单片机的________口的引脚还具有中断、串行通信等第二功能。

(A) P0　　(B) P1　　(C) P2　　(D) P3

6. 什么是时钟周期？什么是机器周期？什么是指令周期？三者的关系是什么？以下哪个选项是单片机执行的基本单位________。

(A) 时钟周期　　(B) 机器周期　　(C) 指令周期　　(D) 振荡周期

7. 单片机系统中最小的时序单位是________。

(A) 状态周期　　(B) 时钟周期　　(C) 机器周期　　(D) 指令周期

8. MCS－51 单片机晶振频率 $f_{osc}=12$ MHz，则一个机器周期为________ μs（注：1 μs＝10^{-6}s）。

(A) 1　　(B) 12　　(C) 2　　(D) 6

9. MCS－51 单片机的最小系统包括几部分？分别是什么？

10. 单片机应用程序中定义的变量一般存放在________。

(A) RAM　　(B) ROM　　(C) 寄存器　　(D) CPU

11. 下列什么信息没有存储在数据存储器中________。

(A) 中断向量表　　(B) 用户自定义变量

(C) 特殊功能寄存器　　(D) 工作寄存器组区

12. MCS－51 单片机的存储器采用________结构。

(A) 连续编址　　(B) 独立编址　　(C) 哈弗结构　　(D) 冯·诺依曼结构

13. 8051 芯片可扩展的数据存储器容量为________。

(A) 64 KB　　(B) 32 KB　　(C) 8 KB　　(D) 1 KB

第 2 篇

基础功能篇

本篇共 4 章，主要讲解单片机的内部资源，包括输入/输出(I/O)端口、中断系统、定时/计数器和串口通信。其中，I/O 端口这一章除了讲解输入和输出的基本应用之外，为了提高读者的学习兴趣和真实体验，增加了简单输入/输出外设的应用，包括发光二极管、数码管和按键。每类内部资源都是按照从基本原理到详细的案例分析、再到拓展项目的步骤介绍的，由易入难，逐步深化，直到真正掌握。

通过本篇的学习，读者将掌握单片机内部资源的基本应用，熟悉开发工具的使用，并能灵活地运用 C51 语言进行单片机编程，为后续进阶篇的学习打好基础。

- I/O 端口
- 外部中断
- 定时/计数器
- 串口通信

第 5 章

I/O 端口

通过前面章节的学习，读者对 51 单片机已经有了基本的了解，从本章开始学习单片机的内部资源，通过基本原理的了解、应用案例的分析从而达到对资源的灵活运用。

5.1 单片机的 I/O 端口

5.1.1 I/O 端口概述

I/O 是 Input/Output 的缩写，即输入/输出端口，也就是说，既可以作为输入端口使用，也可以作为输出端口使用。每个设备都有一个专用的 I/O 地址，用来处理自己的输入/输出信息。

1. 引脚分布

51 系列单片机有 4 组 I/O 端口，每组又有 8 个引脚，端口表示形式如下：

- P0：P0.0～P0.7；
- P1：P1.0～P1.7；
- P2：P2.0～P2.7；
- P3：P3.0～P3.7。

端口的引脚分布如图 5－1 所示。

2. I/O 端口应用

(1) 信号输入端

I/O 端口作为信号输入端时，通常用来接收各种信号输入，比如接收按键信号输入、红外波形输入、开关信号输入等。

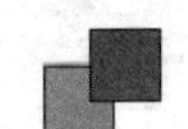

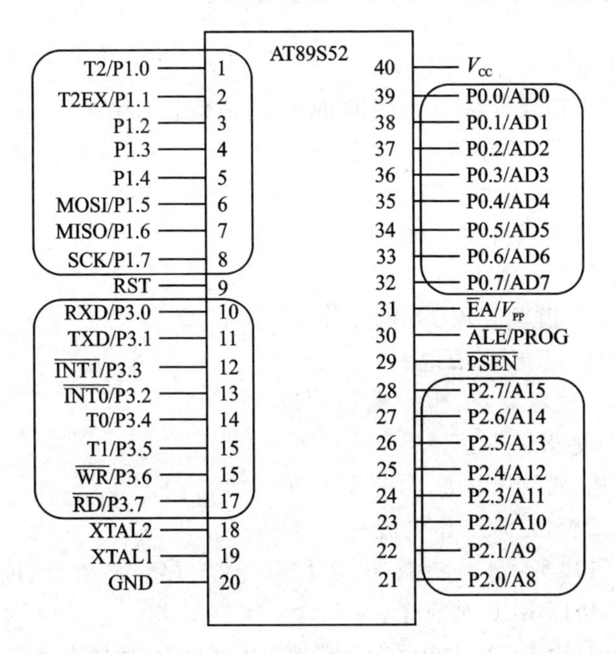

图5-1　I/O引脚端口分布图

(2) 信号输出端

I/O端口作为信号输出端时，通常用来控制各种外部接口设备，比如控制灯的亮灭、继电器吸合/释放、扬声器发声等。

5.1.2　I/O端口基本原理

1. 端口输入

I/O端口作为输入端口时，检测端口电平的高低并记录该状态，以此来表征输入信号的状态。

【电路分析】

按键的状态采集，如图5-2所示。

当按键按下：P1.1端口与地短路，端口状态为低电平，一般表示为P1.1=0。

当按键抬起：按键处视为断路，P1.1端口与电源VCC导通，端口状态为高电平，一般表示为P1.1=1。

也就是说，按键连接到单片机的P1.1端口，当按键按下时P1.1=0，当按键抬起时P1.1=1；反之，当P1.1=0说明按键按下，当P1.1=1说明按键抬起，两者之间建立了状态关联。

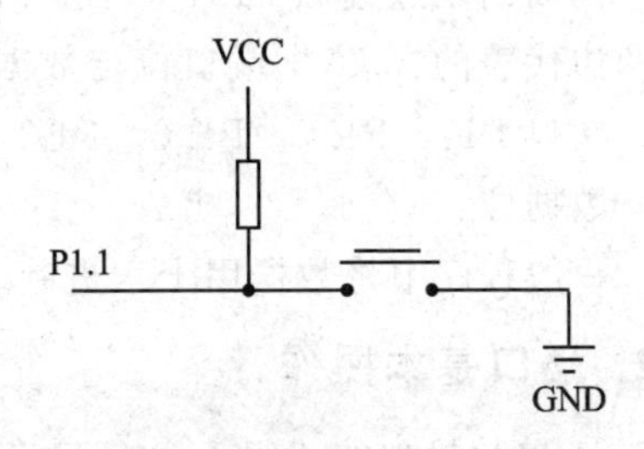

图5-2　按键输入电路图

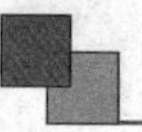

2. 端口输出

思考一下,假设需要控制一个 LED 的亮灭,应该怎么做呢?

【LED】发光二极管具有单向导电性,一般通过 10 mA 左右电流即可发光,电流越大,亮度越强,但不能太大,否则会烧毁二极管。具体不同型号的二极管有额定的指标参数,使用时请参照指标参数进行电路设计。

【电路分析】

图 5-3 中 A 点相当于单刀双掷开关,可以接到+5 V,也可以接到电源地。

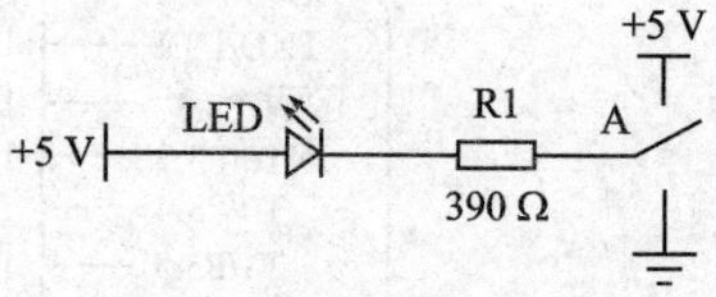

A 点接+5 V 或者悬空:整个电路中没有电流流过,LED 熄灭。

A 点接电源地:两端压差 5 V,假设 LED 正常工作压降 1.5 V,正常工作电流10 mA。通过图上的参数得知实际工作参数:电流 $I=(5\ \text{V}-1.5\ \text{V})/390\ \Omega=8.9\ \text{mA}$,接近于正常工作电流,所以 LED 被点亮。

图 5-3 LED 输出开关控制电路

在数字电路中,接+5 V 为电平“1”,接地为电平“0”。所以在单片机中,将图 5-3 中的 A 点连接到 P1.1 端口,只需要控制 P1.1 端口的电平是“0”或“1”就可以控制 LED 的亮灭。

【分析小结】

P1.1 端口输出 1:即 P1.1=1,则 A 点电平为+5 V,电路中没有电路流过,LED 熄灭。

P1.1 端口输出 0:即 P1.1=0,则 A 点电平为 0 V,电路中有电流流过,LED 点亮。

5.1.3 I/O 端口基本操作

1. 端口位与数据位

前面出现过类似 P1.1=0 这样的表达式,在学习端口操作之前先了解一下表达式两边代表的含义,即端口位与数据位的对应关系,如下所示:

端口 P1:	P1.7	P1.6	P1.5	P1.4	P1.3	P1.2	P1.1	P1.0
数据位:	1	1	1	1	0	0	0	0

一般程序中将数据用十六进制表示,则上述对应关系表示为:P1=0xF0。

2. 端口基本操作

51 单片机中的 4 组 I/O 端口有两种操作方式,每组端口既可以按位操作,也可以 8 位整体操作。下面通过具体的实例代码学习端口的基本操作。

(1) 端口输入操作

1）端口按位操作

```
bit temp;                  //定义一个位变量
temp = P1^0;               //接收端口 P1.0 的状态,存储在位变量 temp 中
```

说明:P1^0 是端口 P1.0 在程序中表示方法,这是 Keil 软件的要求,否则编译出错。

2）端口整体操作

```
unsigned char temp;        //定义 8 位的变量
temp = P1;                 //接收 P1 端口的 8 位数据,存储在变量 temp 中
```

(2) 端口输出操作

1）端口按位操作

```
P1^0 = 1;                  //控制 P1.0 端口输出数据 1
```

这是一般写法,从程序理解的角度看缺少具体含义,而且这种赋值方式只能是全局的。通常会给端口重新命名,使之与电路中具体连接的器件相关联,进而看到程序就能联想出硬件电路。比如 P1.0 端口连接了一个 LED,想通过 P1.0 端口的输出控制 LED 的亮灭(假设 P1.0 端口为 0 时 LED 亮),一般会这样做:

```
sbit LED = P1^0;           //将 P1.0 端口重新命名为 LED
LED = 0;                   //LED 灯亮
LED = 1;                   //LED 灯灭
```

2）端口整体操作

```
P1 = 0x55;                 //控制 P1 端口输出数据 0x55(二进制:01010101)
```

3. 端口基本操作小结

端口输入:无论是位操作还是端口整体操作,端口都位于"="右边,处于被动状态,等待接收。

端口输出:无论是位操作还是端口整体操作,端口则位于"="左边,主动输出信息,用于输出控制。

【注意】电路图中看到的 P1 是硬件端口,而程序中的 P1 是什么?为什么在 Keil 软件里写 P1 就可以编译通过呢?

程序中的 P1 称为特殊功能寄存器。前面讲过,在 51 单片机的数据存储器中有一块特殊功能寄存器块,里面定义了用于管理并行 I/O 口、串行口、定时/计数器、中断系统等功能模块的各种特殊功能寄存器,占用了数据存储器地址为 80H～FFH 这块空间。在 Keil 软件的 reg52.h 头文件中对这些地址进行了重命名,为了提高程序的可读性,让存储器地址与其硬件资源相对应,一般会用硬件资源的名字来命名这块

地址,如表 5－1 所列。

表 5－1　特殊功能寄存器(I/O)地址分配表

特殊功能寄存器名称	符　号	地　址
P0 口	P0	80H
P1 口	P1	90H
P2 口	P2	A0H
P3 口	P3	B0H

下面看一下 reg52.h 中对 4 组 I/O 端口的定义:

```
sfr P0 = 0x80;
sfr P1 = 0x90;
sfr P2 = 0xA0;
sfr P3 = 0xB0;
```

如上所示,"＝"左侧的 P0～P3 即表 5－1 中的"符号"列,"＝"右侧的 0x80～0xB0 不是普通的数据,而是表 5－1 中的"地址"列,通过关键字"sfr"将右侧的地址重新命名为 P0～P3。以后在 Keil 中写程序时,一般首先会使用＃include <reg52.h> 将头文件包含到当前文件,以便程序中可以使用 P0～P3 这些特殊功能寄存器,所以程序中写类似这样的语句"P1＝0x55;"会顺利通过编译。大家可以测试一下,如果写成"p1＝0x55;"编译会通过吗?

5.2　端口输出控制——发光二极管

【电路分析】

RP1 排阻:330～430 Ω;J9 插针,用于连接需要使用的 I/O 口;每一个 LED 正极通过电阻连接到 VCC、负极连接到单片机的 I/O 口。J9 端低电平时 LED 点亮,高电平时 LED 熄灭。

LED 模块的所有样例程序中,插针 J9 都需要连接到 P 口(实际连接哪个端口则程序中就写哪个端口,一致即可),电路原理图如图 5－4 所示,实物如图 5－5 所示,电路连线如表 5－2 所列。

表 5－2　LED 电路连线表

单片机 I/O 口	模块接口	杜邦线数量	功　能
P1	J9	8	LED

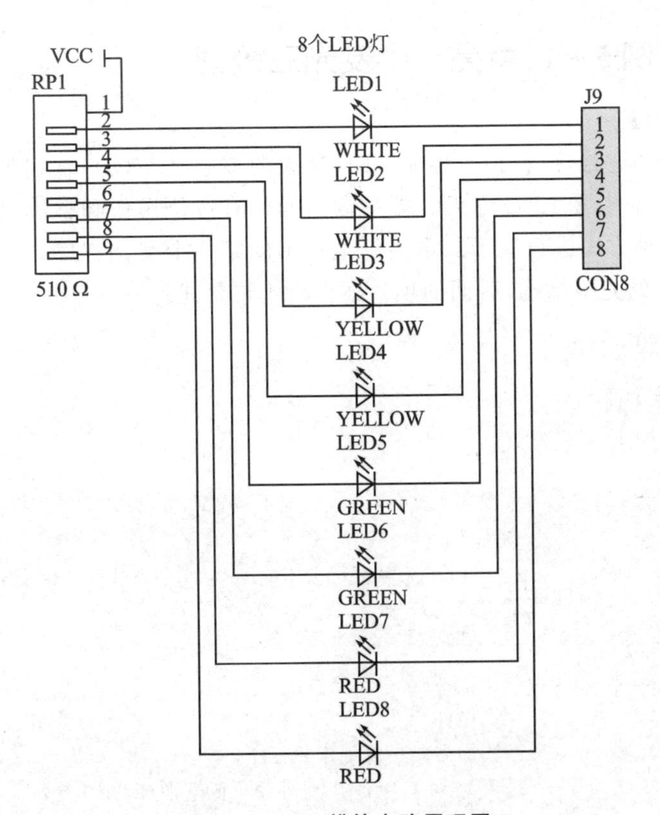

图 5-4　LED 模块电路原理图

图 5-5　LED 实物连线图

5.2.1 案例 5-1:点亮一个发光二极管

【案例分析】

通过前面的电路分析可知:控制 LED 亮灭的核心是 I/O 口输出低电平 LED 点亮、I/O 口输出高电平 LED 熄灭。端口输出操作有按位操作和整体操作两种方式,将分别采用两种方式进行演示。本案例是本书的第一个案例程序,因此会详细介绍 51 单片机程序的完整结构,后面的项目案例将不再赘述。

1. 端口按位操作

【案例实现】

核心代码如下:

```
#include <reg52.h>      //包含头文件,一般情况不需要改动,头文件包含特殊功能寄存器的
                        //定义
sbit LED = P1^0;        //用 sbit 关键字定义 LED 到 P1.0 端口,LED 是自己任意定义且容易
                        //记忆的符号
/*------------------- 主函数 -----------------------*/
void main(void){
    while(1){           //主循环
                        //添加需要一直工作的程序
        LED = 0;        //将 P1.0 口赋值 0,对外输出低电平,即 LED 点亮
    }
}
```

程序分析:

(1) main()函数

C 程序最大的特点就是所有程序都是用函数来装配的。main()称为主函数,是所有程序运行的入口。一个工程中有且只能有一个 main 函数,程序从这里开始,也从这里结束。

在 test.c 文件中写入最基本结构如下:

```
void main(void){}
```

保存编译,得到如下编译结果:

```
Build target 'Target 1'
compiling test.c...
linking...
Program Size: data = 9.0 xdata = 0 code = 16
"test" - 0 Error(s), 0 Warning(s).
```

整个文件没有错误没有警告,这里使用 Keil2 编译,不同的编译器可能会出现一

些警告,但不会出现错误。这个就是程序的最基本框架,以后所有的程序都在此基础上添加。

案例5-1的目的是点亮LED,通过电路分析得出LED是低电平有效,需要单片机对连接LED的端口给定低电平(0),在上述基础上再加入一句语句:

```
void main(void){
    LED = 0;
}
```

(2) sbit 定义位变量

重新编译会出现下述错误:

```
Build target 'Target 1'
compiling test.c...
TEST.C(3): error C202: 'LED': undefined identifier
Target not created
```

错误C202:LED没有定义。LED是自己起的名字,也可以命名为其他任何名字,只要符合C语言的命名规则即可,相关的命名规则可参考C语言基础。使用这个名字之前没有声明,也就是说并没有告诉编译器有这个名字。

继续在此基础上加入一条语句,写在main函数之前,属于定义和声明。

```
sbit LED = P1^0;
void main(void){
    LED = 0;
}
```

前面讲过,sbit用于定义SFR(特殊功能寄存器)的位变量,这里使用sbit给P1.0口重新起名为LED,增强程序的可读性。在Keil里面sbit显示蓝色,表明是关键字,是系统给定的,不能修改。若没有显示蓝色,则可能是书写错误。注意,这些有颜色的关键字都是小写字母。

(3) #include <reg52.h> 加载头文件

上述程序重新编译会出现下述错误:

```
Build target 'Target 1'
compiling test.c...
TEST.C(3): error C202: 'P1': undefined identifier
TEST.C(3): error C202: 'LED': undefined identifier
Target not created
```

又一个C202错误:P1没有定义。在5.1.3小节中讲过,程序中的P1是硬件端口P1对应的特殊功能寄存器,reg52.h头文件主要就是定义了端口和特殊功能寄存器的物理地址,包含这个头文件后,在程序中就可以直接使用定义过的标识符。如果需要对 P1 口进行操作，因为 P1 的寄存器地址是 0x90，不需要了解单片机具体内部结构和地址，直接针对 P1 进行操作，单片机内部就会对 0x90 这个地址操作。程序中的 P1 其实就是一个名字，可以更换成其他符号，只要在使用的时候程序中出现的符号与头文件中定义的符号一致即可。这里按照自带文件的使用习惯，写成大写的 P1，表示单片机的 P1 端口。

继续在此基础上加入一条语句，写在程序第一行，用于加载头文件。

```
#include <reg52.h>
sbit LED = P1^0;
void main(void){
    LED = 0;
}
```

再次编译程序就没有错误了。将编译产生的 hex 文件下载到单片机上进行电路连线，可以看见连接到 P1.0 口的 LED 点亮了。

(4) while( )主循环

由于 main 函数在开机运行的时候已经做了基本的初始化功能，不同单片机初始化的内容也不相同，与编译器有关。即使 main 函数主体中没有任何语句，也会产生非 0 代码，通过汇编的内容能看出单片机执行填充内存(RAM)的工作。单片机上电复位后，程序首先运行内存清除工作，在程序的表面并没有看到这个工作内容。实际上只需要在单片机复位的时候清除内存，而正常运转的时候使用程序来控制内存的存储信息。所以正常使用的程序结构还需要加入一个主循环。

```
#include <reg52.h>
sbit LED = P1^0;
void main(void){
    while(1){
        LED = 0;
    }
}
```

把需要执行的内容放入到主循环中，一般初始化的程序在单片机上电复位的时候运行且只运行一次，这种程序就放在 main 函数中 while 循环之前。

(5) 注释符号

```
/*项目 1:点亮一个 LED*/
#include <reg52.h>                  //包含头文件
sbit LED = P1^0;                    //变量声明
/*------------------ 主函数 ------------------*/
void main(void){
    while(1){
```

```
        LED = 0;                //点亮 LED
    }
}
```

说明：//和/＊ ＊/这两种符号表示注释，注释不是程序，不影响程序结果。注释是给程序员看的，可以了解程序的意图，尤其在程序庞大时，注释尤为重要。如果没有注释，一段时间后，自己写的程序自己都看不懂了。所以要养成一个良好的习惯，写程序的时候及时注释。上述两种注释符号的区别如下：

//：后面的语句都为注释，换行后无效。

/＊ ＊/：中间的内容皆为注释，换行有效。

上述样例中开头和主函数处的描述使用了/＊ ＊/注释，而程序中各个语句后面的注释使用了//。这个注释可以根据个人习惯，并没有具体要求。本程序虽然短小，但包含了一个C程序最基础的部分，以后的程序会在其基础上不断添加内容，但整体结构不会改变。

2. 端口整体操作

【案例设计及实现】

前一种是位操作，仅仅针对指定的引脚。因为51是8位单片机，所以一个端口的宽度是8位，用二进制表示 xxxx xxxx。可以采用对8位寄存器整体赋值的方式，操作方法如下：

```
#include <reg52.h>
void main(void){
    while(1){
        P1 = 0xFE;          //0xFE = 11111110B
    }
}
```

说明：

① 书写上0xFE和0xfe相同，C语言中数值不区分大小写，但标识符一定要区分大小写。

② "0x"前缀表示这个数是十六进制，一般会根据要实现的效果先设计二进制数，再转换成十六进制写到程序中。

运行效果：下载程序后可以看到，连接到P1.0口的LED点亮，其他LED熄灭。

观察实验现象，端口两种操作方式下程序的运行效果完全一样，之后的程序中两种操作方式都会经常用到。

5.2.2 案例 5-2:发光二极管流水显示

【案例分析】

如图 5-4 所示,8 个 LED 占用一个 8 位端口 P1,通过顺序点亮/熄灭每个 LED 就可以实现流水效果。

1. 端口按位操作

【案例设计】

端口按位操作的程序设计流程如图 5-6 所示。

说明:

① 为什么在点亮和熄灭之后加延时?因为程序执行的速度非常快,如果不加延时,则看到 8 个灯都亮着。如果想控制前后两次亮灯的时间间隔,则可以调节延时时间的长短来实现。

② 延时功能如何实现?实现延时通常有两种方法:一种是硬件延时,要用到定时/计数器,这种方法可以提高 CPU 的工作效率,也能做到精确延时,后面学到定时/计数器时大家再学习使用;另一种是软件延时,主要采用循环程序实现。

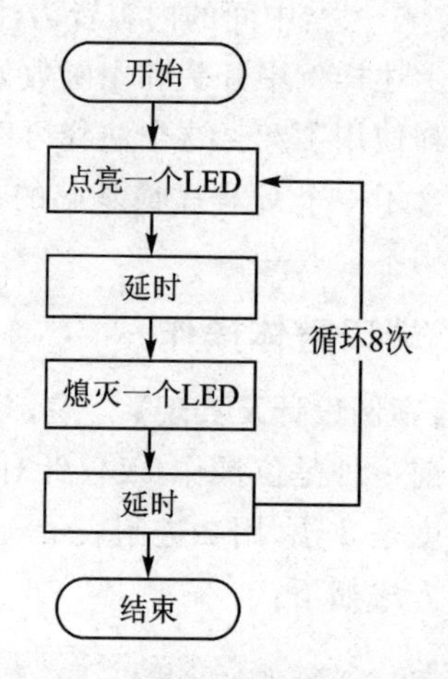

图 5-6 流水显示按位操作流程图

【注意】常用的两个延时函数写法。

① 微秒级:可以在 C 文件中通过使用带_NOP_()语句的函数实现,定义一系列不同的延时函数,如 Delay10us()、Delay25us()、Delay40us()等存放在一个自定义的 C 文件中,需要时在主程序中直接调用。如延时 10 μs 的延时函数可编写如下:

```
void Delay10us( ) {
    _NOP_( );
    _NOP_( );
    _NOP_( );
    _NOP_( );
    _NOP_( );
    _NOP_( );
}
```

② 毫秒级:可以在 C 文件中使用循环程序实现,定义一系列不同的延时函数,存放在一个自定义的 C 文件中,需要时在主程序中直接调用。如延时 1 ms 的延时函数可编写如下:

```c
void DelayMs(unsigned int n){
    unsigned int i,j;
    for(i = 0; i<n; i++){
        for(j = 110; j>0; j--);
    }
}
```

如果想实现不同的延时时长,则函数调用时传递不同的参数 n 即可实现。比如想实现延时 1 s,则传递参数 n=1 000,调用格式为:DelayMs(1 000)。

【案例实现】

核心代码如下:

```c
#include <reg52.h>                //包含头文件
sbit LED1 = P1^0;                 //变量声明
sbit LED2 = P1^1;
sbit LED3 = P1^2;
sbit LED4 = P1^3;
sbit LED5 = P1^4;
sbit LED6 = P1^5;
sbit LED7 = P1^6;
sbit LED8 = P1^7;
void DelayMs(unsigned int n);//函数声明
/*-------------------主函数-------------------------*/
void main(void){
    while(1){              //主循环
        LED1 = 0; DelayMs(100); LED1 = 1; DelayMs(100);//LED1 点亮,延时,LED1 熄灭,延时
        LED2 = 0; DelayMs(100); LED2 = 1; DelayMs(100);
        LED3 = 0; DelayMs(100); LED3 = 1; DelayMs(100);
        LED4 = 0; DelayMs(100); LED4 = 1; DelayMs(100);
        LED5 = 0; DelayMs(100); LED5 = 1; DelayMs(100);
        LED6 = 0; DelayMs(100); LED6 = 1; DelayMs(100);
        LED7 = 0; DelayMs(100); LED7 = 1; DelayMs(100);
        LED8 = 0; DelayMs(100); LED8 = 1; DelayMs(100);
    }
}
/*------------------延时 1 ms 函数---------------------*/
void DelayMs(unsigned int n){
    unsigned int i,j;
    for(i = 0; i<n; i++){
        for(j = 110; j>0; j--);
    }
}
```

运行效果：下载程序后可以看到，连接到 P1 口的 8 个 LED 循环依次点亮和熄灭。

2. 端口整体操作

【案例设计】

端口整体操作的程序设计流程如图 5－7 所示。

思考：

① 初始显示数据是什么？对于 P1 口的 8 个位，假定最右侧为最高位 P1.7，最左侧为最低位 P1.0；端口为 0 则 LED 点亮，端口为 1 则 LED 熄灭。那么 LED1 点亮而其他灯全灭对应数据的二进制表示为 11111110，转换成十六进制表示为 0xfe。

② 下一个数据如何准备？LED2 点亮对应的二进制数据为 11111101，如何得到呢？可以通过以下两步运算：

左移一位“ << 1”，得到 11111100；

与 1 相或“| 1”，得到 11111101。

③ 如何判断一圈循环是否结束？LED8 点亮的二进制数据为 01111111，再左移一次则为 11111111，所以如果数据位全 1(0xff)时，则说明 8 个 LED 灯已经全部点亮一次，下一时刻应该再重新点亮 LED1，即数据应该恢复到初始数据。

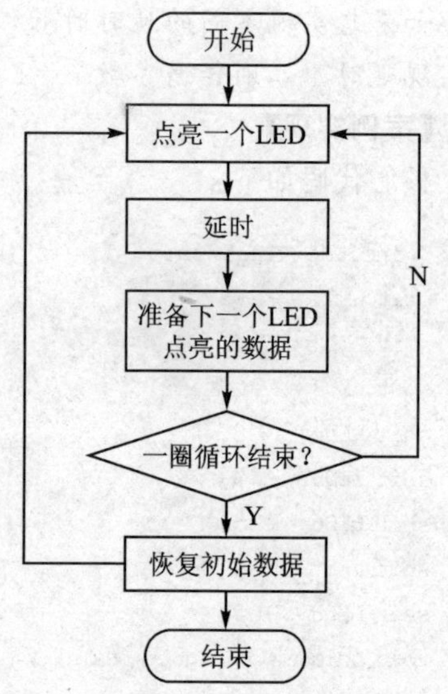

图 5－7　流水显示整体操作流程图

【案例实现】

本案例通过移位的方式得到要显示的数据，核心代码如下：

```
#include <reg52.h>                    //包含头文件
void DelayMs(unsigned int n);         //函数声明
/*-------------------- 主函数 -------------------------*/
void main(void){
    unsigned char temp = 0xfe;        //初始显示数据
    while(1){                         //主循环
        P1 = temp;                    //点亮一个 LED
        DelayMs(100);                 //延时
        temp = (temp << 1) | 1;       //准备下一个 LED 点亮的数据
        if(temp == 0xFF)              //判断一圈循环结束吗
            temp = 0xFE;              //恢复初始数据
    }
}
```

```
/*------------------延时 1 ms 函数---------------------*/
void DelayMs(unsigned int n){
    unsigned int i,j;
    for(i = 0; i<n; i++){
        for(j = 110; j>0; j--);
    }
}
```

还有一种简便的方法，即将每次要显示的数据提前设计好，放置到数组中，通过遍历数组中的元素得到流水显示的效果。核心代码如下：

```
#include <reg52.h>                    //包含头文件
void DelayMs(unsigned int n);         //函数声明
/*--------------------主函数------------------------*/
void main(void){
unsigned char display[] = {0xfe,0xfd,0xfb,0xf7,0xef,0xdf,0xbf,0x7f};
    unsigned char i;
    while(1){                         //主循环
        for(i = 0;i<8;i++){
            P1 = display[i];
            DelayMs(100);             //延时
        }
}
```

运行效果：下载程序后可以看到，连接到 P1 口的 8 个 LED 循环依次点亮和熄灭。

以上按位操作和端口整体操作中的程序实现仅供参考，读者可以自行修改，包括延时参数，从而实现不同的效果。

5.2.3 拓展项目：花样流水灯

【项目分析】

两边向中间流水：即两边先点亮然后熄灭，次边的点亮再熄灭，直到最中间的两个点亮再熄灭，然后重复动作。

【项目设计】

端口整体操作的程序设计流程可以参考图 5-7，设计的核心还是思考 3 个问题：① 初始显示数据是什么？② 下一个数据如何准备？③ 如何判断一圈循环是否结束？

解析：

① 初始状态：两边亮其他灭，对应数据的二进制表示为 01111110，转换成十六进制表示为 0x7e。

② 下一个状态：两边亮其他灭，对应数据的二进制表示为 10111101，如何由前一个状态变换得到呢？同样是采用移位的思路，只不过通过观察可以看到，两侧移位的方向不同，所以需要把数据一分为二、分别移位、再合并三步操作。（定义原始数据为 temp＝0x7e。）

数据一分为二：提取高 4 位 temph＝temp & 0xf0，提取低 4 位 templ＝temp & 0x0f。

分别移位：无论左移还是右移，空出的位都补 0，所以修改后的移位语句为：temph＝(temph >> 1) | 0x80，templ＝(templ << 1) | 0x01。（由于高位向低位移动时可能影响低 4 位数据，所以在移位操作之后要清除对低 4 位的影响，采用 temph＝temph & 0xf0 语句清除低 4 位；反之同理，采用 templ＝templ & 0x0f 语句清除高 4 位。）

数据合并：temp＝temph | templ，此时的 temp 即为下一个要显示的数据。

③ 全灭状态即为一圈循环结束，恢复初始状态“if(temp＝＝0xff) temp＝0x7e;”。

以上是功能实现的设计思路及核心代码解析，读者可自行编写完整程序，下载观察运行效果。另一种实现方法，即数组法：采用数组存储预显示数据，通过对数组遍历实现花样流水显示，具体参见案例 5－2 的第二种实现方法。与移位方法相比，数组需要占用的内存空间较多，读者可以依据具体情况选择合适的方法来实现。

5.3 端口输出控制——数码管

5.3.1 数码管结构与显示原理

数码管也称 LED 数码管(LED Segment Displays)，由多个发光二极管封装在一起组成“8”字型的器件，引线已在内部连接完成，只须引出它们的各个笔划、公共电极。数码管实际上是由 7 个发光管组成“8”字型构成的，一般称为七段数码管。加上一个小数点后就是通常说的八段数码管，这些段分别由字母 a、b、c、d、e、f、g、dp 来表示。数码管是最常用的显示器件之一，具有使用方法简单、价格低廉、亮度高、寿命长等优点。

按照发光二极管单元连接方式不同，数码管分为共阳极数码管和共阴极数码管。

① 共阳数码管：将所有发光二极管的阳极连接到一起形成公共阳极(COM)的数码管。共阳数码管在应用时应将公共极 COM 接到＋5 V，当某一字段发光二极管的阴极为低电平时，相应字段就点亮；当某一字段的阴极为高电平时，相应字段就熄灭。

② 共阴数码管：将所有发光二极管的阴极连接到一起形成公共阴极(COM)的数码管。共阴数码管在应用时应将公共极 COM 接到 GND，当某一字段发光二极管

的阳极为高电平时，相应字段就点亮；当某一字段的阳极为低电平时，相应字段就熄灭。

数码管的外形结构、共阳数码管和共阴数码管的内部结构如图 5-8 所示。

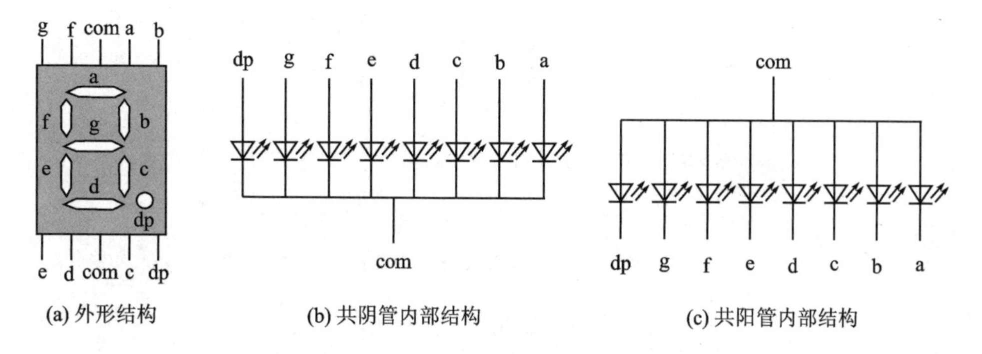

(a) 外形结构　(b) 共阴管内部结构　(c) 共阳管内部结构

图 5-8　数码管的结构

虽然共阳管和共阴管的内部结构不同，但是从实物看两者是一样的，常见数码管的外形如图 5-9 所示。

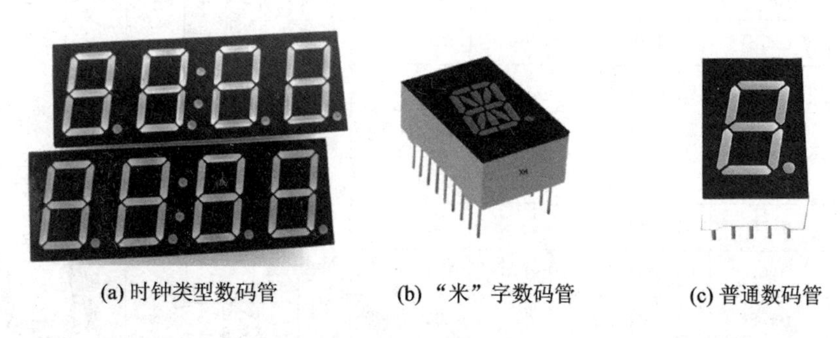
(a) 时钟类型数码管　(b) “米”字数码管　(c) 普通数码管

图 5-9　常见数码管

根据数码管的结构和显示原理可知，通过给每段提供不同的数据，数码管就能显示出不同形状的字符，因此，通常把送给数码管各段的数据称为“字形码”或“字段码”。常见数码管的字符如图 5-10 所示。

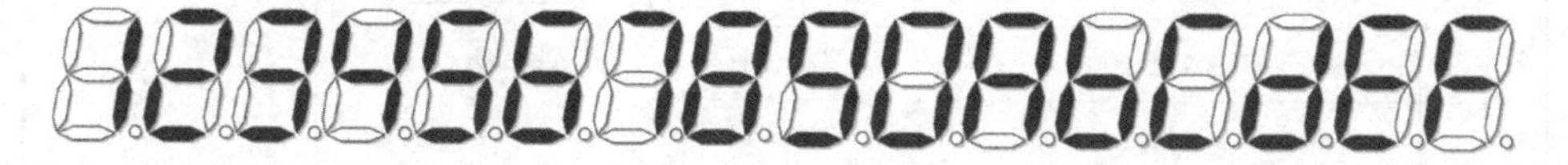

图 5-10　常用数码管字形图

不同字符对应不同的字形码，共阳管和共阴管的字形码互为反码，共阴/共阳字形码如表 5-3 所列；或者也可以使用段码查询软件，如图 5-11 所示。

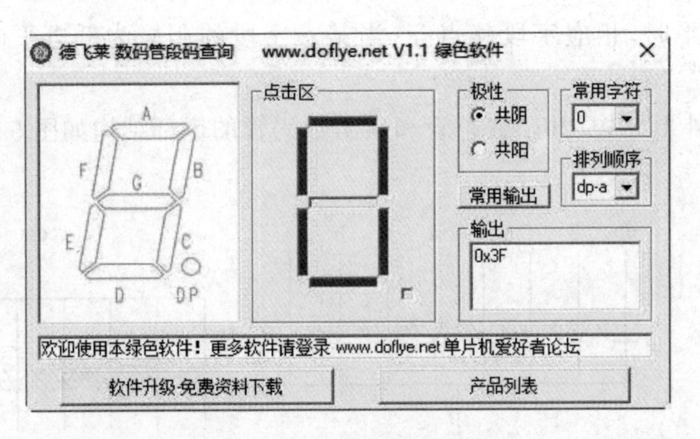

图 5-11　常用数码管字形图

表 5-3　共阴/共阳字形码表

字　符	共阴字形码	dp,g,f,e,d,c,b,a	共阳字形码	dp,g,f,e,d,c,b,a
0	0x3F	0011 1111	0xC0	1100 0000
1	0x06	0000 0110	0xF9	1111 1001
2	0x5B	0101 1011	0xA4	1010 0100
3	0x4f	0100 1111	0xB0	1011 0000
4	0x66	0110 0110	0x99	1001 1001
5	0x6D	0110 1101	0x92	1001 0010
6	0x7D	0111 1101	0x82	1000 0010
7	0x07	0000 0111	0xF8	1111 1000
8	0x7F	0111 1111	0x80	1000 0000
9	0x6F	0110 1111	0x90	1001 0000
A	0x77	0111 0111	0x88	1000 1000
B	0x7C	0111 1100	0x83	1000 0011
C	0x39	0011 1001	0xC6	1100 0110
D	0x5E	0101 1110	0xA1	1010 0001
E	0x79	0111 1001	0x86	1000 0110
F	0x71	0111 0001	0x8E	1000 1110

5.3.2 数码管静态显示驱动

1. 一位数码管静态显示驱动(如图 5-12 所示)

一般使用的数码管是 8 段,包含小数点,用单片机的一组 I/O 端口可以直接控

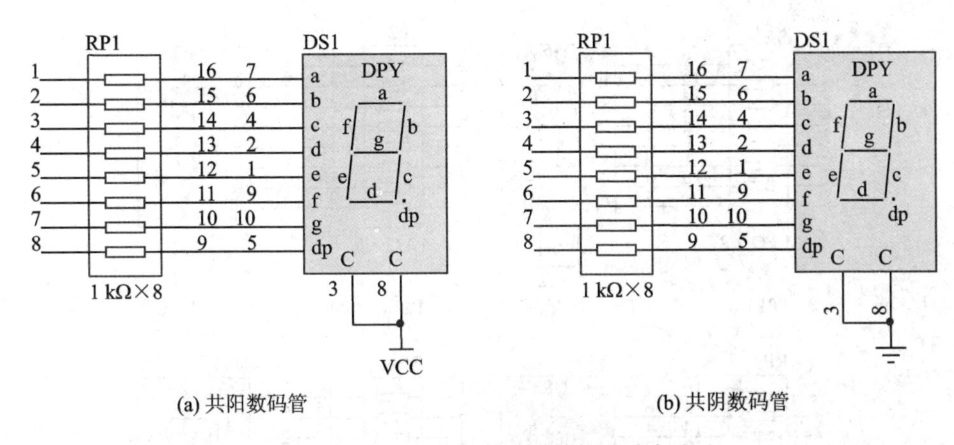

(a) 共阳数码管　　(b) 共阴数码管

图 5-12　一位数码管静态显示驱动电路

制。由于标准 51 端口输出电流较小，灌电流足以驱动 LED，所以直接使用共阳数码管。从表 5-3 中可以查到对应的显示数据，比如要显示'0'，则只要把对应的端口赋值 0xC0 即可。假设使用 P1 口驱动数码管，"P1＝0xC0;"，数码管就显示'0'字符。同样，根据需要变换 P1 口的值就可以改变显示字符，只要 P1 口的数值没有改变，对应的显示就一直保持当前状态。

2. 多位数码管静态显示驱动

在实际应用中可能会使用多个数码管，一个数码管需要一组 I/O 端口，由此推断，如果要使用 4 个数码管，则需要占用 4 组 I/O 端口。一个标准 51 单片机只有 4 组 I/O 端口，也就是说，使用了数码管就不能再连接其他的器件了。如果数码管数量大于 4 个，这种直接驱动的方法就不可行了，就需要使用端口扩展芯片。很显然，一味地使用增加硬件的方式并不是最有效的办法，后面会介绍多个数码管驱动方法。图 5-13 是 4 个数码管的连接电路图，这种电路硬件相对简单，但是仅仅能使用 4 个数码管，每个数码管都是独立显示，不受其他器件影响，这种显示方式称为静态显示。

以 4 位共阳数码管显示 0123 为例，样例代码如下，感兴趣的读者可以自行搭建 4 位数码管电路。

```
#include <reg52.h>          //包含头文件
unsigned char show_table[10] = {0xc0,0xf9,0xa4,0xb0};     //0-3 字符


/*---------------------- 主函数 ---------------------*/
void main(void){
    while(1)
    {
        P0 = show_table[0];
        P1 = show_table[1];
```

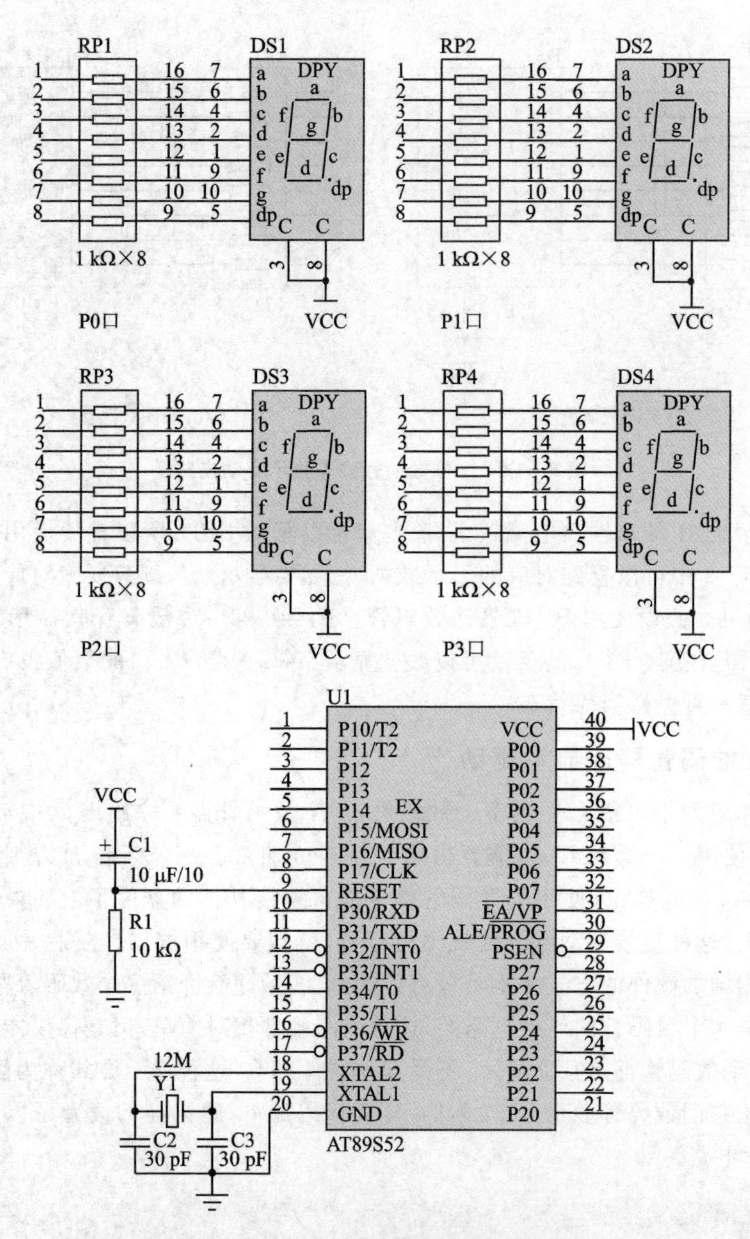

图 5-13　多位数码管静态显示驱动电路

```
        P2 = show_table[2];
        P3 = show_table[3];
    }
}
```

可以看出，这种静态扫描电路硬件相对简单，程序简单，不用考虑过多的相互干扰，如果仅仅使用 3 个数码管，多出的一组 I/O 端口可以做按键输入或者其他的输出控制。在一些简单的应用中可以应用这种方法。它的缺点也显而易见，占用太多的单片机端口，而且静态功耗相对较大。

5.3.3　案例5-3：独立共阳数码管循环显示0～9

【案例分析】

独立共阳数码管的驱动电路如图5-12(a)所示，假设使用P1口驱动数码管，则只需要循环将0～9的字形码送到P1口即可。

【案例设计】

假设每个字符显示停留时间为1 s，程序设计流程如图5-14所示。

实物连线如图5-15所示，电路连线如表5-4所列。

表5-4　独立共阳数码管电路连线表

单片机I/O口	模块接口	杜邦线数量	功　能
P1	J6	8	共阳数码管

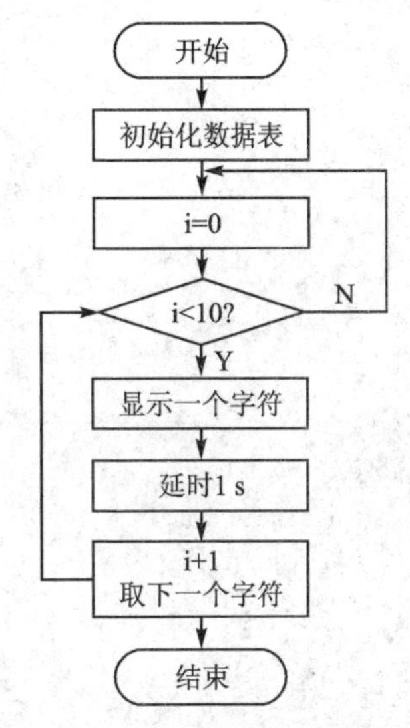

图5-14　独立共阳数码管循环显示操作流程图

图5-15　独立共阳数码管静态显示连线实物图

【案例实现】

核心代码如下：

```
#include <reg52.h>                    //包含头文件
void DelayMs(unsigned int n);         //函数声明
unsigned char code show_table[10] = {0xc0,0xf9,0xa4,0xb0,0x99,0x92,0x82,0xf8,0x80,0x90};
```

```
//显示字符表
/*-------------------主函数------------------------*/
void main(void){
    unsigned char i;          //定义一个无符号字符型局部变量 i,取值范围 0~255

    while(1){                 //主循环
        for(i = 0;i<10;i ++ ){  //0 - 9 共 10 个字符,控制循环执行 10 次
            P1 = show_table[i]; //循环调用表中的数值显示一个字符
            DelayMs(1000);      //延时 1 s,方便观看数字变化,可以自行修改参数
                                //控制延时时间
        }
    }
}
/*-----------------延时 1 ms 函数---------------------*/
void DelayMs(unsigned int n){
    unsigned int i,j;
    for(i = 0; i<n; i++ ){
        for(j = 110; j>0; j -- );
    }
}
```

【注意】程序开头声明 show_table[]变量时使用了关键字 code,表示把该变量放到 ROM 空间,不使用 code 则放到 RAM 的用户区,这样做的目的是节省 RAM 空间。

5.3.4 数码管动态显示驱动

动态扫描实际上是分时驱动原理,利用人眼睛的视觉暂留效应。因为多个数码管共用一个硬件驱动电路,所以任何时刻只能显示一路数码管,但是通过循环分时操作多位数码管,当循环速度大于一定频率时,看上去就是静态显示了。动态扫描具有节省硬件电路,节省成本和空间等优点。

首先了解两个概念"段码"和"位码"。通过给数据端(a~dp)不同的数据组合,可以实现不同的字符显示,这个数据是控制字形的,称之为段码。对于数码管的公共端,通过组合数据选通其中之一或者多个数码管,只有在对应的数码管选通的情况下,对应的段码数据才能有效地显示,这个数据用于控制某一位数码管的通断,称之为位码。

如图 5 - 16 所示,将所有数码管的段码并接在一起,用一个 I/O 口控制,称之为段选控制(控制显示什么字符);公共端不是直接接地(共阴极)或电源(共阳极),而是通过一组 I/O 口线来控制,称之为位选控制(控制哪一个管亮)。

数码管动态显示需要相应的驱动电路,常用的驱动方式有:三极管驱动和集成电

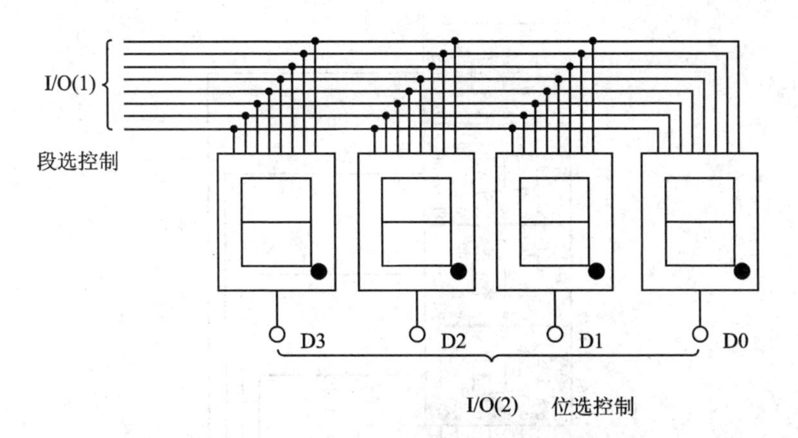

图 5-16 多位数码管控制连线图

路驱动。其中,集成电路扩驱动方式又有多种可以选择的芯片组合,比如 74HC573 锁存器+74HC138 译码器、2 片 74HC573 锁存器等。2 片 74HC573 驱动方式比较常用,减少芯片种类,实际使用效果不错。

首先了解一下锁存器 74HC573 芯片的锁存原理。74HC573 芯片引脚图如图 5-17 所示,芯片工作的真值表如表 5-5 所列。

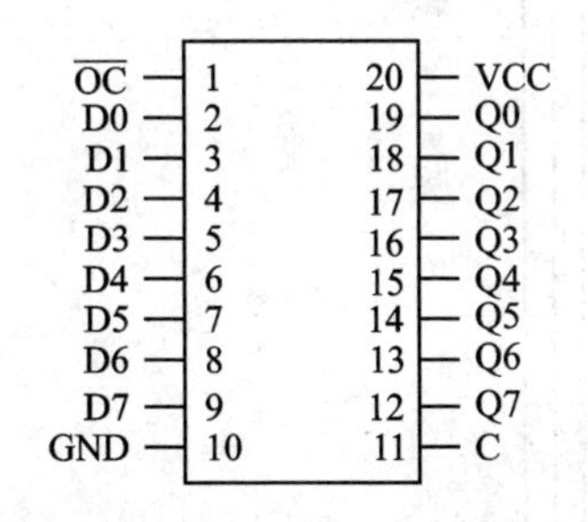

图 5-17 74HC573 芯片引脚图

表 5-5 74HC573 芯片的真值表

输 入			输 出
$\overline{OC}$(输出使能)	C(锁存使能)	D	Q
L	H	H	H
L	H	L	L
L	L	X	不变
H	X	X	Z

说明:表中 X=不关心,Z=高阻抗。

由真值表可以看出,输出使能 OC 为高时,输出始终为高阻态,此时芯片处于不可控制状态,所以在一般应用中,必须将 OC 接低电平。C 则是输出端状态改变使能端,当 C 为低电平时,输出端 Q 始终保持上一次存储的信号(从 D 端输入);当 C 为高电平时,Q 紧随 D 的状态变化,并将 D 的状态锁存。也就是说,当锁存使能端 C 为高时,这些器件的锁存对于数据是透明的(即输出同步);当锁存使能变低时,符合建立时间和保持时间的数据会被锁存。简化后的真值表如表 5-6 所列,这样更容易理解。

数码管动态显示驱动电路如图 5-18 所示,其中一片 74HC573 输出端连接 8 位数码管的段选控制端,用于段锁存;另一片 74HC573 输出端连接数码管的位选控制端,用于位锁存。采用两片 74HC573 锁存器的方法减少了使用的 I/O 口,仅用一组

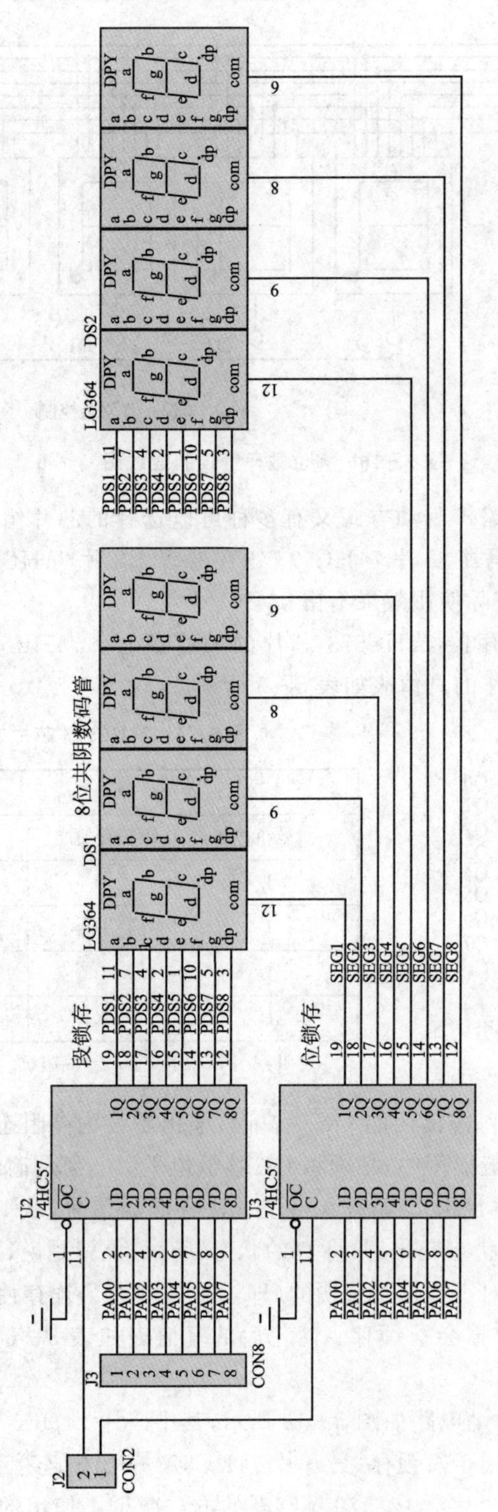

图5-18 数码管动态显示驱动电路

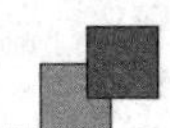

I/O 就实现了对数码管段码和位码的控制。

表 5-6 74HC573 芯片的真值表(简化后)

$\overline{OC}$(输出使能)	C(锁存使能)	Q
L	H	直通(Qi=Di)
L	L	保持(Qi 保持不变)
H	X	输出高阻(状态无效)

【注意】图 5-18 是数码管动态显示驱动电路的原理图,图中标号相同的节点在实际电路中是物理电气相连的。为了让原理图看上去简洁整齐,绘制原理图时通常用相同的标号表示电气连接,以免用连线把电路画得让人眼花缭乱。

5.3.5 案例 5-4:8 位数码管同时显示 0～7

【案例分析】

以共阴极数码管为例,依据数码管动态扫描原理,即 8 个数码管循环依次点亮并维持短暂时间,结合动态显示驱动电路,程序的控制过程为:首先 P 口送位码(即选通第一位数码管的数据,因为是共阴极数码管,则 0 表示选通该位,1 表示关闭该位),位锁存(开位锁、再关位锁);然后 P 口送段码(即 0 的字形码),段锁存(开段锁、再关段锁),0 的字形码送到了数码管的段码端,此时第一位(假定从左侧开始点亮)数码管显示 0。同样的方法,重复上述动作,让第 2 位数码管显示 1,……,直到第 8 位数码管显示 7,循环结束。上述分析过程用图示样例描述如图 5-19 所示,扫描最终显示效果如图 5-20 所示。

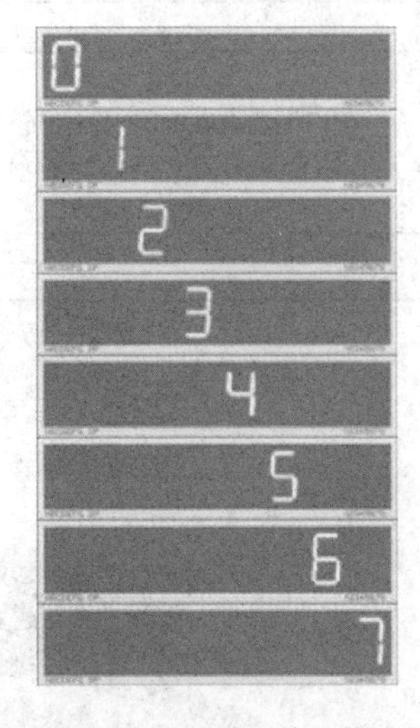

图 5-19 8 位数码管扫描原理

图 5-20 扫描最终显示效果

【案例设计】

8 位数码管动态扫描的程序设计流程如图 5-21 所示。

实物连线如图 5-22 所示,电路连线如表 5-7 所列。

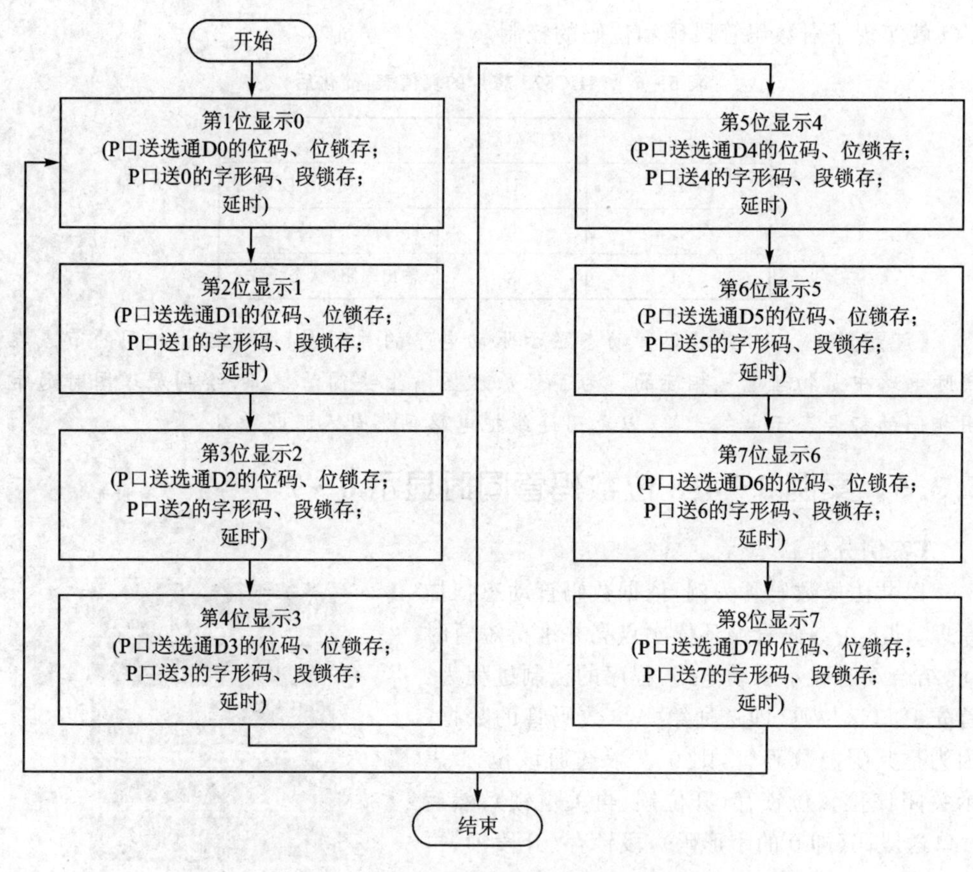

图 5-21　8 位数码管扫描流程图

图 5-22　8 位共阴数码管显示连线实物图

表5-7 8位共阴数码管电路连线表

单片机I/O口	模块接口	杜邦线数量	功 能
P0	J3	8	共阴数码管数据端
P2.2(段锁存)	J2(B)	1	段锁存
P2.3(位锁存)	J2(A)	1	位锁存

【案例实现】

核心代码如下：

```
#include <reg52.h>                  //包含头文件
                                    //位变量声明
sbit Latch_D = P2^2;                //声明段锁
sbit Latch_W = P2^3;                //声明位锁
//定义段码:0-7
unsigned char code DuanMa[] = {0x3f,0x06,0x5b,0x4f,0x66,0x6d,0x7d,0x07};
//定义位码:由左到右
unsigned char code WeiMa[] = {0xfe,0xfd,0xfb,0xf7,0xef,0xdf,0xbf,0x7f};
/*-------------------主函数------------------------*/
void main(void){
    unsigned char i;                //定义一个无符号字符型局部变量i,取值范围0~255
    while(1){                       //主循环
        DataPort = WeiMa[i];        //送位码
        Latch_W = 1;                //位锁开(位锁存)
        Latch_W = 0;                //位锁关

        DataPort = DuanMa[i];       //送段码
        Latch_D = 1;                //段锁开(段锁存)
        Latch_D = 0;                //段锁关

        DelayMs(2);                 //扫描间隔延时,时间太长会闪烁,太短会造成重影
        i++;
        if(8 == i)                  //判断8个管是否都扫描结束,一次循环结束则从第1个
                                    //管开始重新扫描
            i = 0;
    }
}
```

程序中使用了关键字code,未使用之前段码和位码被分配到RAM中,使用code之后段码和位码被分配到ROM中,这样做的好处是节省RAM空间。使用单片机进行应用开发时,与ROM相比,RAM的空间要小得多,因此通常将内容固定不变的表格等常量通过code关键字定义到ROM中,从而节省RAM的空间。

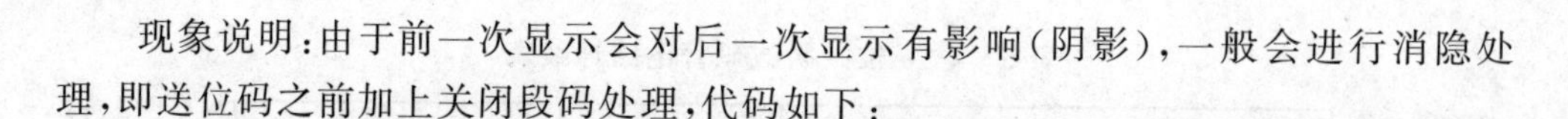

现象说明：由于前一次显示会对后一次显示有影响（阴影），一般会进行消隐处理，即送位码之前加上关闭段码处理，代码如下：

```
DataPort = 0x00;          //关段码
Latch_D = 1;              //段锁开(段锁存)
Latch_D = 0;              //段锁关
```

5.3.6 拓展项目：数码管显示动态数据

【项目分析】

实现 0～F 字符在数码管上滚动显示。由于数码管有 8 个，因此首先显示 01234567，然后显示 12345678，……，最后显示 89ABCDEF。

【项目设计】

通过分析可知，显示 0～F 字符时每组显示 8 个，一共需要 9 组。在 5.3.5 小节项目 4 的基础上增加两个变量 j 和 num，其中，j 用于控制每组显示维持的时间，num 用于控制显示第几组、程序设计流程如图 5－23 所示。

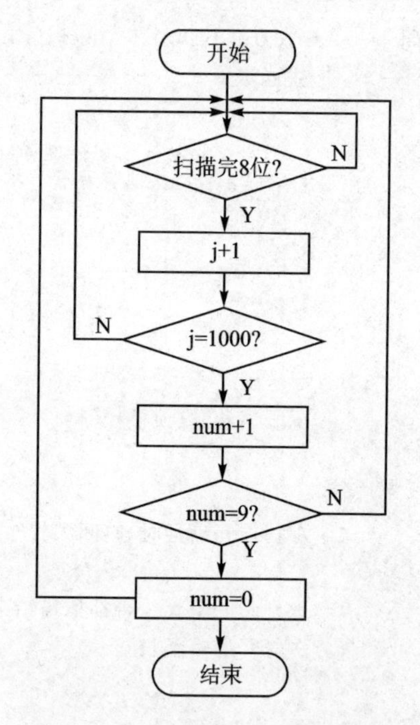

图 5－23　8 位数码管扫描流程图

5.4 端口输入控制——独立按键

区分两种按键方式是由于连接到单片机的方式不同。单片机信号的输入是通过

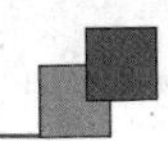

I/O 口实现的，如果每个 I/O 口负责管理一个开关输入，那么称这种连接方式为独立按键。用这种连接方式连接的多个按键组成的键盘称为独立键盘。

5.4.1 独立按键的连接方式

常见独立按键的基本连接方式如图 5－24 所示。

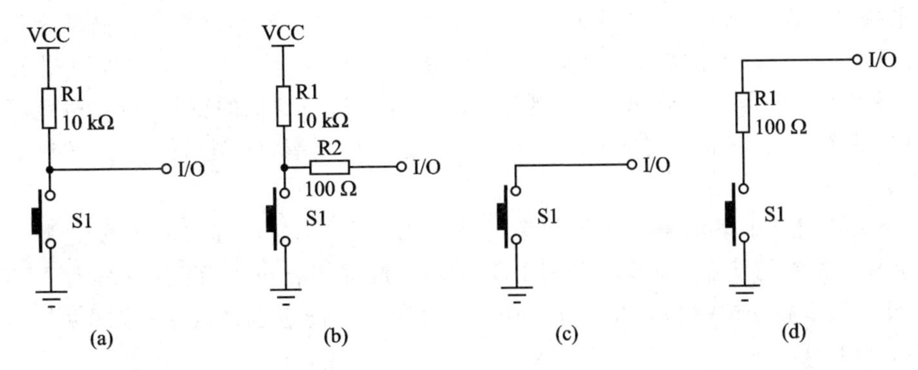

图 5－24 独立按键连接方式

常用按键实物如图 5－25 所示。

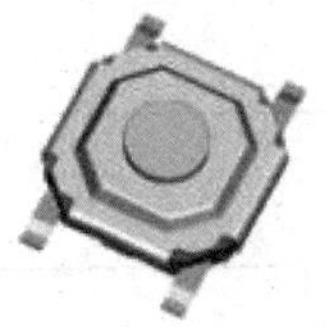

图 5－25 常见轻触按键

如图 5－24 所示，其中，图(a)和(b)带有上拉电阻，图(c)和(d)没有上拉电阻，前两个图适合芯片内部没有上拉电组的单片机，这样通过外部的电阻可以使端口电平拉高。标准的 51 内部有上拉电阻，所以可以应用后面的两个图。

图(c)和(d)的区别是无限流电阻和有限流电阻。因为一些新型单片机的端口可以设置成多种模式，比如高阻态、输入模式、标准输出模式、推挽输出模式等，防止带有大电流输出的单片机输出过流而导致轻触开关损坏，所以考虑加限流电阻。标准 51 的内部是弱上拉，电流非常小，所以可以使用(c)图最简单的连接方式。

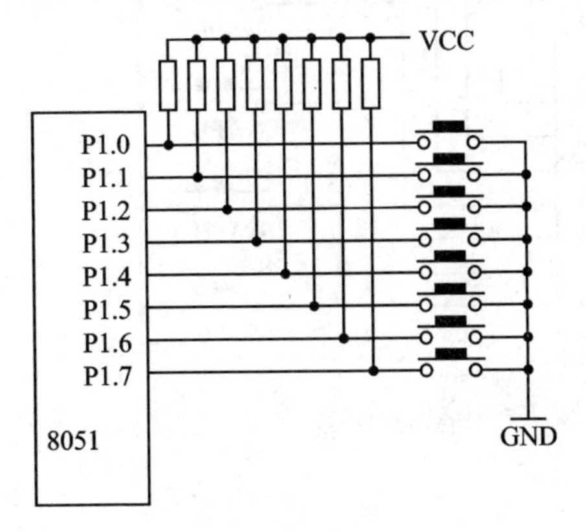

图 5－26 独立键盘连接电路

由多个独立按键组成的键盘称为独立键盘。如图 5－26 所示，每个按键各占用一根I/O口线，每根I/O口线上的按键都相互独立、互不影响。

5.4.2 独立按键的检测原理

如图5-24(c)所示，标准51单片机上电复位后，所有的端口都默认为高电平，也就是内部的弱上拉电阻有效。此时，开关按下后，电路接通，相当于I/O端口对地短路(前提是假设轻触开关的接通电阻为0)，此时端口电平被强制拉低。简单理解就是分压原理，接VCC的部分有电阻，而接负极(GND/地)的轻触开关接通电阻为0，所以最终的电平是低电平(即0)。既然有端口电平从高到低的变化，单片机就可以检测到这个变化，继而识别出按键的状态。即通过检测端口的电平可判断按键是否按下。

下面通过一个案例看一下最简单的按键检测程序，P口连接一个按键和一个LED，检测按键的状态：按键断开则LED熄灭，按键闭合则LED点亮发光。LY-51S开发板中独立按键和LED连接如图5-27所示，随意选择其中一路即可，这里选K1和LED1。

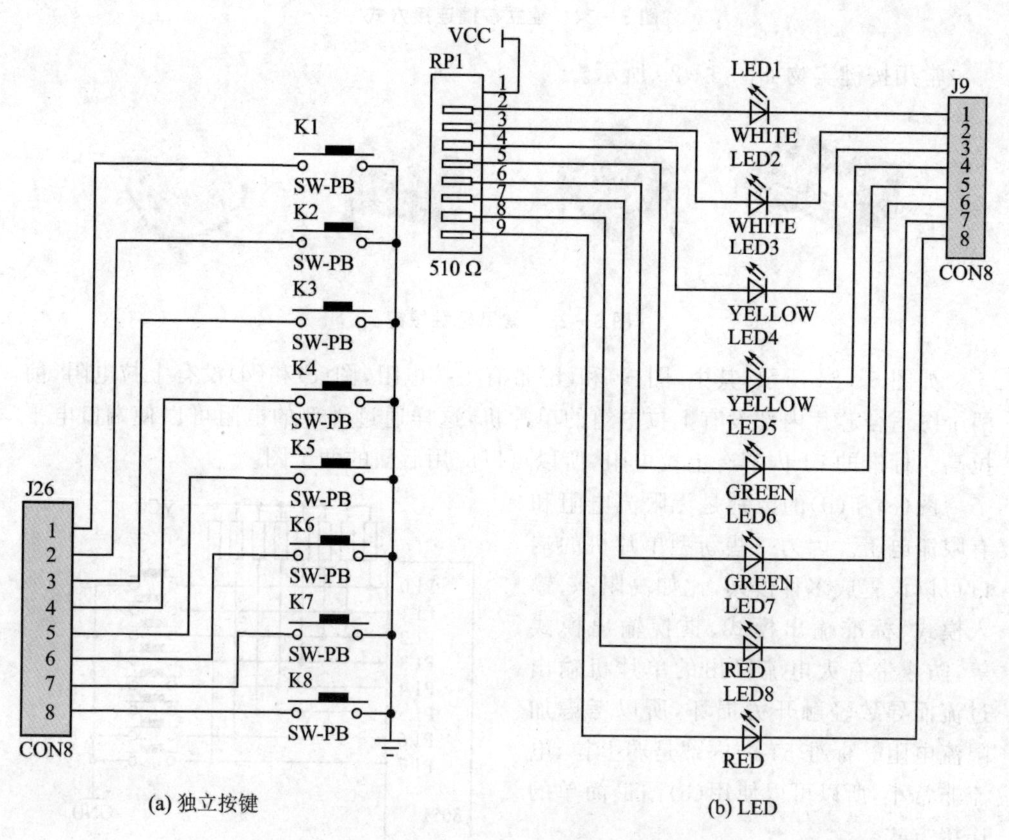

图5-27 独立按键和LED电路原理图

```
#include <reg52.h>                    //包含头文件
sbit KEY = P1^0;                      //定义按键输入端口
sbit LED = P1^1;                      //定义 led 输出端口
/*-------------------主函数-----------------------*/
void main(void){
    while(1){                         //主循环
        if(!KEY)                      //如果检测到低电平,说明按键按下
            LED = 0;                  //LED 点亮
      else                            //如果检测到高电平,说明按键抬起
            LED = 1;                  //LED 熄灭
    }
}
```

将上述程序编译后下载到开发板上，观察到的现象是什么？你会发现按键按下时 LED 点亮，按键抬起时 LED 熄灭。但是更多的时候希望看到的现象是：按键按动一次，改变一次 LED 的状态，即按键的按下和抬起算作一次按键触碰，一次触碰改变一次 LED 的状态，这种方式是实际中经常使用的。

5.4.3　按键去抖及按键处理流程

1. 去抖原理

通常的按键所用开关为机械弹性开关，当机械触点断开、闭合时，由于机械触点的弹性作用，一个按键开关在闭合时不会立刻变为稳定状态，在断开时也不会瞬间断开。因而，在闭合及断开的瞬间均伴随有一连串的抖动，如图 5－28 所示，这种抖动的时间很短，但对于高速运行的单片机来说是个很长的时间，这种抖动会影响最终的检测结果。

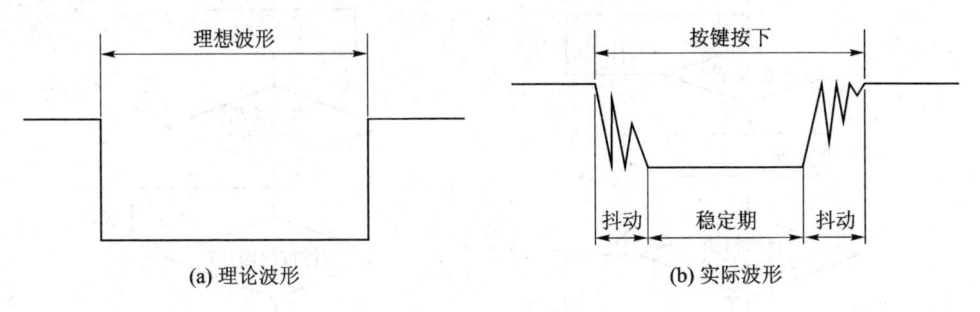

(a) 理论波形　　(b) 实际波形

图 5－28　按键按下抬起波形图

抖动时间的长短由按键的机械特性决定，一般为 5～10 ms。这是一个很重要的时间参数，在很多场合都要用到。按键稳定闭合时间的长短则由操作人员的按键动作决定，一般为零点几秒至数秒。按键抖动引起一次有效按键被误读为多次按键，为确保 CPU 对按键的一次闭合仅作一次处理，必须去除按键抖动，以保证在按键闭合

稳定时读取按键的状态。同理，按键在释放时也存在抖动现象，同样也需要去抖处理，具体可以根据实际情况自行调整。

按键去抖分为硬件去抖和软件去抖。硬件去抖最简单的就是按键两端并联电容，容量根据实验而定，通过电容的通交流隔直流功能把抖动波去除。软件去抖使用方便，不增加硬件成本，容易调试，所以现在大都使用软件去抖。

软件去抖的步骤：

① 检测按键按下状态；

② 延时 10～15 ms，用于跳过抖动区域；

③ 再一次检测按键状态，如果没有按下，则表明是抖动或者干扰造成；如果仍旧处于按下状态，则认为是真正的按下，并进行对应的操作。

2. 按键处理流程

结合软件去抖原理，检测按键按下的处理流程如图 5-29 所示。

同理，按键释放后也要进行延时去抖，延时后检测按键是否真正释放。为了简化程序，一般对于按键释放检测的处理为：

```
while(! KEY);                    //按键按下之后，等待按键释放，没有释放则一直等待
```

上面提到对于按键处理，按下和抬起算作一次触碰，一次触碰才去执行一个任务，比如改变一次 LED 的状态。一般按键的处理流程如图 5-30 所示。

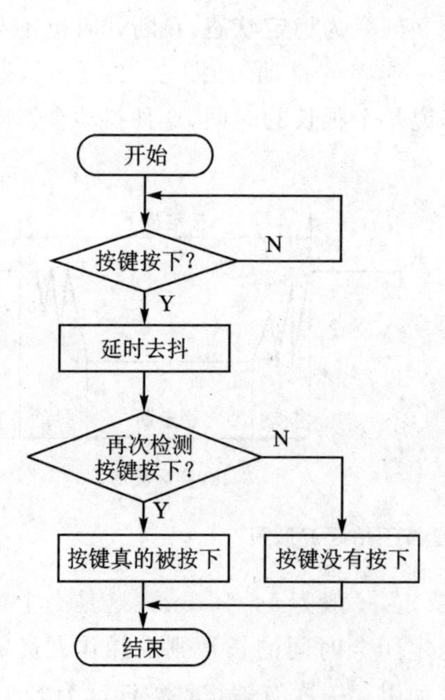

图 5-29　检测按键按下处理流程

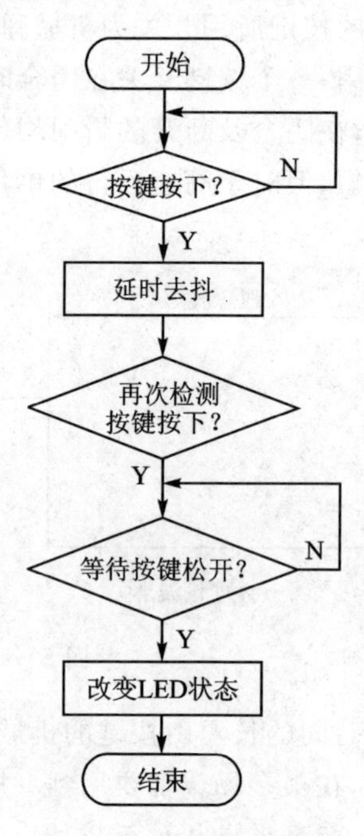

图 5-30　按键处理流程

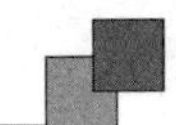

按键处理的核心代码如下所示：

```
/*--------------------主函数-------------------------*/
void main(void){
    while(1){                          //主循环
        if(!KEY){                      //检测按键是否按下
            DelayMs(10);               //延时去抖
            if(!KEY){                  //再一次检测按键是否按下
                while(!KEY);           //等待按键松开
                LED = !LED;            //执行按键动作(改变一次 LED 状态)
            }
        }
    }
}
```

5.4.4 案例5-5:抢答器

【案例分析】

假定有4个按键 KEY1、KEY2、KEY3 和 KEY4,首先按下的按键有效,同时对应的 LED 点亮,其他的按键均被屏蔽。

【案例设计】

循环检测按键,检测到任何一个按键按下时,标志位置1并退出,不再检测其他按键,其他按键即便按下也无效。程序设计流程如图5-31所示。

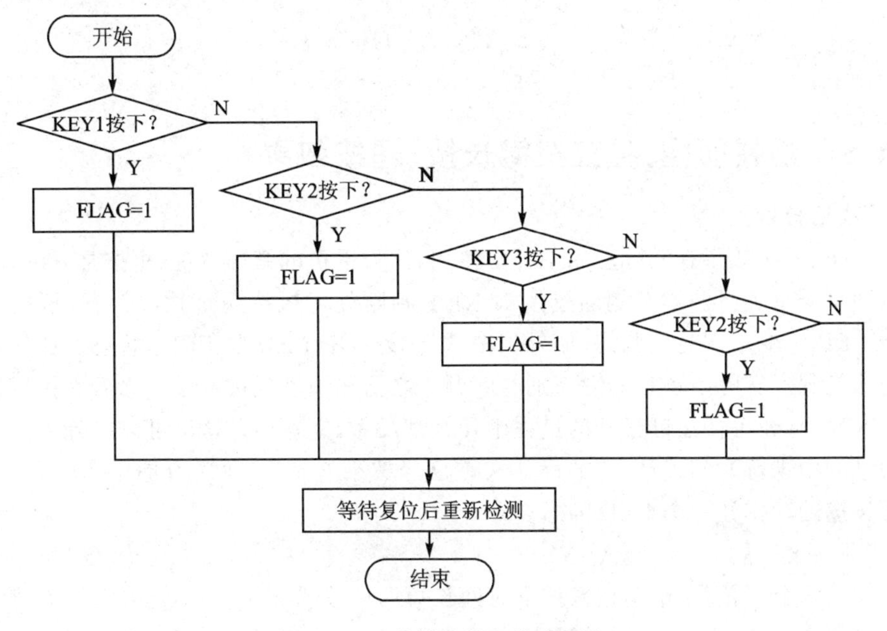

图5-31 按键抢答设计流程图

电路连线如表 5-8 所列。

表 5-8　抢答器按键/LED 电路连线表

单片机 I/O 口	模块接口	杜邦线数量	功　能
P1	J9	8	LED 模块
P3	J26	8	独立按键

【案例实现】

核心代码如下：

```
#include <reg52.h>                        //包含头文件
sbit KEY1 = P3^0;                         //定义按键
sbit KEY2 = P3^1;
sbit KEY3 = P3^2;
sbit KEY4 = P3^3;
/*-------------------- 主函数 -------------------------*/
void main(void){
    bit FLAG;
    while(!FLAG){          //先检测到的按键先响应,其他按键无效,执行一次即停止
        if(!KEY1)       {P1 = 0xFE;     FLAG = 1;}
        else if(!KEY2){P1 = 0xFD;     FLAG = 1;}
        else if(!KEY3){P1 = 0xFB;     FLAG = 1;}
        else if(!KEY4){P1 = 0xF7;     FLAG = 1;}
    }
    while(FLAG);                          //复位后按键有效
}
```

5.4.5　拓展项目:独立按键长按、短按效果

【项目分析】

长按、短按效果在实际应用中经常使用,比如手机的锁屏按键,短按是开屏锁屏,长按则是开机关机。本案例通过按键 KEY 判断处于短按还是长按状态,短按一次则让 LED 改变一次亮灭状态;如果长按,则让另一个 LED 处于闪烁状态。如何实现这种功能呢？实际上还是按键识别的问题。之前在识别到按键松开之后去执行按键的一次动作,在等待按键松开的过程中什么都没做,空等待。这里可以在等待按键松开的过程中进行时间统计,比如确认按键已经按下 2 s 了,则认为是长按状态,于是执行长按的动作让一个 LED 闪烁。

【项目设计】

设计两个变量:一个是按键按下时间长短的计数器 key_press_num,与按键延时去抖检测相结合,用于计算按键按下的时间长短;另一个是长按状态标志位 FLAG_ longpress。程序设计流程如图 5-32 所示。

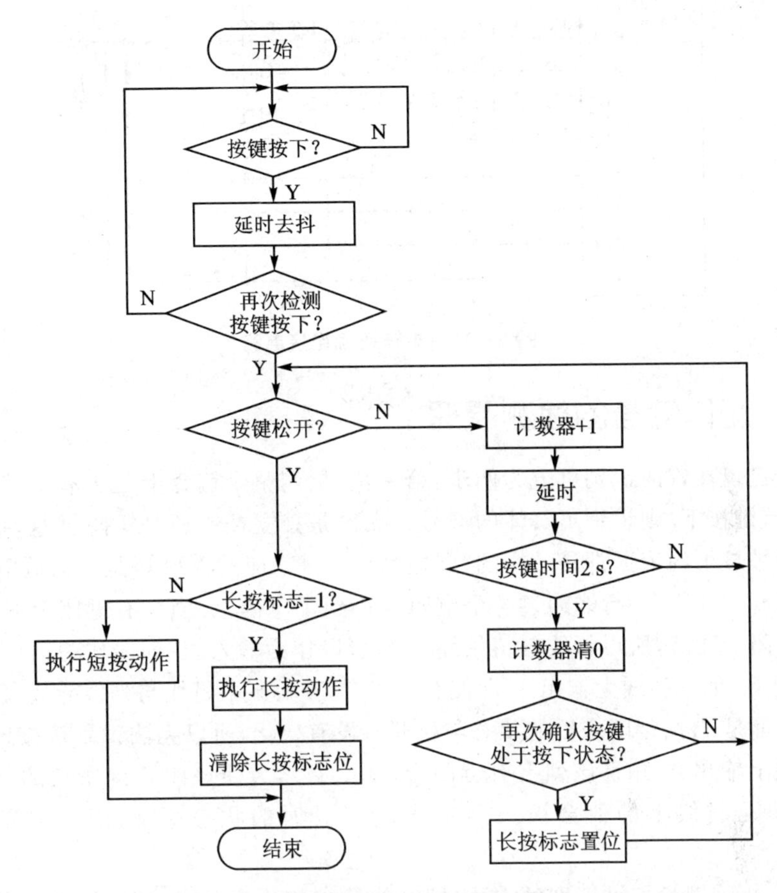

图 5-32 按键长按短按 LED 显示设计流程图

5.5 端口输入控制——矩阵键盘

独立键盘的特点是电路配置灵活、软件结构简单，但是当按键数量较多时，I/O 口线耗费较多，电路结构繁杂。因此，独立键盘适用于按键数量较少的场合。单片机系统中 I/O 口资源往往比较宝贵，当用到多个按键时，为了节省 I/O 口线，引入矩阵键盘。

5.5.1 矩阵键盘的连接方式

独立键盘又称行列键盘。将一组 I/O 口先分为两半，排成行、列结构（即行线和列线），一半设定为输入、另一半设定为输出，按键跨接在行线和列线上，按键按下时，行线与列线发生短路。矩阵键盘的连接电路如图 5-33 所示。

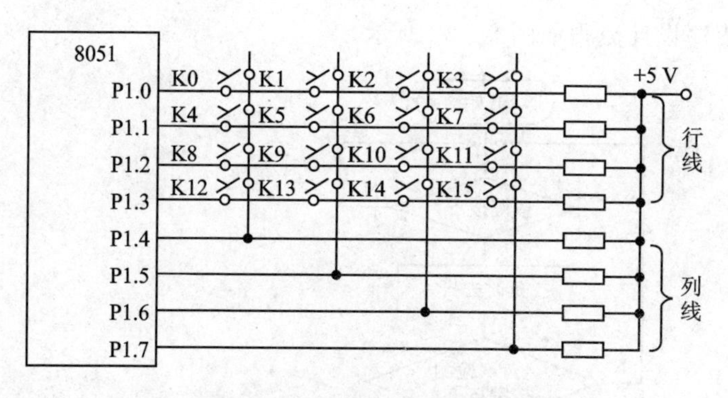

图 5-33　矩阵键盘连接电路

5.5.2　矩阵键盘的检测原理

矩阵键盘按键的识别可分为两步：第一步，检测整个键盘上是否有键按下；第二步，如果有键按下，则识别出具体的键号。无论是独立按键还是矩阵键盘，单片机检测其是否被按下的依据都是一样的，即检测与该键对应的 I/O 口是否为低电平。

如图 5-33 所示，行线通过一个电阻连接到了电源上，当没有键闭合时，由于行线上没有闭合通路，所以行线的值始终为 1，可以作为输入线；列线作为输出线，可以输出 1 或 0。如果列线上输出 1，即使有键闭合，使得某根行线与列线导通，但是由于两者的值都是 1，按键闭合后的状态与松开时没有变化，所以无法识别该按键。但是如果列线上输出 0，并且该列上有键闭合，那么必然会使该闭合键所在的行线与列线导通，并且行线上的值会被拉到 0，与键松开时的状态相反，因此可以识别该按键。

可见，矩阵键盘按键识别的方法（即列线输出扫描字，通过读入行线的状态来判别）如下：

① 检测键盘上是否有键按下：列线输出全 0，读取行线的值；如果行线的值全是 1，说明没有键按下，则不用做下一步。如果行线的值不全为 1，则说明有键按下，做下一步识别。

② 识别被按下按键的键号。采取列扫描方式，即首先在 4 列中选中一列输出 0，其余 3 列都输出 1，然后读取行线的值。如果某行线的数值为 0，则说明该列有键闭合；否则，该列没有键闭合，则使下一列输出 0，其余的列都输出 1，即扫描下一列，扫描过程如图 5-34 所示。当锁定键闭合的一列后，在该列输出 0 的前提下，再具体判断到底是该列中哪一行的值为 0，如此，列线与行线便能锁定一个唯一的键。键号的设定可根据需要自行设计。

矩阵键盘的特点是占用 I/O 口线较少，但是相比独立键盘软件结构要复杂，适用于按键较多的场合。

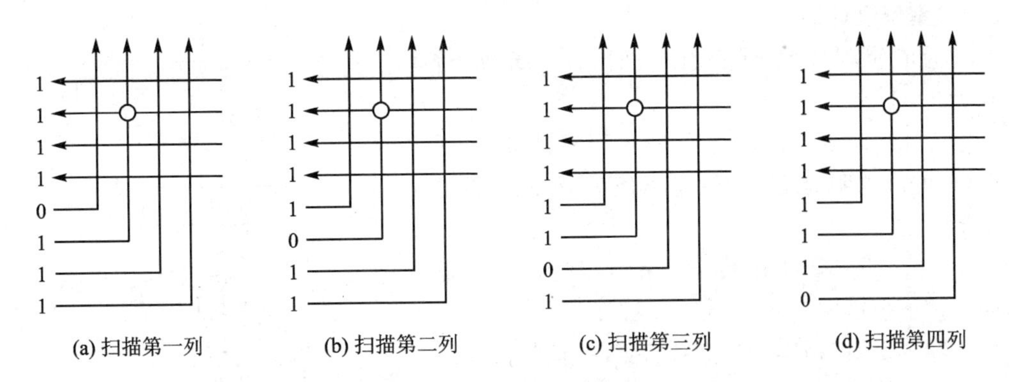

图 5-34 列扫描原理

5.5.3 案例 5-6:矩阵键盘键号 LED 显示

LY-51S 开发板矩阵键盘电路原理图如图 5-35 所示,具体是行扫描还是列扫描取决于电路连线和程序。

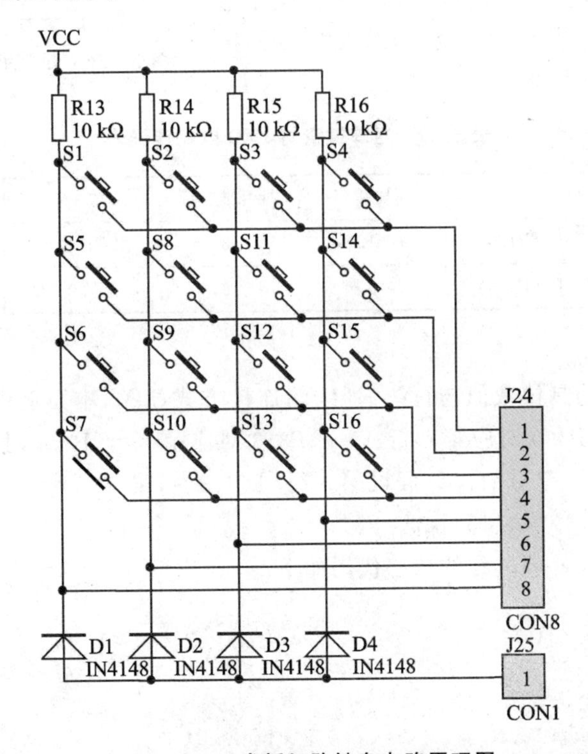

图 5-35 开发板矩阵键盘电路原理图

【案例分析】

检测矩阵键盘,识别被按下的按键,并将其键号显示到 LED 上。

【案例设计】

为了使程序结构清晰，设计 3 个函数，分别为：

① bit IsKeyInput()：判断是否有键按下，返回值为 1，说明有键按下；返回值为 0，说明无键按下。

② unsigned char KeyScan()：键盘扫描，返回被按下按键的键号。

③ void WaitKeyRelease()：等待按键松开。

矩阵按键的处理过程与独立按键类似，具体流程如图 5-36 所示。

其中，KeyScan()函数是整个程序的核心，用于识别具体按键的键号。程序设计流程如图 5-37 所示，这里给出两种程序设计方法供参考。

电路连线如表 5-9 所列，8Pin 的排线注意连接方向：P1.0 连接 J9 最右边 LED8，P3.0 连接 J24 的最上边 1 号引脚。

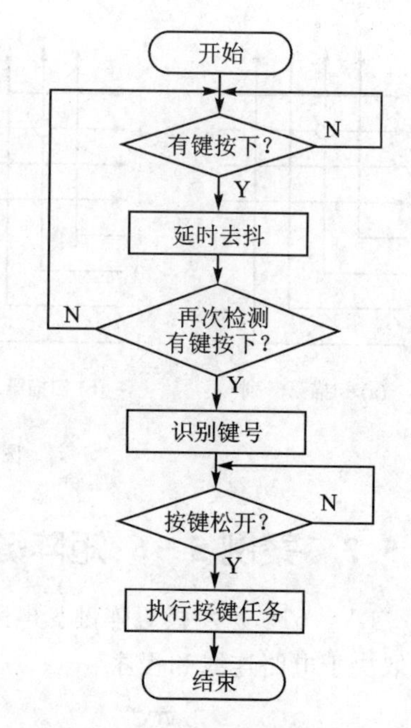

图 5-36　矩阵键盘处理流程图

表 5-9　矩阵键盘与 LED 电路连线表

单片机 I/O 口	模块接口	杜邦线数量	功　能
P1(P1.0)	J9(LED8)	8	LED 模块
P3(P3.0)	J24(1 脚)	8	矩阵键盘

【案例实现】

样例代码中的具体数值与行线、列线的连接方式相关，本案例中列线为高 4 位、行线为低 4 位，即 P3.0 对应第 0 行、……、P3.3 对应第 3 行、P3.4 对应第 4 列、……、P3.7 对应第 1 列。键号的设计假设第一行：1、2、3、4，第二：行 5、6、7、8，第三行：9、10、11、12，第四行：13、14、15、16。

矩阵键盘任务处理过程的核心代码如下：

```
#define KEYPORT P3                    //定义矩阵按键接口
/*----------------------- 主函数 ------------------------*/
void main(void){
    unsigned char KeyCode;            //定义键号变量
    while(1){                         //主循环
        while(!IsKeyInput()){;}       //如果没有键按下，则等待
        DelayMs(10);                  //延时去抖
        if(!IsKeyInput()){            //如果此时没有按键按下，则是抖动
```

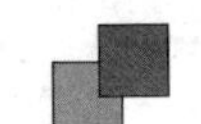

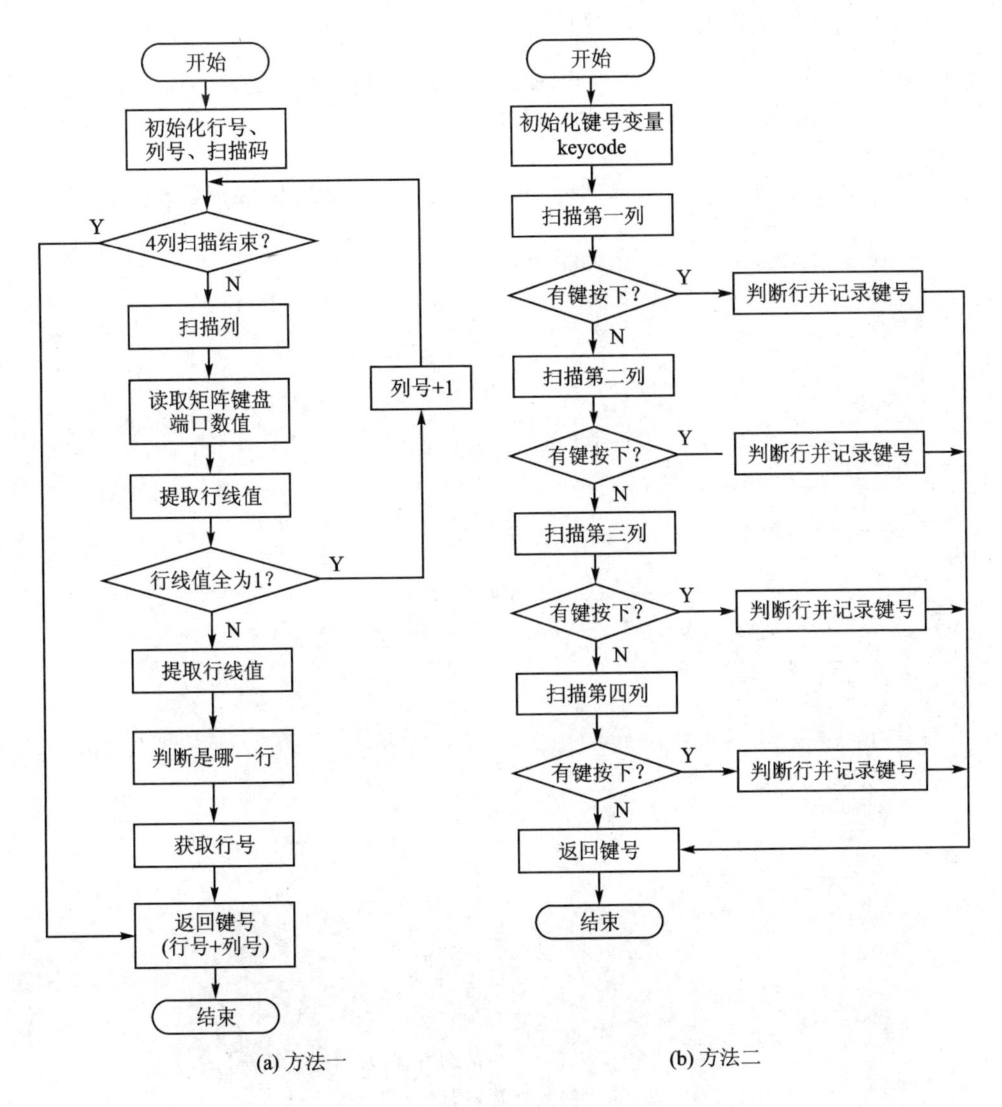

图 5-37 矩阵键盘按键键号识别流程图

```
            P1 = 0x00;
        }
        else{
            KeyCode = KeyScan();        //识别键号
            WaitKeyRelease();           //等待按键松开
            P1 = ~KeyCode;              //执行按键任务:将键号显示在 LED 上
        }
    }
}
```

IsKeyInput()函数的核心代码如下：

```
/* -------------------- IsKeyInput 函数 -------------------- */
bit IsKeyInput(){           //判断是否有键按下:1 - 有;0 - 无
    unsigned char temp;
    KEYPORT = 0x0f;         //KEYPORT = 0000 1111,让列线(高 4 位)输出全 0,行线(低 4 位)
                            //输出全 1
    temp = KEYPORT;         //读取 KEYPORT 口
    temp &= 0x0f;           //提取行线值(低 4 位),消除列线影响(高 4 位)
    if(temp == 0x0f)        //行线全 1:说明没有键按下
        return 0;
    else
        return 1;           //行线不全 1:说明有键按下
}
```

KeyScan()函数的核心代码如下(方法一)：

```
/* ------------------- KsyScan 函数(方法一) ------------------- */
unsigned char KeyScan(void){
    unsigned char hang_code = 0;        //定义初始行号:0
    unsigned char lie_code = 0;         //定义初始列号:0
    unsigned char scan_code = 0x7f;     //定义初始扫描码:0111 1111,指定最低一列为 0
    unsigned char i, temp;
    for(i = 0; i<4; ++i){
        KEYPORT = scan_code;            //输出扫描码
        temp = KEYPORT;                 //读取 KEYPORT 口
        if((temp & 0x0f) == 0x0f){      //当前列没有按键按下,扫描下一列
            scan_code = (scan_code >> 1) | 0x80;     //调整扫描码:1011 1111
            ++lie_code;                 //更新列号:列号 + 1
        }
        else{                           //当前列有键按下,以下判断是哪一行
            switch(temp & 0x0f){        //提取行值判断
                case 0x0e:              //第 0 行有键按下:1110
                    hang_code = 1;
                    break;
                case 0x0d:              //第 1 行有键按下:1101
                    hang_code = 5;
                    break;
                case 0x0b:              //第 2 行有键按下:1011
                    hang_code = 9;
                    break;
                case 0x07:              //第 3 行有键按下:0111
                    hang_code = 13;
```

```
                    break;
                }
                break;                  //如果有多个按键按下,只扫描前面的,后面的屏蔽掉
            }
        }
    return hang_code + lie_code;      //返回键值:行号+列号
}
```

KeyScan()函数的核心代码如下(方法二):

```
/* -------------------- KsyScan函数(方法二) -------------------- */
unsigned char KeyScan(void){
    unsigned char keycode = 0xFF;/定义键号变量

    //扫描第一列
    KEYPORT = 0x7F;                 //0111 1111
    if(KEYPORT == 0x7E)     keycode = 1;    //0111 1110:第一列第一行
    if(KEYPORT == 0x7D)     keycode = 5;    //0111 1101:第一列第二行
    if(KEYPORT == 0x7B)     keycode = 9;    //0111 1011:第一列第三行
    if(KEYPORT == 0x77)     keycode = 13;   //0111 0111:第一列第四行

    //扫描第二列
    KEYPORT = 0xBF;                         //1011 1111
    if(KEYPORT == 0xBE)     keycode = 2;    //0111 1110:第二列第一行
    if(KEYPORT == 0xBD)     keycode = 6;    //0111 1101:第二列第二行
    if(KEYPORT == 0xBB)     keycode = 10;   //0111 1011:第二列第三行
    if(KEYPORT == 0xB7)     keycode = 14;   //0111 0111:第二列第四行

    //扫描第三列
    KEYPORT = 0xDF;                         //1101 1111
    if(KEYPORT == 0xDE)     keycode = 3;    //0111 1110:第三列第一行
    if(KEYPORT == 0xDD)     keycode = 7;    //0111 1101:第三列第二行
    if(KEYPORT == 0xDB)     keycode = 11;   //0111 1011:第三列第三行
    if(KEYPORT == 0xD7)     keycode = 15;   //0111 0111:第三列第四行

    //扫描第四列
    KEYPORT = 0xEF;                         //1110 1111
    if(KEYPORT == 0xEE)     keycode = 4;    //0111 1110:第四列第一行
    if(KEYPORT == 0xED)     keycode = 8;    //0111 1101:第四列第二行
    if(KEYPORT == 0xEB)     keycode = 12;   //0111 1011:第四列第三行
    if(KEYPORT == 0xE7)     keycode = 16;   //0111 0111:第四列第四行

    return keycode;                         //返回键号
}
```

WaitKeyRelease() 函数的核心代码如下：

```
/* ------------------- WaitKeyRelease 函数 ------------------- */
void WaitKeyRelease(){                    //等待按键松开
    unsigned char temp;
    while(1){
        KEYPORT = 0x0f;                   //列线输出全 0
        temp = KEYPORT;                   //读取 KEYPORT 口
        temp &= 0x0f;                     //提取行线值,列线清 0
        if(temp == 0x0f)                  //0000 1111,行线为全 1:没有键按下,即按键松开
            break;
    }
}
```

5.5.4 拓展项目:矩阵键盘密码锁

【项目分析】

首先将矩阵键盘上的按键值显示到数码管上,输入 8 位按键值用于与设定好的密码比较,第 9 位按键用于启动比较功能。如果密码正确,则数码管显示 Open,否则显示 Err。

说明:数码管的动态显示使用了定时器中断,该案例建议在学完定时器之后再来练习。

【项目设计】

程序设计流程如图 5-38 所示。

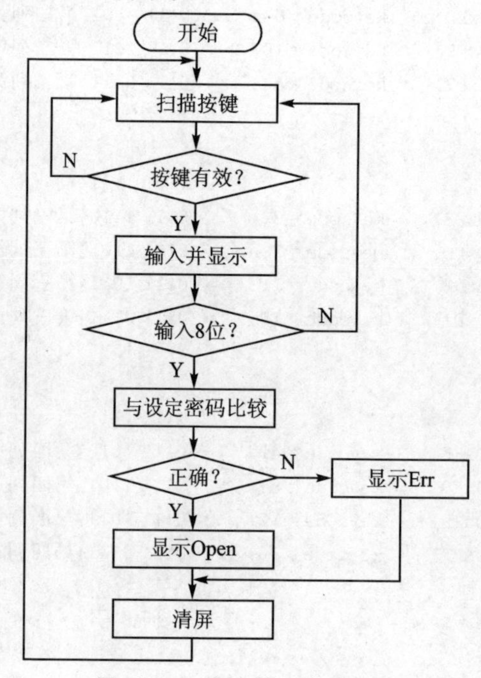

图 5-38 密码锁设计流程图

5.6 练习题

1. 下列哪一项不属于端口输出操作________。

(A) bit flag＝0；P1^0＝flag； (B) P2＝0XAA；

(C) char temp；temp＝P2； (D) P1^1＝1；

2. 以下语句属于端口输入操作的是________。

(A) bit temp；sbit led＝P1^0；temp＝led； (B)P2＝0x50 ；

(C) sbit KEY＝P1^1； (D) P0^0＝1；

3. 如图 5－39 所示,控制发光二极管 LED1 点亮的语句是________。

(A) P1^1＝0； (B) P1^1＝1； (C) P1.1＝0； (D) P1.1＝1；

4. P0 端口与一组发光二极管的阴极相连,若要控制与 P0.2 和 P0.3 相连的发光二极管点亮,则正确的语句是________。

(A) P0＝0xF3； (B) P0＝0x0C； (C) P0＝0xF9； (D) P0＝0x06；

5. 八段数码管的引脚结构如图 5－40 所示,则共阴极数码管的"P"字符的字形码是________。

(A) 0x8C (B) 0x73 (C) 0xCE (D) 0x31

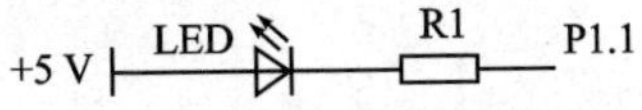

图 5－39 练习 3 附图

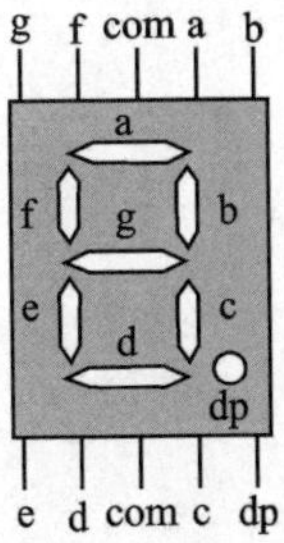

图 5－40 练习 5 附图

6. 关于数码管动态显示方式描述有误的一项是________。

(A) 段选输出用于控制 LED 显示什么样的内容

(B) 位选输出用于控制哪个 LED 可以点亮显示

(C) 每个 LED 的段选线连线不共用,各自受到不同的 I/O 口控制

(D) 每个 LED 的位选线连线不共用,各自受到不同的 I/O 口控制

7. 已知按键 key 一端连接地、另一端连接单片机的 P1.0 引脚,判断该按键是否按下的语句正确的一句是________。

(A) while(key＝＝0)； (B) if(key＝＝1)；

(C) if(key)； (D) if(!key)；

8. 已知按键 key 的连接如图 5－41 所示,则能够实现等待按键松开的语句

是________。

(A) while(key);　(B) while(!key);　(C) if(key);　(D) if(!key);

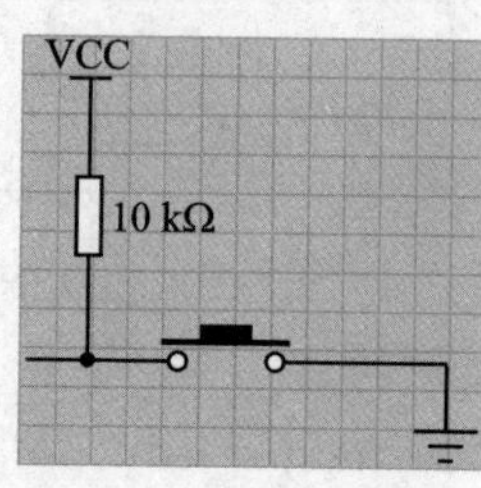

图 5-41　练习 8 附图

9. P1 端口连接 4×4 的矩阵键盘(P1.0 连第一行、P1.7 连第一列),则与 P1.1 和 P1.5 相连的键的键码是________。

(A) 0x51　(B) 0xDD　(C) 0x22　(D) 0x15

10. 若有 10 个 I/O 端口直接与矩阵键盘相连,则最多可以控制的按键数量是________。

(A) 24　(B) 25　(C) 21　(D) 16

第 6 章

外部中断

6.1 中断系统概述

6.1.1 中断原理

中断是指计算机在执行程序的过程中，出现异常情况或特殊请求时，计算机停止现行程序的运行，转向对这些异常情况或特殊请求的处理，处理结束后再返回现行程序的间断处，继续执行原程序的一系列处理过程。中断是单片机实时地处理内部或外部事件的一种内部机制。当某种内部或外部事件发生时，单片机的中断系统将迫使 CPU 暂停正在执行的程序，转而去进行中断事件的处理，中断处理完毕又返回被中断的程序处继续执行下去。

图 6－1 和图 6－2 给出了现实生活中的中断的例子和单片机实际中断的过程。

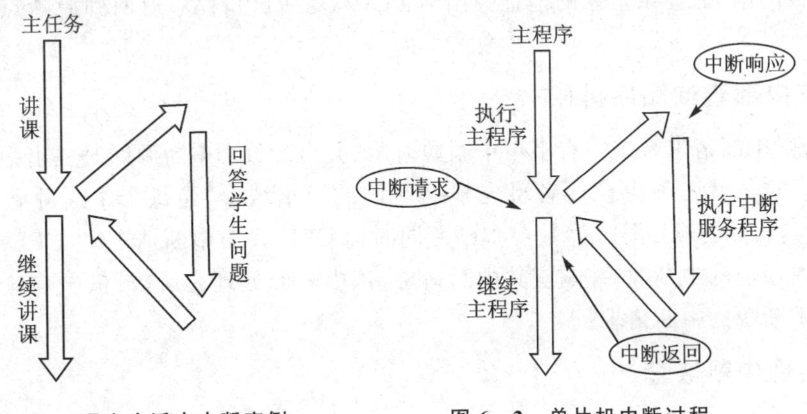

图 6－1　现实生活中中断实例　　图 6－2　单片机中断过程

6.1.2 中断的作用

1）提高了 CPU 的效率

CPU 是计算机的指挥中心，它与外围设备（如键盘、显示器等）通信的方法有查询和中断两种。

查询的方法是无论外围 I/O 是否需要服务，CPU 每隔一段时间都要依次查询一遍，使用这种方法时 CPU 需要花费一些时间查询服务工作。而中断则是在外围设备需要通信服务时主动告诉 CPU，让 CPU 停下当前工作去处理中断程序，从而提高了 CPU 效率。

2）可以实现实时处理

外设任何时刻都可能发出中断请求信号，CPU 接到请求后及时处理，以满足实时系统的需要。

3）可以及时处理故障

计算机系统运行过程中难免会出现故障，有许多事情是无法预料的，如电源掉电、存储器出错、外围设备工作不正常等，这时可以通过中断系统向 CPU 发送中断请求，由 CPU 及时转到相应的出错处理程序，从而提高计算机的可靠性。

6.1.3 中断应实现的功能

根据上面描述的中断过程，中断应具有以下功能：

1. 实现中断及返回

当某一中断源发出中断请求时，CPU 能决定是否响应这个中断请求。若响应此中断请求，则 CPU 必须在现行第 K 条指令（假设）执行完后，把断点地址（第 K+1 条指令的地址）即现行 PC 值压入堆栈中保护起来（保护断点）。当中断处理完后，再将压入堆栈的第 K+1 条指令的地址弹出给 PC（恢复断点），程序返回到原断点处继续运行。

2. 按内部查询顺序排队

通常，中断请求系统中有多个中断源时，则会出现数个中断源同时提出中断请求的情况。这样就必须由设计者事先根据它们的轻重缓急，为每个中断源确定一个 CPU 为其服务的顺序号。当数个中断源同时向 CPU 发出中断请求时，CPU 能找到顺序号在最前的中断源，并响应其中断请求，该中断源处理完后，再依次响应顺序号较前的中断源的中断请求。

3. 实现中断嵌套

当 CPU 正在处理一个中断请求时，又发生了另一个优先级比它高的中断请求，则 CPU 暂时中止执行对原来优先级较低的中断源的服务程序，保护当前断点，转而

去响应优先级更高的中断请求，并为其服务。待服务结束，再继续执行原来较低级的中断服务程序，该程序称为中断嵌套(类似于子程序的嵌套)，该中断系统称为多级中断系统。二级中断嵌套的中断过程如图 6－3 所示。

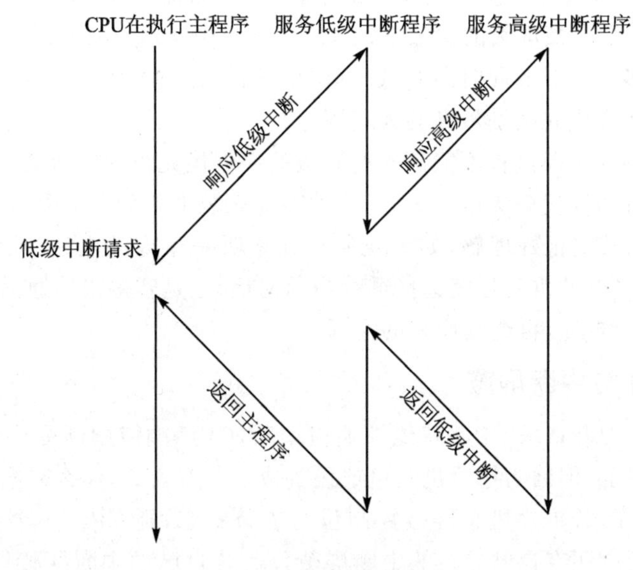

图 6－3　中断嵌套

6.1.4　中断相关概念

1. 中断源及中断请求

产生中断请求信号的事件、原因称为中断源。中断源向 CPU 提出的处理请求叫中断请求。中断源一般包括如下几种：

① 外部设备请求中断。一般的外部设备(如键盘、打印机和 A / D 转换器等)在完成自身的操作后，向 CPU 发出中断请求，要求 CPU 为它服务。

② 故障强迫中断。计算机在一些关键部位都设有故障自动检测装置，如运算溢出、存储器读出出错、外部设备故障、电源掉电以及其他报警信号等，这些装置的报警信号都能使 CPU 中断，并进行相应的中断处理。由计算机硬件异常或故障引起的中断，也称为内部异常中断。

③ 实时时钟中断请求。

④ 数据通道中断。即 DMA 中断，直接存储器存取中断，如磁盘等直接与存储器交换数据所要求的中断。

⑤ 程序自愿中断。CPU 执行了特殊指令(如 INT n)或者由于设置了调试点，需要进行断点观察、单步调试等。

2. 中断优先级

为使系统能及时响应并处理发生的所有中断，系统根据引起中断事件的重要性和紧迫程度，硬件将中断源分为若干个级别，称作中断优先级。

在中断请求没有被屏蔽的情况下，CPU 在响应中断请求时遵循如下规则：

- 如果有多个中断源同时向 CPU 提出中断请求，则 CPU 必须按照事先设定的优先权选择优先级别最高的为其服务；
- 正在进行的中断过程不能被新的同级的或低优先级的中断请求所中断；
- 正在进行的低优先级中断服务，能被高优先级中断请求所中断。

上面的原则其实很好理解，如果我们正在接听一个人的电话，此时如有其他来电，则可以根据来电的重要程度选择继续当前通话，还是暂停当前通话而接听新的来电；当新的来电处理完，再继续原来的通话。

3. 中断允许与中断屏蔽

并不是有了中断请求 CPU 就能够响应中断，CPU 响应中断受中断屏蔽位的控制。比如电话来了，但因为把手机关机或设置成了静音模式，那么来电就会被拒绝或屏蔽，同样的道理，若单片机总屏蔽控制位为屏蔽状态，则 CPU 不会响应任何中断请求。每个中断源还有自己独自的中断屏蔽位。若自己的中断屏蔽位为屏蔽状态，则 CPU 不会响应该中断。

4. 中断处理流程及返回

当 CPU 检测到中断请求，并且该中断屏蔽位为开放状态时，CPU 就会响应该中断，中断处理程序执行完毕，返回到主程序继续执行。这个过程与 C 语言中的函数调用过程类似，但又不一样。在 C 语言中，函数调用是要求有函数调用语句的，但中断处理程序的执行没有显示的调用语句，而是需要 CPU 事先将中断处理函数的地址登记到中断向量表中；当响应具体的中断请求时，则会执行跳转语句跳转到中断处理函数的入口处执行该处理函数。

6.2 单片机中断资源

6.2.1 中断源及入口地址

51 系列单片机一共有 5 个中断源，包括外部中断 0、外部中断 1、定时器 0、定时器 1 及串口中断。52 系列单片机还有一个定时器 2 中断，具体信息如表 6-1 所列。

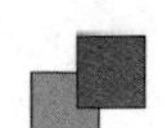

表 6-1　51 单片机中断源及入口地址

中断名称	中断源	触发方式	地　址
外部中断 0(INT0)	外部事件由 P3.2 提供	由低电平或者下降沿触发	0003H
定时/计数器 0 中断	由片内定时/计数器 0 提供	由定时器 T0 计数器计满值回零触发	000BH
外部中断 1(INT1)	外部中断由 P3.3 提供	由低电平或者下降沿触发	0013H
定时/计数器 1 中断	由片内定时/计数器 1 提供	由定时器 T1 计数器计满值回零触发	001BH
串口中断	由片内串口提供	当串口接收或者发送一帧字符后触发	0023H
定时/计数器 2 中断(仅 52 子系列有)	由片内定时/计数器 2 提供	由定时器 T2 计数器计满值回零触发	002BH

6.2.2　中断控制及设置

中断系统逻辑结构如图 6-4 所示，结构中涉及对 3 个特殊功能寄存器(分别 TCON、IE 和 IP)进行管理和控制。上面各种中断过程的描述都是通过对这 3 个寄存器的设置来实现的。

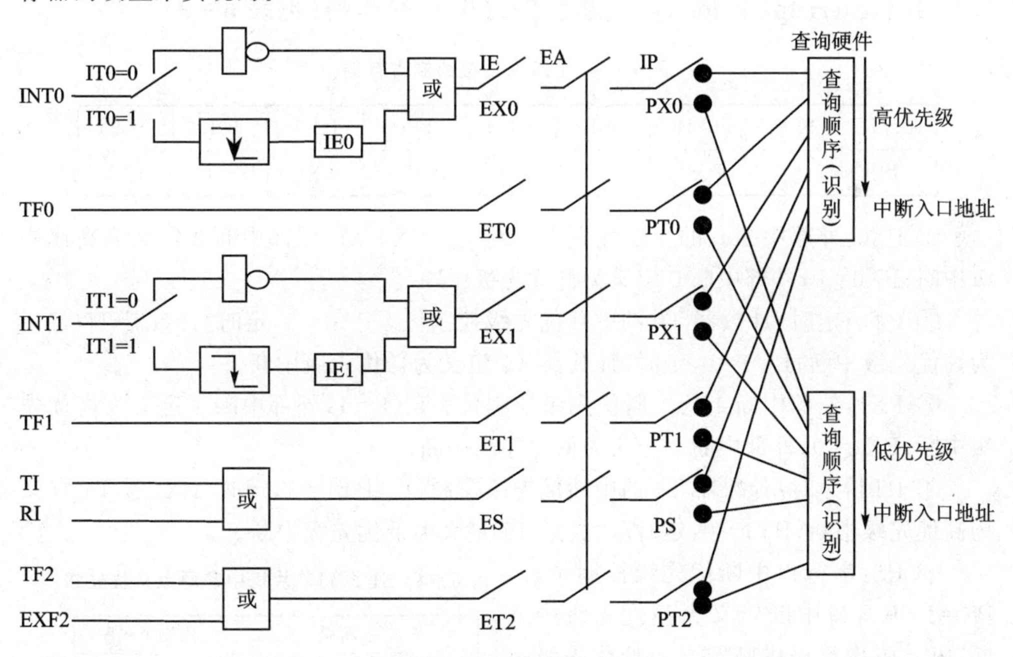

图 6-4　中断控制结构

在上述结构中，以定时器 0 中断为例，CPU 若想响应定时器 0 中断，则须将 IE 寄存器中的 EA 位和 ET0 位置 1，表示开放所有中断，并且对定时器 0 溢出中断允许，PT0 位置 0 则将定时器 0 中断设为低优先级中断，否则为高优先级中断。下面分别介绍这 3 个寄存器。

1. IE(Interrupt enable)中断允许控制寄存器(见表 6-2)

表 6-2　中断允许控制寄存器

地址位	9FH	9EH	9DH	9CH	9BH	9AH	99H	98H
IE	EA	—	ET2	ES	ET1	EX1	ET0	EX0

① EA(IE.7):EA=0 时,所有中断禁止(即不产生中断);EA=1 时,各中断的产生由各自的允许位决定。

② (IE.6):保留。

③ ET2(IE.5):定时器 2 溢出中断允许(8052 用)。

④ ES(IE.4):串行口中断允许(ES=1 充许,ES=0 禁止)。

⑤ ET1(IE.3):定时器 1 中断充许。

⑥ EX1(IE.2):外中断 INT1 中断允许。

⑦ ET0(IE.1):定时器 0 中断允许。

⑧ EX0(IE.0):外部中断 INT0 的中断允许。

2. IP(Interrupt Priority)中断优先级控制寄存器(见表 6-3)

表 6-3　中断优先级控制寄存器

地址位	BFH	BEH	BDH	BCH	BBH	BAH	B9H	B8H
IP	—	—	PT2	PS	PT1	PX1	PT0	PX0

① PX0:外部中断 0 的中断优先级控制位。PX0=1,外部中断 0 定义为高优先级中断;PX0=0,外部中断 0 定义为低优先级中断。

② PT0:定时/计数器 T0 的中断优先级控制位。PT0=1,定时/计数器 T0 定义为高优先级中断;PT0=0,定时/计数器 T0 定义为低优先级中断。

③ PX1:外部中断 1 的中断优先级控制位。PX1=1,外部中断 1 定义为高优先级中断;PX1=0,外部中断 1 定义为低优先级中断。

④ PT1:定时/计数器 T1 的中断优先级控制位。PT1=1,定时/计数器 T1 定义为高优先级中断;PT1=0,定时/计数器 T1 定义为低优先级中断。

⑤ PS:串行口中断优先级控制位。PS=1,串行口中断定义为高优先级中断;PS=0,串行口中断定义为低优先级中断。

⑥ PT2:定时/计数器 T2 的中断优先级控制位,只用于 52 子系列。

表 6-4 列出的是 51 单片机默认情

表 6-4　51 系列单片机中断源默认优先级

中断源	优先级顺序
外部中断 0	5(最高)
定时/计数器 T0 中断	4
外部中断 1	3
定时/计数器 T1 中断	2
串行口中断	1(最低)

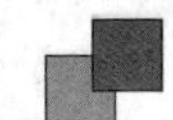

况下的中断源优先级排序。当有这些中断同时到来时，并且没有对IP寄存器进行特殊设置，则按照表中的优先级顺序处理。

3. TCON(Timer Control Register)定时/计数器控制寄存器(见表6-5)

表6-5　定时/计数器控制寄存器

地址位	8FH	8EH	8DH	8CH	8BH	8AH	89H	88H
TCON	TF1	TR1	TF0	TR0	IE1	IT1	IE0	IT0

① TF1(TF0)：定时器1(0)溢出标志位。当定时器1(0)计满溢出时，由硬件使TF1(TF0)置"1"，并且申请中断。进入中断服务程序后，由硬件自动清"0"，在查询方式下用软件清"0"。

② TR1(TR0)：定时器1(0)运行控制位。由软件清"0"关闭定时器1。当GATE=1，且INT1为高电平时，TR1(TR0)置"1"启动定时器1(0)；当GATE=0，TR1(TR0)置"1"启动定时器1(0)。

③ IE0(IE1)：外部中断0(或1)的中断请求标志位。

边沿检测时，检测P3.2或者P3.3引脚是否检测到低电平，若检测到，使IE0(IE1)设置为1，从而向CPU提出中断请求，CPU响应中断后由硬件自动将IE0(IE1)清0。

电平检测时，只要P3.2或者P3.3引脚为低电平，IE0(IE1)就设置为1，从而向CPU提出中断请求。如果中断已返回，而P3.2或者P3.3引脚仍为低电平，则会再次进入中断，因而必须处置该情况。

④ IT0(IT1)：外部中断0(或1)触发方式控制位。

IT0(或IT1)被设置为0，则选择外部中断为电平触发方式；

IT0(或IT1)被设置为1，则选择外部中断为边沿触发方式。

6.3　C51中断处理函数的编写

中断处理中很重要的部分就是中断处理函数的编写。下面是一段中断处理函数的示例：

```
int x;
void int0(void) interrupt 0 using 1
{
    x++;
}
```

对上面的程序需要做如下说明：

① 中断处理函数要求无返回值，因为函数没有显示的调用，所以也无法通过返

回值向上一层返回数据，所以返回值类型为 void；

② 函数名 int0 可以根据 C 语言的标识符命名规则来定，但习惯上要能体现此函数的主要对应功能，以提高程序的可读性；

③ 同样，中断处理函数也不能通过参数来给函数传递值，是无参函数，如果定义了带参数的中断处理函数，则编译会出错；

④ interrupt m，中断函数专用修饰符，系统编译时把对应函数转化为中断函数，自动加上程序头段和尾段，并按 MCS－51 系统中断的处理方式自动把它安排在程序存储器中的相应位置。m 为 0～31 的整数，为中断号，具体如表 6－6 所列。中断入口地址＝中断号＊8＋3，即表 6－1 中列出的各个中断的入口地址的由来。

表 6－6　中断号

中断源	中断号（m 的取值）
外部中断 0	0
定时/计数器 0	1
外部中断 1	2
定时/计数器 1	3
串行口	4
定时/计数器 2（仅 52 子系列有）	5

⑤ 修饰符 using　n 用于指定本函数内部使用的工作寄存器组，其中，n 的取值为 0～3，表示寄存器组号。例如，CPU 正在执行一个特定任务时有更紧急的事情需要处理，则高优先权中断低优先权正在处理的程序，所以需要进行当前中断现场的保护，如断点入栈等；但如果不想将现在执行的程序的各寄存器（如 0 组）状态入栈，那么可以把高优先级中断程序放入另一个寄存器组（如切换到 1 组），然后退出中断时再切回到 0 组。通常情况下，该修饰符可省略，由编译器去分配所使用的寄存器组。

另外，using　n 修饰符不能用于有返回值的函数，因为 C51 函数的返回值是放在寄存器中的。如寄存器组改变了，返回值就会出错。

⑥ 在任何情况下都不能直接调用中断函数，否则会产生编译错误。因为中断函数的返回是由 8051 单片机的 RETI 指令完成的，RETI 指令影响 8051 单片机的硬件中断系统。如果在没有实际中断情况下直接调用中断函数，则 RETI 指令的操作结果会产生一个致命的错误。

⑦ 如果在中断函数中调用了其他函数，则被调用函数所使用的寄存器必须与中断函数相同，否则会产生不正确的结果。

⑧ 中断处理函数中应尽量减少延时等比较耗时间的操作，尽量简化中断处理函数，能在主程序中完成的功能就不要写在中断处理函数中，这样会增大系统对中断的反映面。否则，如果中断程序的代码过于复杂，如本次中断还未完成就来下一次中

断,那么本次中断的处理就会被打断而产生处理错误。所以对于需要等待的处理,可在中断处理函数中设置开关,而在主程序中查询开关量,把主要操作交给主程序来完成。

6.4 外部中断编程实战

本节将以中断资源中的外部中断为例,通过案例形式练习中断处理函数的编写以及外部中断的使用。

6.4.1 案例6-1:独立按键控制LED状态转换

本案例要求使用一个独立按键控制LED状态,即每按一次按键,LED状态翻转一次。实物连线图如图6-5所示,电路连线如表6-7所列。

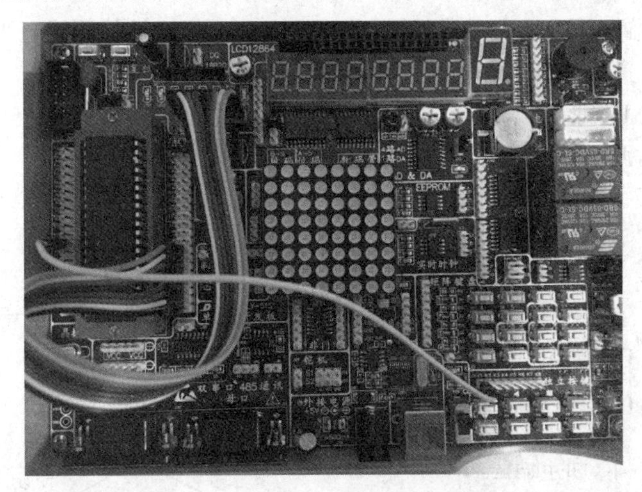

图6-5 案例6-1模块实物连线图

表6-7 LED模块电路连线表

单片机I/O口	模块接口	杜邦线数量	功 能
P2	J9	8	LED模块
P3.2	K1	1	独立按键

【案例分析】

根据电路图得知,按键连接P3.2端口,LED连接P2端口。对于按键,当键按下时,P3.2引脚会变为低电平,CPU可以通过查看此引脚是否为低电平来判断是否按键按下。对于LED控制端,当P0口为低电平时LED亮。

项目需要解决如下几个问题:

① 根据电路连线明确使用INT0外部中断,按键的闭合和松开都会使P3.2引

脚上的数值(电平)改变,从而触发 INT0 中断;

② 如果要使 INT0 中断请求被 CPU 接收处理,则 INT0 中断必须开放,即必须设置 EA 和 EX0 控制位;

③ 由于按键是机械元件,闭合和断开瞬间都会有抖动现象,从而使 P3.2 引脚上的数值发生 0、1 间的变化,错误地触发中断,因此必须消除键抖动;

④ 不管 INT0 中断采用的是边沿检测或是电平检测,都必须做到一次按键值被处理一次。

如果使用中断资源,则具体编程流程如下:

① 编写一个函数,实现对外部中断的开放等初始化操作;

② 编写中断处理函数,实现每次按键都会改变发光二极管的亮灭;

③ 编写主函数。

编写外部中断程序需要配置的寄存器如下:

① 必须设置 TCON 寄存器,设置 IT0(IT1),选择边沿检测或电平检测;

② 必须设置 IE 寄存器,使能 EA,使能 EX0(EX1)开放中断;

③ 可设置 IP 寄存器,设置 PX0(PX1)选择优先级。

综上考虑,此项目程序流程图如图 6-6 和图 6-7 所示。

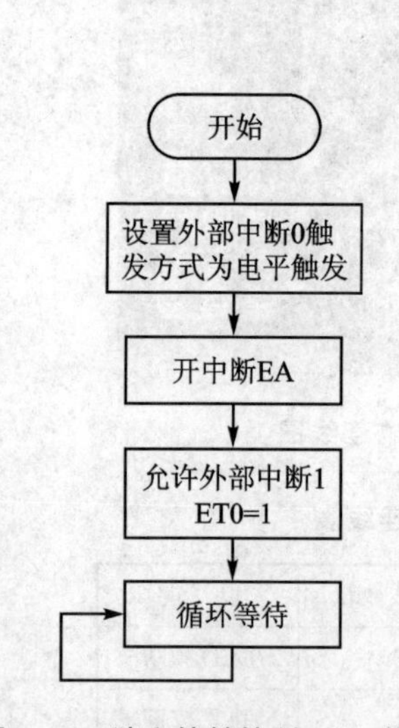

图 6-6 独立按键控制 LED 状态主程序流程图

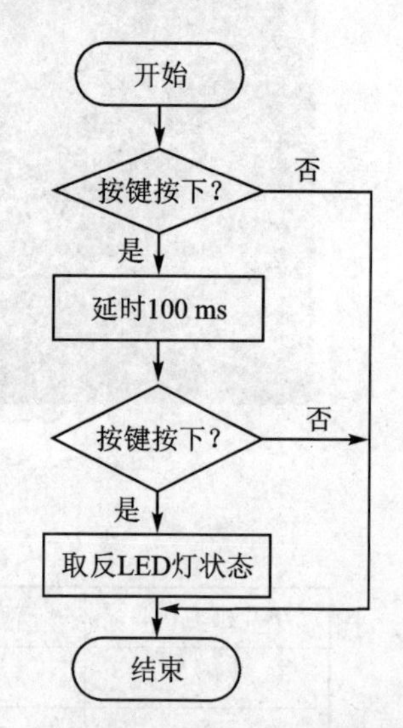

图 6-7 独立按键控制 LED 状态外部中断处理函数流程图

【案例实现】

核心代码如下:

```
#define LED P2
sbit KEY = P3^2;
```

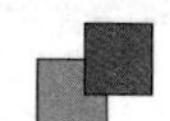

```
/*--------------------- 主函数 ---------------------*/
main(){
        Init_INT0 ();
        LED = 0x55;
        while(1);
}
/*--------------------- 中断初始化函数 ---------------------*/
void Init_INT0(void){
        IT0 = 0;            //设置外部中断电平触发方式
        EA = 1;             //开总中断
        EX0 = 1;            //打开外部中断 0
}
/*--------------------- 中断处理函数 ---------------------*/
void Isr_INT0( void)  interrupt 0{
    if(!KEY){
        DelayMs(10);        //去抖
        if(!KEY){
            LED = ~LED;     //LED 状态更替
        }
    }
}
```

运行效果:按键按下后,LED 取反,如果一直按下的话,则可以发现 LED 一直快速变换,这是因为外部中断一直触发,LED 不间断取反。

如将上述程序中的外部中断触发方式选择为边沿触发,即:

```
IT0 = 1;  //设置电平触发方式
```

重新运行程序,观察结果会发现,按键按下后 LED 取反,但一直按下的话,则 LED 不变,说明外部中断不再触发,所以 LED 没有变化。

上述程序是按键按下后 LED 变化,如果想在按键松开时再响应,则需要查询按键是否松开,如果没有(即 P3.2 为 1),则继续查询,直到松开为止。中断处理程序需要改写成如下:

```
void Isr_INT0(void) interrupt 0{
    if(!KEY){
        DelayMs(10);                //去抖
        if(!KEY){
            while(!KEY);            //等待按键松开
            LED = ~LED;             //LED 状态更替
        }
    }
}
```

6.4.2 拓展项目:按键改变流水灯的流水方向

【项目分析】

通过外部中断控制流水灯流水方向(向左或向右流水),流水灯以软件延时方式实现。项目主要包括两部分功能,外部中断识别、处理和流水灯控制。目前我们已掌握了外部中断识别与处理功能、如何消除键抖动、如何消除一键处理多次的情况,这里通过软件延时(调用 Delay()函数)实现流水灯控制。除了以上分析,还必须考虑到以下情况:

① 外部中断处理和流水灯控制两者都需要调用 Delay()函数,可能会造成另一功能不能正常执行。比如一次按键时间很长,那么会一直等待按键松开,流水灯函数就不能执行,流水间断,所以必须调整程序。

② 外部中断处理:等待按键松开过程中不再调用 Delay(),而是调用流水灯处理函数。

③ 流水灯处理函数:每次函数调用只控制显示一位 LED,而不是所有 8 位 LED。

【项目设计】

① 使用外部中断 0,将按键连至 P3.2 外部中断 0 输入引脚,在中断处理函数中检测是否有键按下并进行按键去抖处理。

② 编写流水灯显示函数 show(),将控制 8 位 LED 的单片机 I/O 端口根据流水原则进行编码,并放置到数组中。流水方向的选择就是数组遍历方向的变换,设置显示方向标志 flag,根据按键来改变 flag 的值,从而决定数组遍历方向。

③ 编写主程序,每隔 1 s 调用 show()函数。

项目具体流程如图 6-8~图 6-10 所示,读者可根据流程图自行编写代码并下载验证。

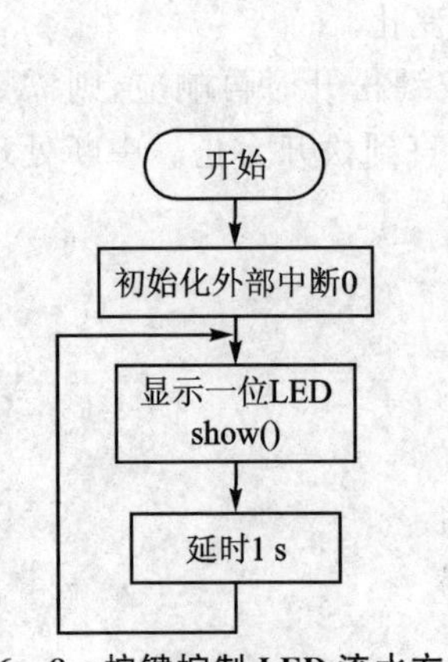

图 6-8 按键控制 LED 流水方向主函数流程图

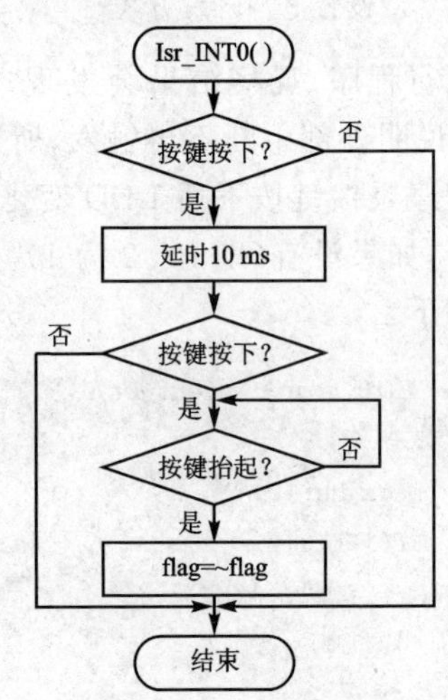

图 6-9 按键控制 LED 流水方向外部中断处理函数流程图

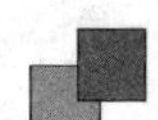

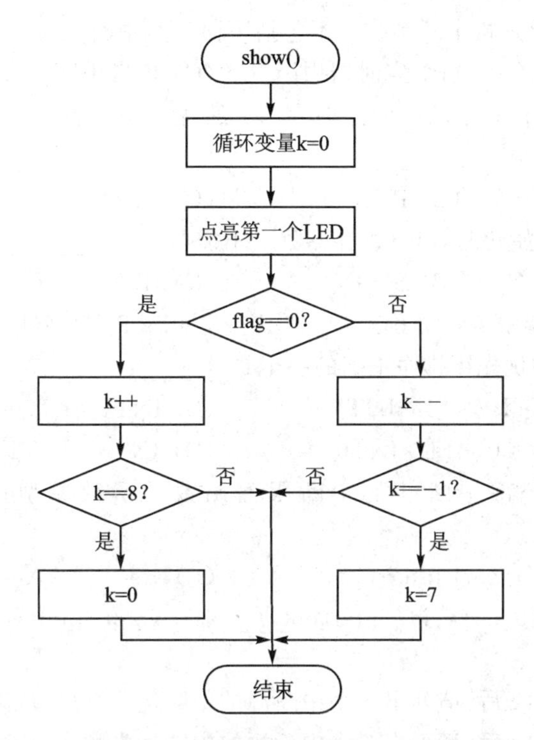

图 6-10　按键控制 LED 流水方向显示一位 LED 函数流程图

6.5　练习题

1. 如果开放串口的中断，则必须设置 IE，其设置方式为________。

(A) EA=1　　(B) ET0=1

(C) EA=1；ES=1　　(D) EA=1；EX1=1

2. 当中断优先级设置相同时，若以下几个中断同时发生，则优先响应的是________。

(A) 定时器 T0　　(B) 定时器 T1　　(C) INT0　　(D) INT1

3. 下列关于 51 中断函数的描述正确的一项是________。

(A) 中断函数可以有返回值

(B) 中断函数可以进行参数传递

(C) 中断函数定义中可以通过 using n 来指定本函数所使用的工作寄存器组

(D) 中断函数可以被其他的函数调用

4. 假设 IE=0x81，则开放了哪个中断源________。

(IE 寄存器中每位对应情况：EA、空、ET、ES、ET1、EX1、ET0、EX0)

(A) INT0　　(B) INT1　　(C) T0　　(D) T1

5. MCS－51 单片机中断系统中不包括下面哪类中断________。

(A) 外部中断　　(B) 定时器中断　　(C) 串口中断　　(D) 软件中断

6. 如果设置 51 单片机中的定时器 T1 的优先级为高优先级，则正确的指令是________。

(A) ET1＝1；　　(B) PT1＝1；　　(C) TF1＝1；　　(D) IE1＝1；

7. 外部中断初始化时，以下寄存器哪个不需要设置________。

(A) TCON　　(B) SCON　　(C) IE　　(D) IP

8. 设 IP 寄存器中每位分别对应：空、空、空、PS、PT1、PX1、PT0、PX0，若 IP＝0x15，则下列选项中优先级排序正确的一个是________。

(A) S＞INT0＞T0＞T1＞INT1　　(B) INT1＞INT0＞T1＞T0＞S

(C) S＞INT1＞T0＞T1＞INT0　　(D) INT0＞INT1＞S＞T0＞T1

9. 以下关于外部中断 0 的中断服务函数的函数原型设计，正确的一项是________。

(A) void　Int0(void) interrupt 1　　(B) void　AAA(void) interrupt 2

(C) void　INT0_isr(void) interrupt 0　　(D) void　Int0(void) interrupt 3

10. 请回答：

当设置 IP＝0x12 后，请列出 5 个中断源的中断优先顺序(从高到低排列)。

当设置 IP＝0x13 后，请列出 5 个中断源的中断优先顺序(从高到低排列)。

11. 单片机外部中断引脚 INT0 连接了一个按键，P2 口连接了一组发光二极管，要求编写控制程序：使用外部中断方式，每次按键均改变一次发光二极管的亮灭状态。(注意，通过软件方式去除按键抖动，并且一次按键只被处理一次。)

第7章 定时/计数器

7.1 定时/计数器简介

什么是定时器？什么是计数器？为什么要放在一起介绍？其实它们是单片机内部的同一个部件，通过不同的设置和控制可以分别完成定时和计数功能。

计数功能是对外来脉冲进行计数，T0(P3.4)和T1(P3.5)引脚是计数功能外来脉冲输入引脚，每当外来脉冲发生负跳变时计数器加1；若采用16位的计数器，则最多可以记录2^{16}，即65 536个。

定时功能是通过计数来实现的，此时记录的脉冲来自CPU内部，脉冲时间间隔固定，通过记录脉冲个数即可知道计时时间。比如要计时1分钟，脉冲间隔为1 μs，则须计数60×10^6即可。这与生活中的定时例子是同理的。

7.2 定时/计数器的结构及相关寄存器

7.2.1 定时/计数器的结构

定时/计数器由加1计数器、方式寄存器TMOD和控制寄存器TCON构成，如图7-1所示。

加1计数器是定时/计数器的核心，每一个脉冲，加1计数器加1。8位寄存器TH0(高8位)和TL0(低8位)为定时/计数器0的计数寄存器；8位寄存器TH1(高8位)和TL1(低8位)是定时/计数器1的计数寄存器；TMOD寄存器用来设置定时/计数器的工作方式；TCON寄存器在前面章节中已经提到过，其低4位用来控制外部中断，高四位用于控制定时/计数器T0和T1的启动和停止以及它们的溢出标志等。这些寄存器在系统复位时清零，在编程时需要对其初值进行初始化。

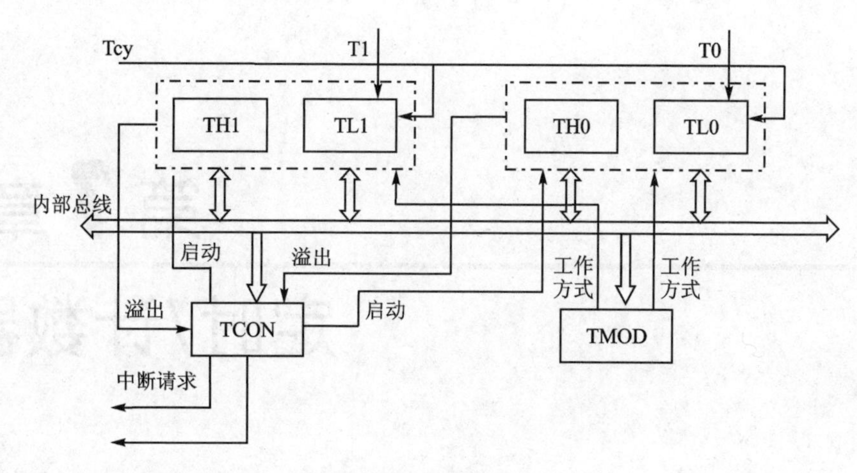

图 7-1　定时器内部结构

7.2.2　定时/计数器的相关寄存器

1. 定时/计数器工作方式寄存器 TMOD(见表 7-1)

TMOD 是 8 位的寄存器，只能字节寻址，字节地址为 89H。其低 4 位为定时/计数器 T0，高 4 位为定时/计数器 T1。

表 7-1　定时/计数器工作方式寄存器

TMOD 位	D7	D6	Ds	D4	D3	D2	D1	D0
说明	GATE	C/T	M1	M0	GATE	C/T	M1	M0

(1) GATE 门控制位

GATE＝1 时，由外部中断引脚 INT0、INT1 来启动定时器 T0、T1。

当 INT0 引脚为高电平时 TR0 置位，启动定时器 T0；

当 INT1 引脚为高电平时 TR1 置位，启动定时器 T1。

GATE＝0 时，仅由 TR0、TR1 置位分别启动定时器 T0、T1。

(2) C/T 功能选择位

C/T＝0 时为定时功能，C/T＝1 时为计数功能。置位时选择计数功能，清零时选择定时功能。

(3) M1，M0 工作方式选择位

定时/计数器 T0 有 4 种工作方式，T1 有 3 种，如表 7-2 所列。

表 7-2　定时/计数器工作方式

M1	M0	工作方式	方式说明
0	0	0	13 位计数器

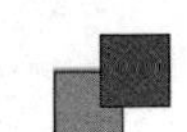

续表 7-2

M1	M0	工作方式	方式说明
0	1	1	16 位计数器
1	0	2	两个 8 位计数器,初值自动装入
1	1	3	两个 8 位计数器,仅适用于 T0

2. 定时/计数器控制寄存器 TCON(见表 7-3)

TCON 寄存器的高 4 位提供定时/计数器的启动开关以及中断时的标志位,字节地址为 88H,该寄存器可进行位寻址。

表 7-3　定时/计数器控制寄存器

地址位	8FH	8EH	8DH	8CH	8BH	8AH	89H	88H
TCON	TF1	TR1	TF0	TR0	IE1	IT1	IE0	IT0

(1) TF1

定时/计数器 T1 的溢出标志位,当定时/计数器 T1 计满时,由硬件使它置位,如中断允许则触发 T1 中断。进入中断处理后由内部硬件电路自动清除,但如果使用软件查询方式,则此位必须软件清 0。

(2) TR1

定时/计数器 T1 的启动位,可由软件置位或清零,当 TR1=1 时启动,TR1=0 时停止。当 GATE 位为 1,且 INTR1 为高电平,TR1 为 1 时,启动定时器 T1;若 GATE 位为 0,TR1 为 1 时启动定时器 T1。

(3) TF0

定时/计数器 T0 的溢出标志位,其功能及操作同 TF1。

(4) TR0

定时/计数器 T0 的启动位,其功能及操作同 TR1。

其他低 4 位的说明见第 6 章外部中断。

3. 定时/计数器计数寄存器

计数寄存器为 TH0 和 TL0、TH1 和 TL1,都是 8 位寄存器。除了工作方式 3 以外,TH0 和 TL0 为定时/计数器 0 所使用,TH1 和 TL1 为定时/计数器 1 所使用。

7.3　定时/计数器的工作原理

7.3.1　定时功能

定时器通过计数机器周期的个数实现定时功能,一个机器周期等于 12 个时钟周期。如果晶振频率为 12 MHz,则每秒钟有 1M 个机器周期,即加法计数器每秒钟可累加 1M 次。其加法计数器对内部机器周期 Tcy 计数。每一个机器周期到来时，加法计数器的值进行加 1 操作。当加法计数器的值加到全 1 后又加 1 变成全 0 时产生溢出，从而使溢出位 TF0(TF1)置 1。当溢出位 TF0(TF1)置 1 时，如果中断允许，则此时自动向 CPU 提出定时中断；如果没有开放中断，则可通过查询 TF0(TF1)方式进行定时处理。

加法计数器每一个机器周期会在原来值 X 的基础上加 1，当由全 1 加到全 0 时计满溢出，因而，如果要计 N 个单位(定时时间)，则首先应向计数器置初值为 X，且有如下公式：

初值 X = 最大计数值(满值)M − 计数值 N

在不同的计数方式下，最大计数值(满值)不一样。一般来说，当定时/计数器工作于 R 位计数方式时，它的最大计数值(满值)为 2^R。

以定时器 T0 的工作方式 0 为例，假设晶振频率为 12 MHz，要定时 1 s，其初值如何确定？

在工作方式 0，计数器为 13 位，分为高 8 位和低 5 位，其计数满值 M 为 2^{13} 为 8 192，即从 0 开始计数，当记到全 1(即 8 191)时再加 1，则为 8 192，于是产生溢出，计数器清零，TF0 位置 1。机器周期为 1 μs，若要定时 1 s，则须计数 1 000 000 次。由于总计数次数与计数器满值 M 不一定会成整倍数关系，所以一般都会给计数器装上合适的初值 N，让总计数值与每次计数器溢出所需要的计数之间成整数倍 S 关系，这样在写程序的时候可以让定时器产生 S 次溢出，从而精确控制定时时间。如上面的例子，可以设初值为 8 192－5 000＝3 192，这样计数器每计数 5 000 次即可溢出，即每次溢出计时 0.005 s，那么让计数器溢出 1 000 000/5 000＝2 000 次即可完成定时 1 s 的目标。

对于计数器 TH0 和 TL0 来说，如何将初值 3 192 装入到寄存器？定时/计数器的工作方式 0 为 13 位计数器，分高 8 位和低 5 位，所以可用 3 192 对 2^5 求商，即 $3\ 192/2^5=99$ 装入 TH0 中，用 3 192 对 2^5 求余，即 $3\ 192\%2^5=24$ 放入 TL0 中。

如果 CPU 对上面例子中定时时间到的处理方式为中断，则程序中定时器的初始化(包括中断)和中断处理函数可以如下：

```
void Init(){
    TH0 = (8192 - 5000)/32;
    TL0 = (8192 - 5000) % 32;
    EA = 1;
    ET0 = 1;
    TR0 = 1;
}
void Isr_T0()  interrupt 1{
    TH0 = (8192 - 5000)/32;      //重新装入初值
    TL0 = (8192 - 5000) % 32;    //重新装入初值
```

```
    ......              //具体功能
}
```

这段程序中采用了中断方式处理定时器溢出，因为选择的工作方式0不具备初值自动装入功能，所以需要在中断处理中重新装入初值。

7.3.2 计数功能

在计数功能下，定时/计数器要对外来脉冲进行计数。此时，加法计数器对芯片引脚T0(P3.4)和T1(P3.5)的输入脉冲计数。每个机器周期下对T0(P3.4)和T1(P3.5)的信号采样一次，如果上个机器周期采样到高电平，而下一个周期采样到低电平，则加法累加器的值累加一次。因此，需要两个机器周期才能识别出一个计数脉冲，所以外部计数脉冲的频率应该小于时钟频率的1/24。

7.4 定时/计数器的工作方式

7.4.1 方式0

方式0为13位定时/计数器，其原理已在7.3.1小节的例子中提到过。其逻辑结构如图7-2所示。定时/计数器1的工作方式0也类似，不再赘述。

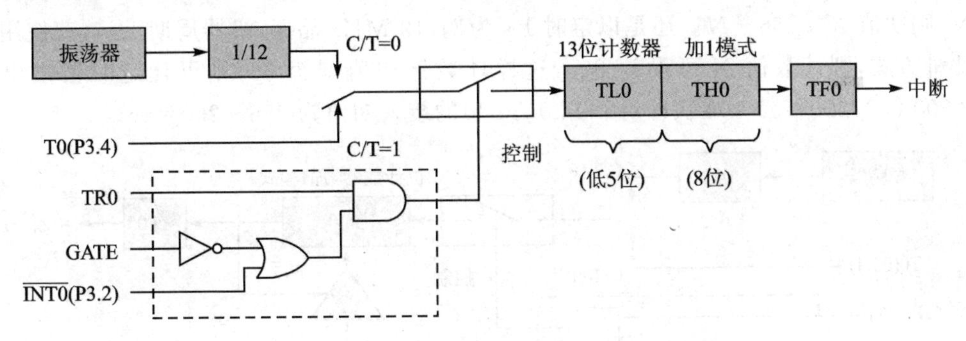

图7-2 定时/计数器工作方式0逻辑结构图

7.4.2 方式1

工作方式1与方式0原理相同，只是将13位计数器变为16位，具体逻辑结构如图7-3所示。其中，TH0为高8位，TL0为低8位，其最大计数也就是最大溢出值为2^{16}为65 536；若计数值为N，则初值$X=65\ 536-N$。还是以定时1 s为例，12 MHz晶振，机器周期1 μs，若使用此种方式，则计数值N可设为50 000，这样计数器初值即为15 536，则可让定时器溢出1 000 000/50 000＝20次即可。TH0(TH1)的装入初值为(65 536－50 000)/256＝60，TL0(TL1)的装入初值为

(65 536－50 000)%256＝176。由于此种工作方式也不具备初值自动装入功能，所以每次溢出后计数器自动清零，需要用软件将初值重新装入。

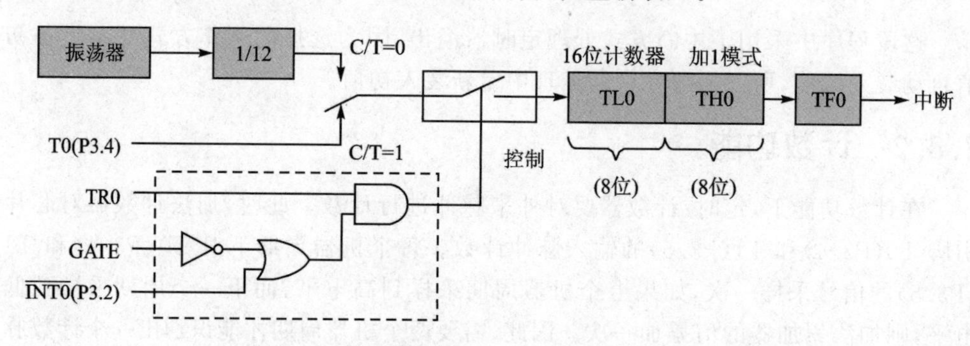

图 7－3 定时/计数器工作方式 1 逻辑结构图

7.4.3 方式 2

工作方式 2 为 8 位自动重装载方式，具体逻辑结构如图 7－4 所示。此种方式下使用的是 TL0(TL1)作为计数器，TH0(TH1)用来存储初值。当 TL0(或 TL1)计满时则溢出，一方面使 TF0(或 TF1)置位，另一方面溢出信号又会触发图 7－4 中的三态门，使三态门导通，TH0(或 TH1)的值就自动装入 TL0(或 TL1)，这样在程序设计时就不用再重新装入初值。其最大计数也就是最大溢出值为 2^8 为 256，若计数值为 N，则初值 $X=256-N$。还是以定时 1 s 为例，12 MHz 晶振，机器周期 1 μs，若使用此种方式，则计数值 N 可设为 200，这样计数器初值即为 56，则可让定时器溢出 1 000 000/200＝50 000 次即可。TL0(TL1)的装入初值为 256－200＝56。

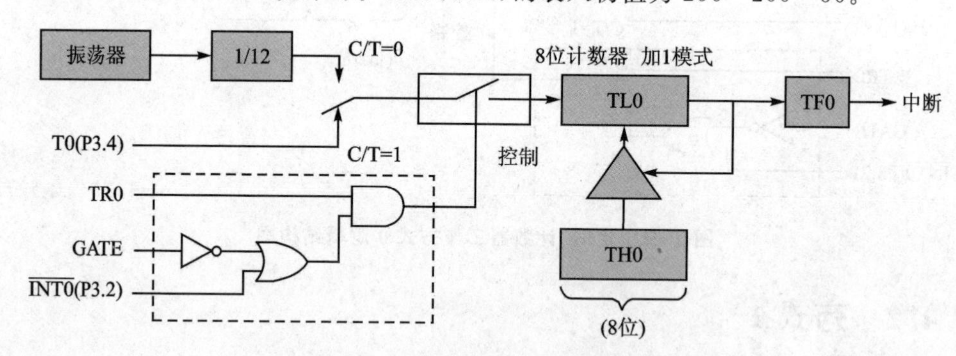

图 7－4 定时/计数器工作方式 2 逻辑结构图

7.4.4 方式 3

工作方式 3 是定时/计数器 T0 独有的，定时/计数器 T0 被拆成两个独立的 8 位计数器 TL0 和 TH0。在这种模式下，TL0 既可作为计数器使用，又可作为定时器使用，占用 T0 的全部控制位 GATE、C/T、TR0 和 TF0，其操作与方式 0 或 1 完全相

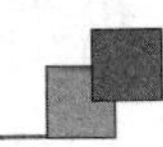

同;而 TH0 只能用作定时器使用,占用定时/计数器 T1 的 TR1 位、TF1 位和 T1 的中断资源,这样也就导致定时器 T1 不能再使用 TF1,所以此时定时器 T1 不能使用中断方式,可以用 T1 作为串口波特率发生器。其逻辑结构图如图 7-5 所示。

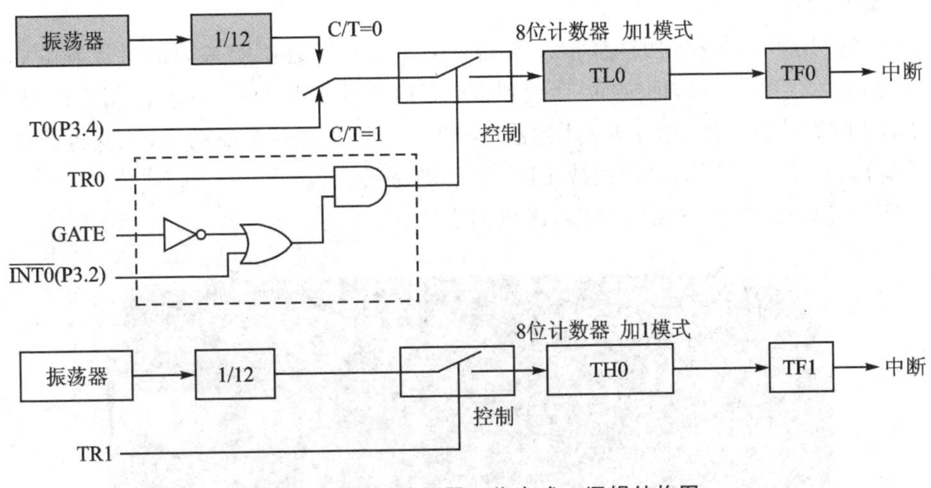

图 7-5 定时/计数器工作方式 3 逻辑结构图

7.5 定时/计数器编程实战

7.5.1 定时/计数器的程序设计流程

以定时功能为例,在具体应用定时器时的程序设计流程如下:

① 必须根据要求选择方式,确定方式控制字,写入方式控制寄存器 TMOD。

② 必须根据要求计算定时/计数器的计数值,再由计数值求得初值,写入初值寄存器 TH0、TL0(TH1、TL1)。

③ 可以根据需要开放定时/计数器中断(后面需编写中断服务程序):置 EA=1,ET0(ET1)=1。

④ 必须设置定时/计数器控制寄存器 TCON 的值,启动定时/计数器开始工作:TR0(TR1)=1。

⑤ 等待定时/计数时间到,则执行中断服务程序;如用查询处理,则编写查询程序判断溢出标志,溢出标志等于 1 时进行相应处理。注意,采用查询方式时必须通过软件清除 TF0(TF1)。

7.5.2 案例 7-1:按键 10 次翻转 LED 状态

【案例分析】

按照本例要求,实现按键 10 次翻转 LED 状态一次。可以按照第 6 章中的例子,使用查询方法对按键次数进行计数，达到 10 次即翻转 LED；也可让按键连接外部中断请求输入引脚 P3.2 或 P3.3，在中断处理函数中对按键次数进行计数，都可以满足本例的要求。

【案例设计】

本例使用本章中提到的定时/计数器 T0(T1)的计数功能来完成。让独立按键 K1 连接 P3.4(P3.5)口，即定时/计数器 T0(T1)的外部脉冲输入端，使用定时/计数器 T0(T1)的计数功能，给定时/计数器 T0(T1)的计数寄存器赋初值，让其再计数 10 次后溢出，在中断处理函数中完成 LED 状态的翻转。

实物连线如图 7-6 所示，电路连线如表 7-3 所列。

图 7-6　案例 7-1 实物连线图

表 7-3　LED 模块电路连线表

单片机 I/O 口	模块接口	杜邦线数量	功　能
P2	J9	8	LED 模块
P3.4	K1	1	独立按键

程序流程图如图 7-7 和图 7-8 所示。

本例使用定时/计数器 T0，选择工作方式 2，即 8 位自动重装初值计数器；若计数 10 次，其计数器初值为 256－10＝246。

【案例实现】

核心代码如下：

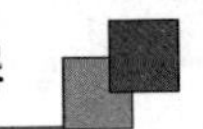

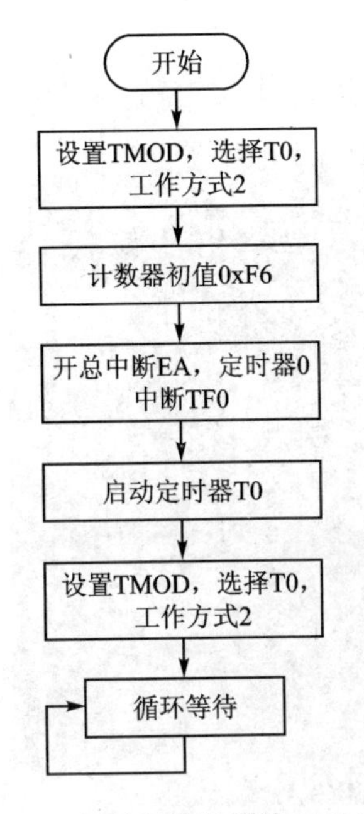

图7-7　记按键次数翻转LED状态主程序流程图

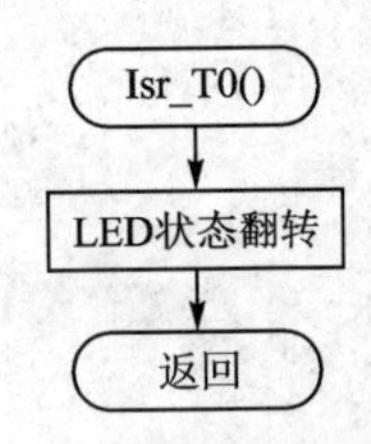

图7-8　记按键次数翻转LED状态中断程序流程图

```
/*--------------------定时器中断子程序--------------------*/
void Isr_T0(void) interrupt 1 using 1{
    LED = ~LED;
}
/*--------------------定时器初始化程序--------------------*/
void Init_T0(void){
    TMOD |= 0x06;      //使用模式 2,8 位自动装载初值,使用"|"符号可以在使用多个定时
                       //器时不受影响
    TH0 = 0xF6;        //给定初值 246
    TL0 = 0xF6;        //给定初值 246
    EA = 1;            //总中断打开
    ET0 = 1;           //定时/计数器 T0 中断打开
    TR0 = 1;           //启动定时/计数器 T0
}
```

运行效果：下载运行后，初始8位LED全灭，按键10次，LED全亮，再按键10次，LED再灭，如此往复。

7.5.3　案例7-2：发光二极管定时闪烁

本案例要求LED灯每隔一定时间自动亮或者灭，可以使用定时器来实现。对于定时器计数器的溢出可使用中断和查询两种方式判断，所以本项目分为两种方式来

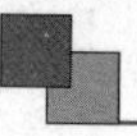

实现。

实物连线如图7-9所示，电路连线如表7-4所列。

图7-9　案例7-2实物连线图

表7-4　LED模块电路连线表

单片机I/O口	模块接口	杜邦线数量	功　能
P2	J9	8	LED模块

1. 中断方式

【案例分析】

① 为了比较精准的定时1 s，启用定时器T0(或者T1)。

② 电路板上的晶振频率为12 MHz，因此每秒钟共有$12/12\times10^6=1\ 000\ 000$个机器周期，因为定时器中的累加器每秒钟共累加1 000 000次，方式0为13位定时方式，满值为$2^{13}=8\ 192$，装不下1 000 000，即不能够用方式0直接定时1 s的时间，可解决如下：

使用方式0定时0.005 s，该时间内定时器共计数$1\ 000\ 000\times0.005=5\ 000$，设置定时器初值$=8\ 192-5\ 000=3\ 192$，当有200个0.005 s的时间到后，计时满1 s，可对发光二极管进行操作。

③ 中断处理函数中可设置一个计数器，当计数器累加到200时，改变LED的状态。

【案例设计】

设计一个计数变量cnt，用来记录定时/计数器溢出次数，每次与要定时的时间

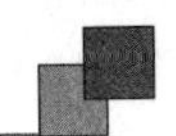

进行比较。案例的中断处理函数流程如图7-10所示。

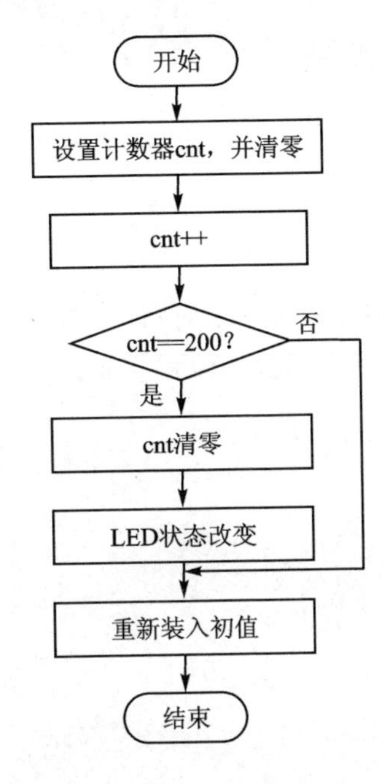

图7-10　LED定时闪烁中断处理函数流程图

【案例实现】

核心代码如下：

```
/*------------------定时器0初始化函数------------------*/
void Init_T0(){
    TMOD = 0x00;                    //设定工作方式0
    TL0 = 3192 % 32;
    TH0 = 3192/32;                  //写入初始值
    EA = 1;
    ET0 = 1;
    TR0 = 1;
}
/*------------------定时器0中断处理函数------------------*/
void Isr_T0() interrupt 1{
    static unsigned char cnt = 0;   //设置静态计数器
    cnt ++ ;
    if( cnt == 200 ) {              //定时器溢出时间为5 ms,200次溢出即为1 s
        cnt = 0;
        LED = ~LED;
    }
```

```
        TL0 = 3192 % 32;
        TH0 = 3192/32;                 //重新写入初始值
    }
```

运行效果：LED 每隔 1 秒时间状态改变，即亮或灭。

2. 查询方式

【案例设计】

查询方式是主程序负责不停地查询定时/计数器 0 的溢出位 TF0 是否为 1，如果是，则处理方式与上面的中断处理函数的流程相同。

【案例实现】

核心代码如下：

```
/* ---------------------- 主函数 ----------------------*/
main(){
    unsigned char cnt = 0;
    Init_T0();
    while(1) {
        if(TF0 == 1) {
            cnt ++ ;
            if( cnt == 200 ) {     //定时器溢出时间为 5 ms,200 次溢出即为 1 s
                cnt = 0;
                LED = ~LED;
            }
            TL0 = 3192 % 32;
            TH0 = 3192/32;         //重新写入初始值
            TF0 = 0;               //需要软件清零
        }
    }
}
/* ------------------ 定时器 0 初始化函数 ------------------*/
void Init_T0(){
    TMOD = 0x00;                   //设定工作方式 0
    TL0 = 3192 % 32;
    TH0 = 3192/32;                 //写入初始值
    TR0 = 1;
}
```

运行效果：运行效果与中断方式相同。

对于本例,因为本身功能比较单一,所以使用中断还是查询方式都可以。但在单片机程序设计中,对于外设的请求究竟是用中断还是查询,是需要在实际应用中不断做平衡。对于单一的、简单的任务,可以使用查询方式;对于复杂的、多任务的程序需要使用中断处理方式,从而使 CPU 的效率达到最佳。

7.5.4 案例 7-3:定时器产生任意占空比 PWM

本例要求利用定时器产生 PWM 控制 LED 灯的亮度。连线方式同案例 7-2,这里不再给出。

【注意】PWM(Pulse Width Modulation,脉冲宽度调制)是通过控制固定电压的直流电源开关频率改变负载两端的电压,从而达到控制要求的一种电压调整方法。PWM 可以应用在许多方面,比如电机调制、温度控制、压力控制等,实际上就是改变脉冲宽度来实现不同的效果。

占空比是指在一个脉冲循环内,通电时间相对于总时间所占的比例。图 7-11 是一个脉冲周期为 10 ms 的方波,则在 3 个周期内,其占空比分别为 40%、60%和 80%,即高电平时间与脉冲周期的比例。

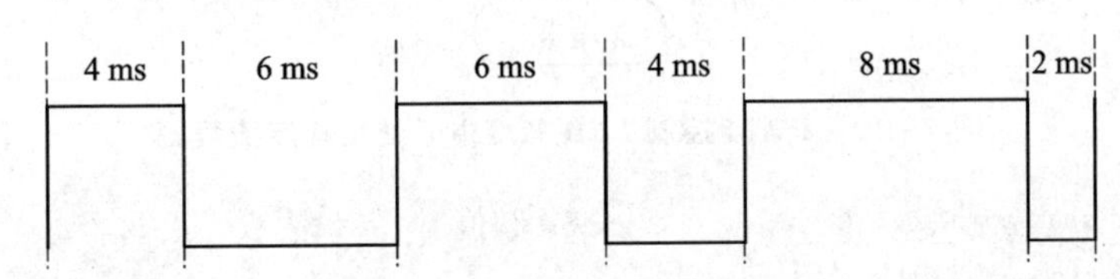

图 7-11 PWM 方波示意图

【案例分析】

要改变灯的亮度有很多做法。比如可以通过调低 LED 的电流来控制其亮度,但这样做会使 LED 在低于额定电流的状态下工作,对器件造成影响。另一种比较容易实现的是利用人眼的视觉差,即在一段时间内控制 LED 亮的时间与灭的时间,只要控制其频率足够高(一般要求脉冲频率大于 100 Hz),人眼不会看见明显的灯的亮或者灭,只会看见灯的亮度的变化,即利用上面所讲的 PWM 来完成。

【案例设计】

本例采用定时/计数器 0 来完成,使用工作方式 2,让其溢出时间为 0.1 ms。设置两个变量 pwm 和 pwm_int,分别代表 PWM 占空比初值 init 和 PWM 总的份数。在中断处理函数中设置计数器 cnt,让其从 0 开始计数,并每次与 pwm_init 进行比较,超出后归零,并与 pwm 进行比较来控制 LED 状态占空比。

本例的定时器的中断处理函数流如图 7-12 所示。

【案例实现】

核心代码如下:

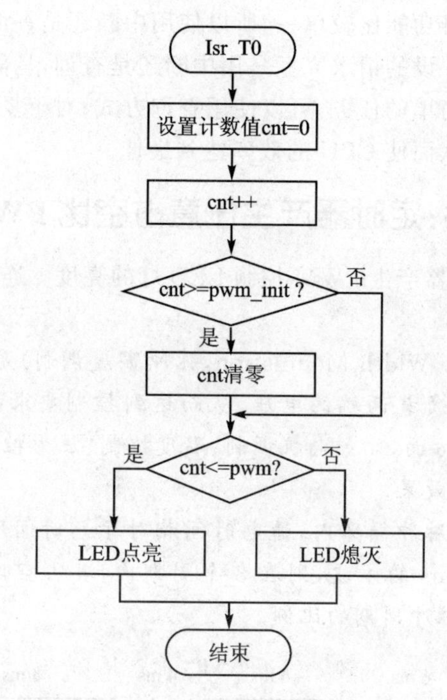

图 7-12　PWM 控制 LED 亮度中断处理程序流程图

```
unsigned char pwm = 2;                    //占空比初值
unsigned char pwm_init = 10;
/*------------------- 定时器初始化程序 -------------------*/
void Init_T0(void){
    TMOD |= 0x02;                         //定时器 0,工作方式 2
    TH0 = 256 - 100;                      //溢出时间为 0.1 ms
    TL0 = 256 - 100;                      //溢出时间为 0.1 ms
    EA = 1;
    ET0 = 1;
    TR0 = 1;
}
/*------------------- 定时器中断子程序 -------------------*/
void Isr_T0(void) interrupt 1 using 1{
    static unsigned char cnt = 0;
    cnt ++ ;
    if (cnt >= pwm_init)
        cnt = 0;
    if(cnt <= pwm)
        LED = 0x00;
    else
        LED = 0xFF;
}
```

运行结果：下载运行会发现，LED 亮度会比正常情况下暗一些。读者可以自行改变占空比，即上面程序中 pwm 的值，将其从 1 调整至 10，则会看见灯的不同亮度。当然也可以设置不同的 PWM 周期和占空比来控制其他的设备，比如控制四轮小车的电机来调整车速等。图 7－13 和图 7－14 是占空比为 10％和 100％时运行结果对比图。

图 7－13　占空比为 10％时的运行效果

图 7－14　占空比为 100％的时候的运行效果

7.5.5　拓展项目：发光二极管定时流水显示

【项目分析】

程序基本框架与案例 7－2 相同。采用中断方式来完成，上电后，先让左数第一个灯亮，一定时间后，第一个灯灭，下一个灯亮，依此类推。项目连线图与案例 7－2 相同，使用 P2 口控制 LED 灯。

【项目设计】

① 为了让流水的速度快一些，可以设定切换时间短一些，则需要计算定时器的初值。

② 可以对每个灯亮时的 P2 口进行编码，在程序中对编码进行循环遍历即可。

③ 中断处理函数的编写原则是尽量简洁，所以一般的模式是在中断处理函数中对条件进行判断，把要完成的任务放到主程序中来完成。所以此项目中，可以在中断处理函数中设置标志 flag，当 flag 条件满足时，通知主程序来做具体动作，即 LED 灯的流水。

```
unsigned char flag = 0;
/* ------------------定时器 0 中断处理函数 ------------------*/
void Isr_T0() interrupt 1{
    static unsigned char cnt = 0;          //设置静态计数器
    TL0 = 3192 % 32;
    TH0 = 3192/32;                         //重新写入初始值
```

```
    cnt ++ ;
    if(cnt == 50){                    //定时器溢出时间为 5 ms,50 次溢出为 250 ms
        cnt = 0;
        flag = 1;
    }
}
```

主程序中可对 flag 进行判断,再做功能动作。

```
unsigned char table[] = {……};     //LED 编码
unsigned char i = 0;
if(flag){
    flag = 0;
    i = (i + 1) % 8;
    P2 = table[i];
}
```

以上是功能实现的设计思路及核心代码解析,读者可自行编程完整程序,下载运行,观察运行效果。

7.6 练习题

1. 关于 51 单片机的定时器资源描述有误的一项是________。

(A) 51 单片机内部一共包含两个独立的定时器资源

(B) 每个定时器的核心部件是一个 16 位的加法计数器

(C) 每个定时器的核心部件是一个 16 位的减法计数器

(D) 定时器的核心部件对机器周期进行计数

2. 如果设置定时器 T1 工作在方式 1,定时器 T0 工作在方式 2,下面语句正确的一项是________。

(A) TMOD=0X21　　(B) M1=1, M0=2

(C) TMOD=0X12　　(D) TCON=0X12

3. 若定时器工作在循环定时或循环计数场合,应选用哪种工作方式________。

(A) 方式 0　　(B) 方式 1　　(C) 方式 2　　(D) 方式 3

4. 下列________寄存器与定时/计数器无关。

(A) TMOD　　(B) TCON　　(C) SCON　　(D) TH0

5. 想要设定定时/计数器以方式 1 工作,需要如何设定 TMOD 寄存器的 M0 和 M1 的值?

(A) M1=0,M0=0　　(B) M1=0,M0=1

(C) M1=1,M0=0　　(D) M1=1,M0=1

6. 定时/计数器以方式0工作,如需计数值为1 000,则置入的初值X为多少?

(A) 3 192　　(B) 64 536　　(C) 7 192　　(D) 256

7. 定时/计数器以方式2工作,如计数值为100,则置入TH0和TL0的值分别是多少?

(A) TH0=156,TL0=156　　(B) TH0=156,TL0=256

(C) TH0=256,TL0=156　　(D) TH0=3192,TL0=100

8. 以下哪条语句可以启动定时/计数器开始工作?

(A) ET0=1;　　(B) TR0=1;　　(C) EA=1;　　(D) EX0=1;

9. 定时器工作方式0是13位计数,对于计数器TH和TL来说13位的分配,下面哪项是正确的________。

(A) TH的8位,TL的高5位　　(B) TH的8位,TL的低5位

(C) TH的高5位,TL的8位　　(D) TH的低5位,TL的8位

10. 当定时时间到,溢出位置位时,程序的处理方式有哪些________。

(A) 查询方式　　(B) 中断方式　　(C) 查询和中断　　(D) 其他

11. 按以下要求编程定时器的初始化程序:设晶振频率为12 MHz,如果定时时间为0.001 s,并且选择定时器T1,工作在方式1(16位)下,启用定时器中断。

12. 假设写入定时器的初值为X,那么在定时器的3种方式下,X如何装载到初值寄存器中?

第8章 串口通信

8.1 串口通信概述

8.1.1 通信的基本概念

计算机与外部交换信息又称为通信，既包括计算机与计算机之间的通信，也包括计算机与外部设备之间的通信，如打印机、终端等。按照每次传送的数据位数，又可分为串行通信和并行通信。以传送一个8位二进制数为例，并行通信是利用8条数据线一次将8位数全部送出，而串行通信是使用一条数据线将8位数一位一位送出。

并行通信是构成一组数据的各位同时进行传送，数据有多少位就要有多少根传送线。其特点是传输速度快，但需要占用一个并行输入/输出接口，当距离较远、位数又多时导致了通信线路复杂且成本高。而串行通信则是将数据按照一位一位的顺序传送，只要一对传输线就可以实现通信。其特点是通信线路简单，大大降低了系统硬件成本，特别适用于远距离通信。串行通信的缺点则是传送速度要慢一些。随着技术水平的提高，串口的速度要大于并口的速度，而且成本低廉。并行通信和串行通信的区别如图8-1所示。

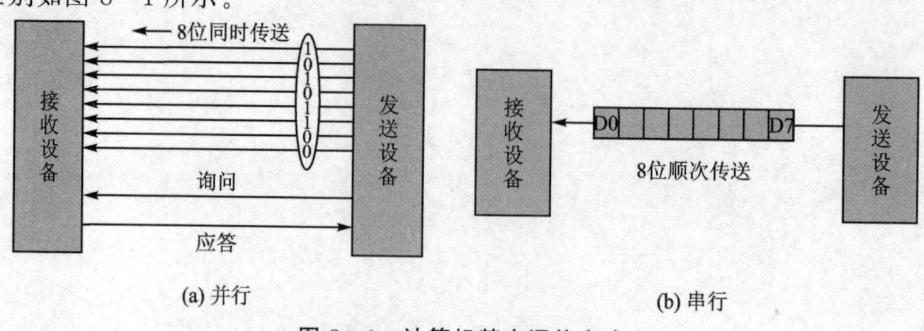

图8-1 计算机基本通信方式

随着计算机通信和计算机网络的发展，串行通信得到越来越广泛的应用，如微机上常用的 COM 设备、USB 设备和网络通信等设备都采用串行通信。

8.1.2　串行通信的工作方式

串行通信按照工作方式分为单工、半双工和全双工，如图 8-2 所示。

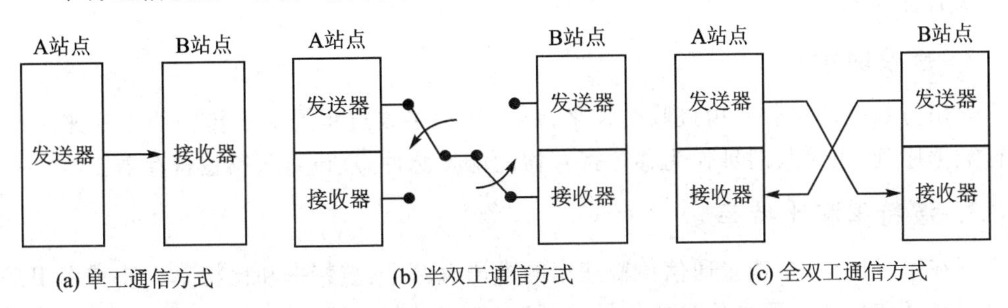

图 8-2　3 种通信方式

1. 单工通信方式

类似收音机广播，你只能听电台节目，指的是收发双方角色固定，数据只能从一方发送到另一方，而不能反向。在这种情况下只用一根线连接，采用固定模式，一方发送，一方接收，角色不能转换。

2. 半双工通信方式

类似对讲机，默认状态是收听模式，按下说话按钮就转为发送，松开按钮又变成收听，和微信相似。通信双方还是使用一根线连接，在某一时刻，一方只能发送，另一方接收，另外一个时刻，方向相反。发送接收不能同时进行，这种方式称为半双工通信。

3. 全双工通信方式

类似电话或者手机，直接双方通话。全双工通信是用 2 根线连接，一根方向是 A—B，另外一根是 B-A；A 和 B 都有独立的发送器和接收器，任何时刻收发都能同时进行。对于相互通信的双方，都可以是接收器，也都可以是发送器。分别用 2 根线连接发送方和接收方，这样发送方和接收方可同时进行工作，称为全双工的工作方式。

8.1.3　串行通信的时钟及传输速率

在通信中把要传送的二进制数据序列称为比特组，由发送器发送到传输线上，再由接收器从传输线上接收。二进制数据序列在传输线上是以数字信号形式出现，每一位持续的时间是固定的，在发送时是以发送时钟作为数据位的划分界限，在接收时是以接收时钟作为数据位的划分界限。这样在串行通信中需要考虑发送端和接收端的时钟频率，即发送时钟和接收时钟。下面分别介绍发送时钟、接收时钟、波特率和比特率的概念。

1. 发送时钟

串行数据的发送由发送时钟控制，数据发送过程是把并行的数据序列送入移位寄存器，然后通过移位寄存器由发送时钟触发进行移位输出，数据位的时间间隔可由发送时钟周期来划分。

2. 接收时钟

串行数据的接收是由接收时钟来检测，数据接收过程是对于传输线上送来的串行数据序列，由接收时钟作为移位寄存器的触发脉冲，逐位打入移位寄存器。

3. 波特率和比特率

在串行通信中，衡量通信传输速率的术语有两个：波特率和比特率。波特率用来表示在通信信道上每秒传输的信号单元数(任意进制数据)。比特率则是用来表示在通信信道上每秒传输的二进制数的位数。当传送的数据是二进制数时，波特率与比特率相等。波特率与比特率的关系：

比特率＝波特率$\times \log_2 N$

其中，N 表示传送的数据为 N 进制。

在串行通信中，二进制数据流是以数字信号波形的形式出现的。对这些连续数字波形的发送和接收都是在时钟的控制下进行的，是用一根传输线按位传送数据，每传送一个数据或字符都要符合一定的格式。按通信的格式，串行通信分为异步通信和同步通信两种模式。

8.1.4 串行通信协议

通信协议是指通信双方约定的一些规则。一般情况下，通信线路越简单，需要的软件协议越复杂，协议占用的数据量就越多。按照串行通信的时钟控制方式，分为异步通信和同步通信。同步和异步简单理解就是主机在相互通信时发送数据的频率是否一样。

异步通信就是发送方在任意时刻都可以发送数据，前提是接收端已经做好了接收数据的准备(如果没有做好接收准备，则数据肯定发送失败)。也正是因为发送方的不确定性，所以接收方要时时刻刻准备好接收数据；同时由于每次发送数据时间间隔的不确定性，所以，在每次发送数据时都要使用明确的界定符来标示数据(字符)的开始和结束位置，可以想象这种通信方式效率很低。虽然异步通信效率低，但是对设备的要求不高，通信设备简单。

和异步通信相反，同步通信就是主机在进行通信前要先建立同步，即要使用相同的时钟频率，发送方的发送频率和接收方的接收频率要同步。除了时间频率的不同外，异步通信和同步通信之间的区别还有发送数据的表示形式，异步通信一般发送单

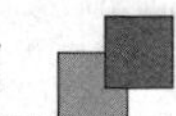

位是字符，同步通信发送单位是比特流（数据帧），但这不是绝对的，异步通信有时也使用帧来通信。

1. 异步通信

在异步传送中，每一个字符要用起始位和停止位作为字符开始和结束的标志，它们是以字符为单位一个一个地发送和接收的。其字符格式如图 8-3 和图 8-4 所示。

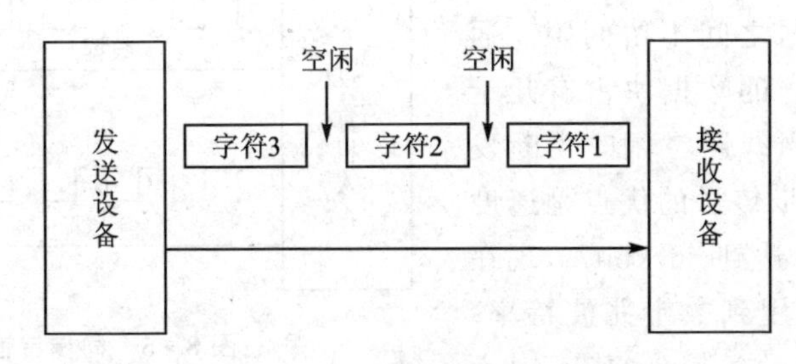

图 8-3 异步通信方式

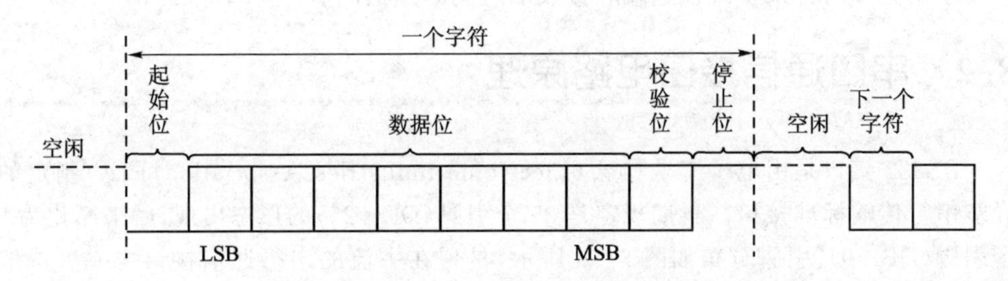

图 8-4 异步串行通信数据格式

如图 8-4 所示，异步传送时，一个字符由起始位、数据位、奇偶校验位和停止位 4 个部分组成。首先是一位起始位，表示字符的开始，用逻辑“0”低电平表示，占一位；后面紧跟着的是字符的数据，它可以是 5 位、6 位、7 位或 8 位，通常是 7 位的 ASCII 码，传送时低位在前、高位在后；再后面的一位为奇偶校验位，有时也可不要；最后是停止位，用逻辑“1”高电平表示，其长度可以是 1 位、1.5 位或 2 位。这样，串行传送的数据字加上成帧信号的起始位、奇偶校验位和停止位就形成一个字符串行通信的帧。因此，一个串行帧可由 10 位、10.5 位或 11 位构成。

在异步传送中，有时为了使收发双方有一定的操作间隙，通常在传送两个字符之间插入若干个空闲位。空闲位和停止位一样也用高电平表示。这样，接收和发送可以随时或间断地进行，而不受时间的限制。

在异步数据传送中，CPU 与外设之间必须事先约定好两项事宜：

① 字符格式：双方要事先约好字符的编码形式、奇偶校验形式以及起始位、停止位的位数。

② 波特率（Baud rate）：一般要求发送端和接收端的波特率一致。

2. 同步通信

同步通信使用数据块传送信息，而不是字符，因此省去了每个字符的起始位和停止位的成帧标志信号，仅在数据块开始处用一个或两个同步字符作为起始标志，使收发双方保持同步。用于同步通信的数据格式有多种，同步字符可以由用户选定某个特殊的 8 位二进制代码，如图 8-5 所示。

在图 8-5 中，数据块的字节数是不受限制的，数据之间不留间隙。通常，一次通信传送的数据块占有几十到几百个字节，当线路空闲时不断发送同步字符。同步传送的优点是速度高于异步通信，可达到 56 kbit/s，现在的计算机网络都用到数十兆波特率。但其缺点是硬件设备较为复杂，因为它要求用同步时钟来实现发送端和接收端之间的严格同步。

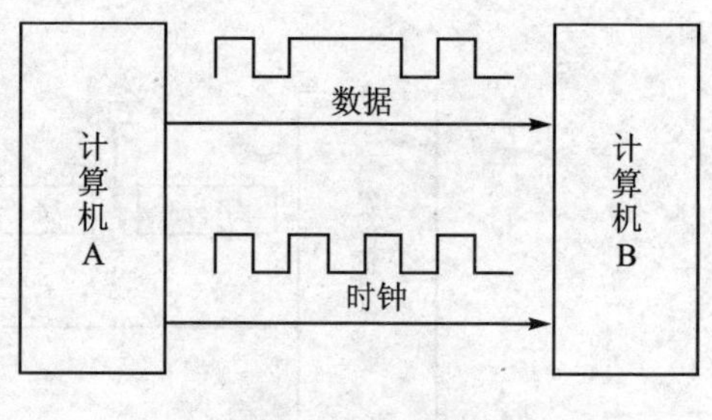

图 8-5 同步传输

8.2 串口通信接口电路原理

RS232 接口是由电子工业协会(Electronic Industries Association，EIA)制定的异步串行传输标准接口。早期规定是 25 个引脚(DB-25)的形态出现，后来简化为 9 个引脚(DB-9)，引脚分布如图 8-6 所示，是现在主流的串行通信接口之一。一般个人计算机上会有两组 RS-232 接口，分别称为 COM1 和 COM2，其引脚分布如表 8-1 所列。

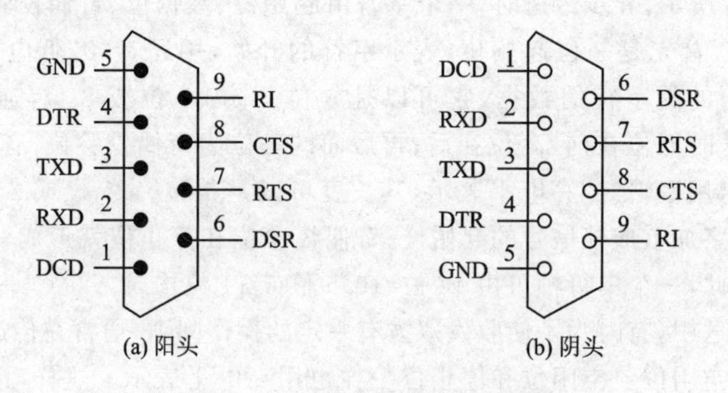

图 8-6 DB-9 串行通信引脚图

RS232 接口对电平有自己的要求，具体如下：

TxD 和 RxD 上：

- 逻辑 1(MARK)=－3～－15 V；
- 逻辑 0(SPACE)=＋3～＋15 V。

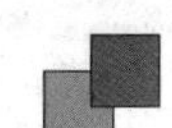

表 8-1　D-9 串行通信引脚功能表

引　脚	信　号	功　能
1	DCD	载波检测
2	RXD	接收数据
3	TXD	发送数据
4	DTR	数据终端准备就绪
5	GND	信号地线
6	DSR	数据准备完成
7	RTS	发送请求
8	CTS	发送清除
9	RI	振铃指示

在 RTS、CTS、DSR、DTR 和 DCD 等控制线上：

➢ 信号有效(接通,ON 状态,正电压)＝＋3～＋15 V；

➢ 信号无效(断开,OFF 状态,负电压)＝－3～－15 V。

以上规定说明了 RS-232C 标准对逻辑电平的定义。对于数据(信息码),逻辑"1"(传号)的电平低于－3 V,逻辑"0"(空号)的电平高于＋3 V;对于控制信号,接通状态(ON)即信号有效的电平高于＋3 V,断开状态(OFF)即信号无效的电平低于－3 V。也就是当传输电平的绝对值大于 3 V 时,电路可以有效地检查出来;介于－3～＋3 V 之间的电压无意义;低于－15 V 或高于＋15 V 的电压也认为无意义。因此,实际工作时,应保证电平在－3～－15 V 或＋3～＋15 V 之间。

两台普通的 PC 机可以使用普通的串口电缆连接进行通信,但是如果 PC 机与单片机之间进行串口通信,则不能直接连接。

单片机的电平为 TTL 电平,其对电压的要求与 RS232 不同,规定输出高电平＞2.4 V,输出低电平＜0.4 V。在室温下,一般输出高电平是 3.5 V,输出低电平是 0.2 V。最小输入高电平为 2.0 V,最小输入低电平为 0.8 V。

单片机与 PC(或者其他 RS232 接口)进行串行通信时,若两者电压不对等,则不能通信,所以必须中间连接 RS232/TTL 电平转换电路。通常,这个电路都选择专用的 RS232 接口电平转换集成芯片进行设计,如 MAX232、HIN232 等。

MAX232 的功能是将 TTL 电平从 0 V 和 5 V 转换到 3～15 V 和－3～－15 V 之间。MAX232 芯片包含两路接收器和驱动器的 IC 芯片,它内部有一个电源电压变换器,从而实现电平转换。图 8-7 为 PC 机与 AT89S52 单片机串行通信的电路。从图 8-7 中看 MAX232 的引脚,引脚 C1＋和 C1－之间、C2＋和 C2－之间、V＋和 VCC 之间、V－和 GND 之间,在实际应用中接 4 个 0.1 μF 的电容;VCC 和 GND 之间的电容为退耦电容,如果电源比较纯净,可不接;芯片有两路收发接口,一路是

(T1OUT－R1IN,T1IN－R1OUT),另一路是(T2OUT－R2IN,T2IN－R2OUT),在应用中选中其中一路。

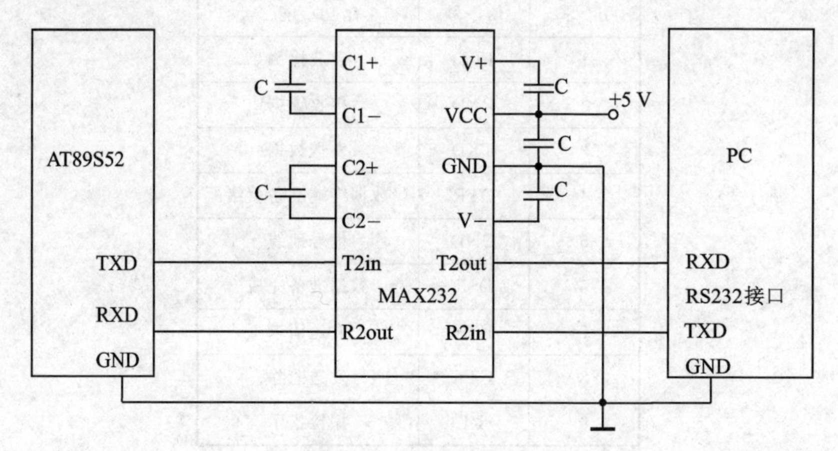

图 8－7　PC 机与 AT89S52 串行通信电路

本书使用德飞莱开发板,其使用的芯片为 TC232,电路图如图 8－8 所示。可以看出,在单片机与外部设备之间连接了 TC232 芯片,与 MAX232 功能相同,目的是做 RS232 电平与 TTL 电平之间的转换。

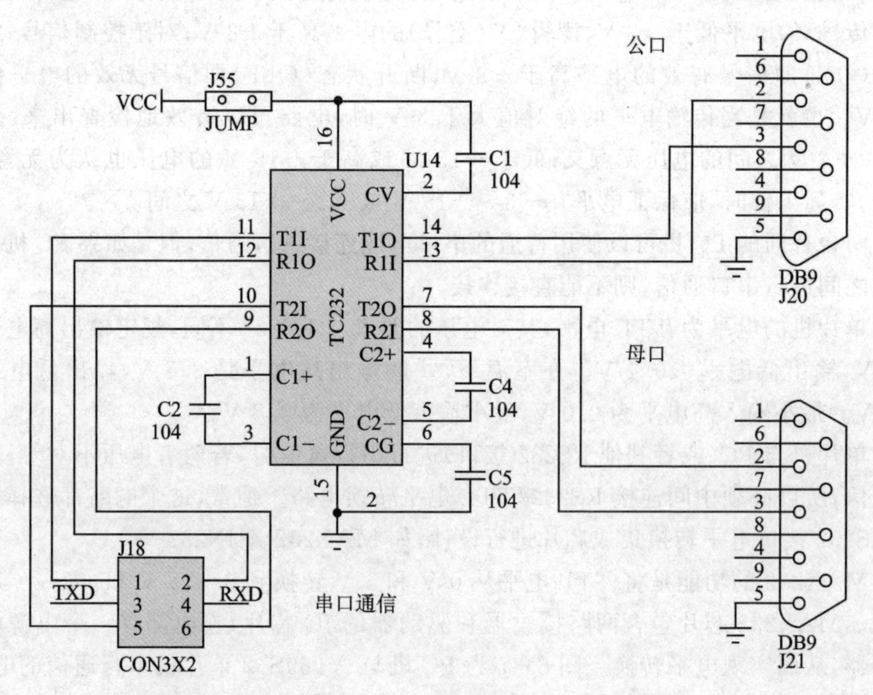

图 8－8　串口电路原理图

【注意】RS232C 与 TTL

1) RS232C 串行通信标准

全称为 EIA－RS－232C，EIA(Electronic Industry Association)美国电子工业协会，RS(Recommended standard)推荐标准，其中，232 为标识号，C 代表 RS232 的最新一次修改(1969 年)。制定标准的目的是使不同厂家生产的设备能达到接插的“兼容性”。也就是说，不同厂家所生产的设备，只要它们都有 RS－232C 标准接口，则不需要任何转换电路即可互相插接起来。此标准对电气特性、逻辑电平和各种信号线功能都做了规定。

2) TTL 电平

TTL(Transistor－Transistor Logic)，即晶体管-晶体管逻辑集成电路。电平信号通常采用二进制数据形式表示，＋5 V 等价于逻辑“1”，0 V 等价于逻辑“0”，这被称作 TTL(晶体管-晶体管逻辑电平)信号系统，这是计算机处理器控制的设备各部分之间通信的标准技术。

8.3　51 单片机串口结构及相关寄存器

8.3.1　串口的结构

为了更好地说明问题，这里以 MCS－51 为例介绍单片机的串行口。MCS－51 单片机片内配置了一个采用异步通信标准的全双工通用异步串行接口(UART，Universal Asynchronous Receiver/Transmitter)，它支持 4 种工作方式，可供不同场合使用。波特率可由软件设置，通过片内的定时/计数器产生。接收、发送均可工作在查询方式或中断方式，使用十分灵活。MCS－51 单片机的串口能方便地构成双机或多机通信系统，还可以非常方便地用作串并转换，用来驱动键盘或显示器。

MCS－51 系列单片机的串行接口结构示意图如图 8－9 所示，它主要由两个串行数据缓冲器(SBUF)、发送控制器、发送端口、接收控制器和接收端口等组成。两个串行数据缓冲器(SBUF)属于特殊功能寄存器，一个用作发送，一个用作接收。发送缓冲器只能写入不能读出，接收缓冲器只能读出不能写入，两者共用一个字节地址(99H)。两个特殊功能的寄存器 SCON 和 PCON 分别用于控制串行口的工作方式以及波特率。可以将片内定时器 T0 或 T1 用作波特率发生器，8052/8032 也可以用 T2 作为波特率发生器。发送数据时，由 CPU 写入到发送数据缓冲器 SBUF 的并行数据，在发送控制脉冲的作用下由低位到高位的次序逐位发送到 TXD 引脚。接收数据时，则在接收控制脉冲作用下由 RXD 引脚逐位移入接收数据缓冲器 SBUF 中。

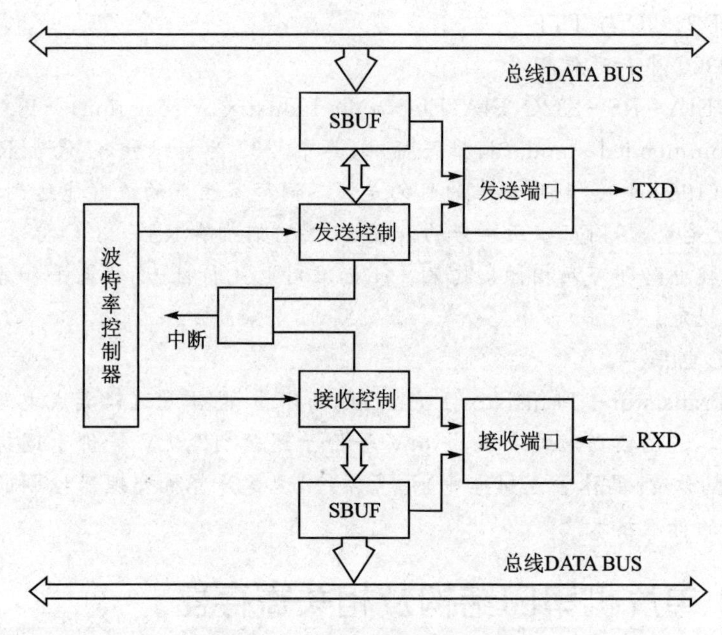

图 8－9　串口接口内部结构图

8.3.2　串口的相关寄存器

SBUF 是两个在物理上独立的 8 位接收、发送缓冲器，可同时发送、接收数据。发送缓冲器只能写入发送的数据，但不能读出；接收缓冲器只能读出接收的数据，但不能写入。两个缓冲器共用一个字节地址 99H，可通过指令对 SBUF 的读/写来区别是对接收缓冲器的操作还是对发送缓冲器的操作。CPU 写 SBUF 就是修改发送缓冲器，如 SBUF＝data；读 SBUF 就是读接收缓冲器，指令为 data＝SBUF。由于接收和发送具有独立的通道，因此可同时收、发数据，实现全双工传送。SBUF 不可位寻址。

1. 串行口控制寄存器 SCON

SCON 寄存器用于控制串行口的工作方式和状态，字节地址为 98H，可位寻址。SCON 各位定义如表 8－2 所列。

表 8－2　SCON 寄存器

地址位	9FH	9EH	9DH	9CH	9BH	9AH	99H	98H
SCON 定义	SM0	SM1	SM2	REN	TB8	RB8	TI	RI

其中：

SM0、SM1：串行口工作方式选择位，由软件选定。共有 4 种工作方式，如表 8－3 所列。

表8-3 工作方式选择

SM0	SM1	工作方式	功能说明	波特率
1	0	方式0	8位移位寄存方式	$f_{osc}/12$
0	1	方式1	8位UART(异步收发)	可变(T1溢出率/n)
1	0	方式2	9位UART(异步收发)	$f_{osc}/64$ 或 $f_{osc}/32$
1	1	方式3	9位UART(异步收发)	可变(T1溢出率/n)

RI:接收中断标志位。一帧信息接收结束时,由硬件置RI=1,向CPU请求中断,表示

串行口已接收新数据,需要CPU读取该数据。CPU响应中断后,必须用软件使RI清零。RI可供查询使用。

TI:发送中断标志位。每发送完一帧信息,由硬件置TI=1,向CPU请求中断,表示串行口要求CPU发送下一帧数据。CPU响应中断后,必须用软件使TI清零。此外,TI也可供查询使用。

在进行串行通信时,当一帧发送完成时,发送中断标志位TI置位,向CPU请求中断,当一帧接收完时,接收中断标志位RI置位,也向CPU请求中断。若CPU允许中断,则进入中断服务程序。但CPU事先并不能区分是TI还是RI请求中断,只有在进入中断服务程序后,通过查询来区分,然后进入相应的中断处理。所以,中断标志位TI和RI均不能自动复位,而必须在中断服务程序中,当判别了是哪一种中断后才能用指令使其复位。复位中断标志的目的是撤销中断请求,这种操作很必要,否则又会申请下一次中断。

RB8:接收数据D8位。在方式2、3中,由硬件将接收到的第9位数据存入RB8,可作为奇偶校验位或地址帧/数据帧的标志。方式1时,若SM2=0,则RB8是接收到的停止位。方式0时,不使用RB8。

TB8:发送数据D8位。TB8是方式2、3中要发送的第9位数据,事先用软件写入1或0。在多机通信中,以TB8位的状态表示主机发送的是地址还是数据,一般约定TB8=0为数据,TB8=1为地址;也可用作数据的奇偶校验位。在方式0、方式1中不使用TB8,该位由软件置位或消零。

REN:允许串行接收控制位。若REN=0,则禁止接收;若REN=1,则允许接收。该位由软件置位或清零。

SM2:多机通信控制位,由软件设定。主要用于工作方式2和方式3。在方式2或方式3中,当SM2=1时,如果接收到的一帧信息中的第9位数据(D8)为1,且原有的接收中断标志位RI=0,则将接收到的前8位数据装入SBUF,并由硬件将RI置1产生中断请求;如果第9位数据为0,则RI不置1,且接收到的数据无效。当SM2=0时,只要接收到一帧的信息,不管第9位数据是0还是1,都将接收到的前8

位数据装入 SBUF,并由硬件置 RI=1 产生中断请求。SM2 由软件置位或清零。多机通信时,SM2 必须置 1。双机通信时,通常使 SM2=0。方式 0 时 SM2 必须为 0。SCON 寄存器在复位时所有位被清 0。

2. 电源控制寄存器 PCON

PCON 寄存器主要是为 CHMOS 型 MCS-51 系列单片机芯片的低功耗操作而设置的专用寄存器,字节地址是 87H,不可位寻址。PCON 各位定义的格式如表 8-4 所列。

表 8-4 PCON 寄存器

位序号	D7	D6	D5	D4	D3	D2	D1	D0
位符号	SMOD				GF1	GF0	PD	IDL

在 CHMOS 单片机中,该寄存器只有最高位与串行口有关。最高位 SMOD 为串行口波特率选择位,当 SMOD=1 时,方式 1、2、3 的波特率加倍。

8.4 串口的工作方式及波特率设置

MCS-51 系列单片机串行接口有 4 种工作方式,即方式 0、方式 1、方式 2、方式 3。

8.4.1 方式 0

串行口工作方式 0 为同步移位寄存器方式,多用于 I/O 口的扩展,其波特率是固定的,为 $f_{osc}/12$,在方式 0 下,RXD(P3.0)为数据输入/输出端,TXD(P3.1)为同步移位脉冲输出端,接收、发送均为 8 位数据,以低位在前、高位在后的次序收发。

1. 发送数据

RXD 引脚作为数据输出端,TXD 引脚输出同步移位脉冲。当一个数据写入串行口发送缓冲器(SBUF)后,串行口将 8 位数据以 $f_{osc}/12$ 的固定波特率从 RXD 引脚逐位输出。数据发送前,不管是否使用中断,中断标志 TI 都必须清零;发送完成后,由硬件置位发送中断标志 TI,呈中断请求状态。若要再次发送数据,则必须用软件将 TI 清零。

2. 接收数据

在满足 REN=1 且 RI=0 的条件下,就会启动接收过程,此时 RXD 为数据输入端,TXD 为同步信号输出端,串行输入波特率也是 $f_{osc}/12$。当接收完 8 位数据后,由硬件置位接收中断标志 RI。若要再次接收,则必须用软件将 RI 清零。

在方式 0 工作时,必须使 SCON 寄存器中的 SM2 位为“0”,TB8 和 RB8 这两位

未用。发送和接收时序图如图 8－10 和图 8－11 所示。

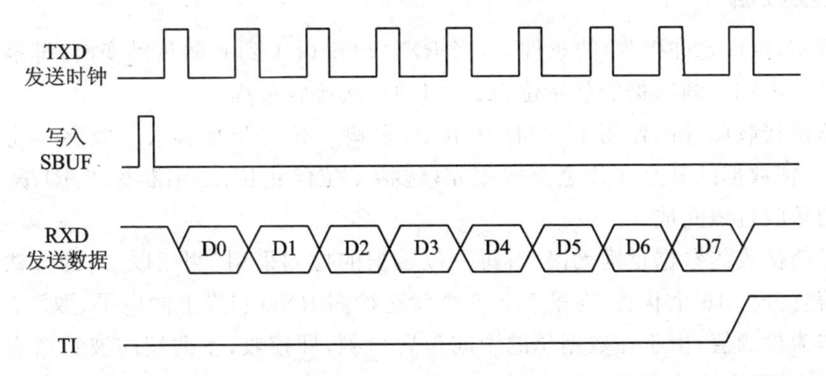

图 8－10 串口方式 0 发送时序

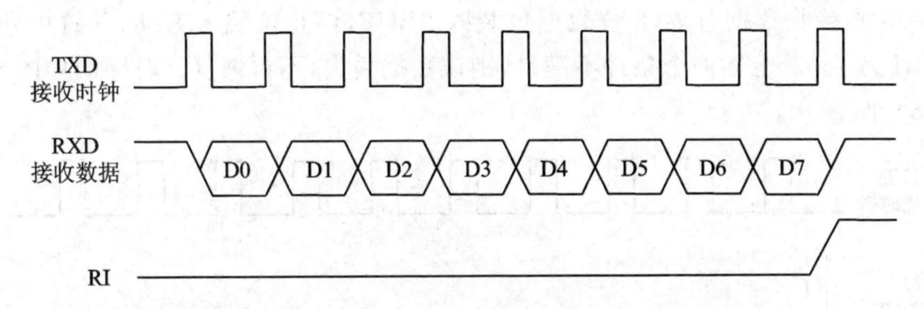

图 8－11 串口方式 0 接收时序

8.4.2 方式 1

串行口工作方式 1 为波特率可变的 8 位异步通信方式。发送/接收 1 帧数据为 10 位，其中一位起始位、8 位数据位（先低位后高位）和一位停止位，不包括奇偶校验位。在方式 1 下，RXD 为数据接收端，TXD 为数据发送端，波特率是可变的，由定时/计数器 1 或定时器计数器 2 的溢出率以及 SMOD 位决定，且发送波特率和接收波特率可以不同。

$$方式1波特率=\frac{2^{SMOD}}{32}\times(定时器T1溢出率)$$

1. 发送数据

串行口以方式 1 发送时，数据从 TXD 引脚输出，CPU 执行一条写 SBUF 指令便启动了串行口发送。启动发送后，串行口自动在数据前后分别插入一位起始位（0）和一位停止位（1），以构成一帧信息，然后在发送移位时钟（由波特率确定）的作用下，依次由 TXD 端发出。在一帧 10 位数据发出后，中断标志 TI 置 1，用以通知 CPU 下一帧信息。当在空闲周期时，TXD 端自动保持 1。

2. 接收数据

在 REN=1(允许接收)的条件下,当 RXD 出现由 1 到 0 的负跳变时,即被认为是串行发送来的一帧数据的起始位,从而启动一次接收过程。

在移位接收脉冲的作用下,数据从 RXD 引脚一位一位地移入接收移位寄存器中,直到一帧数据的其余 9 位全部接收完(包括 1 位停止位)。中断标志 RI 置 1,一帧数据的接收过程完成。

为了使接收的数据正确无误,对每一位数据的检测采用"测三取二"的方法。即把一位信息分为 16 个状态,在第 7、8、9 个状态检测 RXD 引脚上的电平,取≥2 的相同电平作为检测值;由于在数据位的中间位置检测,即使收、发两端的波特率有小的差异,也一般不会造成错码。

在方式 1 下接收时,必须同时满足以下两个条件:若 RI=0 和停止位为 1 或 SM2=0,则接收数据有效,8 位数据位装入 SBUF,停止位装入 RB8,并置中断请求标志 RI 为 1。若上述两个条件不满足,则该数据丢失,不再恢复。时序图如图 8-12 和图 8-13 所示。

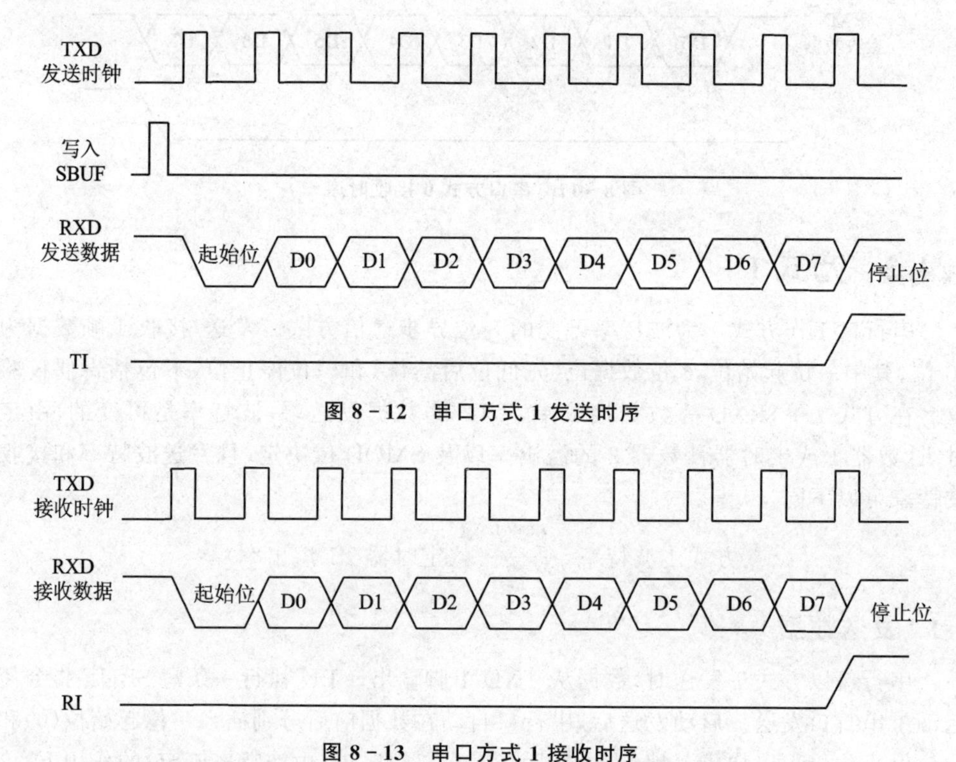

图 8-12　串口方式 1 发送时序

图 8-13　串口方式 1 接收时序

8.4.3　方式 2 和方式 3

串口工作方式 2 和方式 3 均为 9 位异步通信方式。发送/接收 1 帧数据为 11

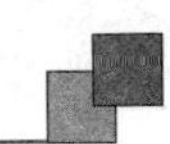

位，其中，一位起始位、8位数据位(先低位后高位)、一位控制/校验位和一位停止位。一位控制/校验位为第9位数据。方式2与方式3仅波特率不同，方式2的波特率为固定值，而方式3的波特率由定时/计数器1或定时/计数器2及SMOD决定。

$$\text{方式 2 波特率} = \frac{2^{SMOD}}{64} \times f_{osc}$$

$$\text{方式 3 波特率} = \frac{2^{SMOD}}{32} \times (\text{定时器 T1 溢出率})$$

1. 发送数据

方式2或方式3发送数据时，数据由TXD端输出。发送一帧信息为11位，第9位数据D8是SCON中的TB8，由软件置位或清零，可作为多机通信中地址/数据信息的标志位，也可作为数据的奇偶校验位，发送前根据通信协议由软件设置。CPU执行一条写SBUF的指令就启动发送器发送，发送完一帧信息，置中断标志TI为1。发送过程与方式1相同。

2. 接收数据

当REN=1时，方式2或方式3允许接收，数据从RXD端输入，接收方式与方式1相似。当同时满足RI=0，SM2=0或SM2=1、接收的第9位数据为1的条件时，将8位数据装入SBUF，第9位数据装入RB8，并置RI=1；若以上两个条件不满足，则该组数据丢失，不再恢复。时序图如图8-14和图8-15所示。

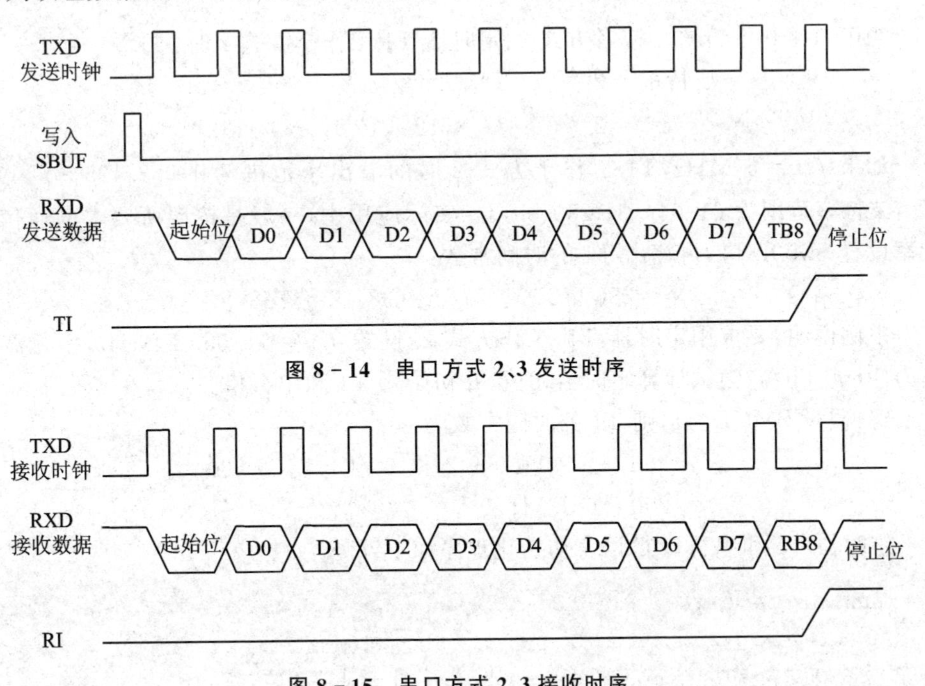

图8-14 串口方式2、3发送时序

图8-15 串口方式2、3接收时序

8.4.4 波特率设置

串行口工作在方式0时，其波特率为振荡频率的1/12。方式2时，波特率由SMOD决定，SMOD=1时为$f_{osc}/32$，SMOD=0时为$f_{osc}/64$。方式1、方式3的波特率取决于定时/计数器的溢出率及SMOD。

1. 溢出率的计算

在串行通信方式1和方式3下，使用定时/计数器T1作为波特率发生器是常用方式。T1可以工作在方式0、方式1和方式2。其中，方式2自动装入时间常数的8位定时器，只需初始化，在中断函数中无须重装时间常数。

定时器的定时时间计算公式：

$$T_C = (2^n - N) \times 12/f_{osc}$$

式中，T_C为定时器溢出周期，单位一般为μs；

n为定时器位数；

N为定时器时间常数，即定时器初值；

f_{osc}为振荡器频率，单位一般为MHz。

对于T1工作于方式2时，则有：

$$\text{T1溢出率} = 1/T_C = f_{osc}/12 \times (2^8 - N)$$

2. 波特率的设置

当串口工作于方式1或者方式3、定时器T1工作于方式2时：

$$\begin{aligned}\text{波特率} &= 2^{SMOD} \times \text{T1溢出率}/32 \\ &= 2^{SMOD} \times f_{osc}/\{12 \times (2^8 - N) \times 32\}\end{aligned}$$

如果$f_{osc} = 6$ MHz，T1工作于方式2时的溢出率范围为$1\,953.125 \sim 5 \times 10^5$ s^{-1}，波特率范围为61.04～31 250 bit/s。实际应用中，一般是按照所要求的通信波特率设置SMOD口，再算出T1的时间常数：

$$N = 256 - 2^{SMOD} \times f_{osc}/(384 \times \text{波特率})$$

举例说明：要求用定时器T1、工作方式2，设置$f_{osc} = 11.059\,2$ MHz，串行波特率为9 600 bit/s，尝试计算定时器初值，并初始化T1和串行口。

解：假设SMOD=1，则T1的时间常数为

$$\begin{aligned}N &= 256 - 2 \times 11.059\,2 \times 10^6/(384 \times 9\,600) \\ &= 250 = 0\text{xFAH}\end{aligned}$$

定时器T1和串行口C语言初始化程序如下：

```
void Init_UART (void) {
    SCON = 0x50;        // SCON：方式 1,8 - bit UART,使能接收
    TMOD |= 0x20;       // TMOD：timer 1, mode 2, 8 - bit 重装
    TH1 = 0xFA;         // TH1：重装值,9 600 bit/s 波特率,晶振 11.059 2 MHz,初值 250
```

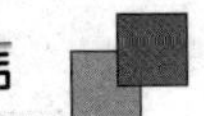

```
    TR1 = 1;                    // TR1: timer 1 打开
    EA = 1;                     //打开总中断
    ES = 1;                     //打开串口中断
}
```

【注意】为什么单片机系统经常采用 11.059 2 MHz 的晶振？

常用波特率按规范取为 1 200/2 400/4 800/9 600 等整数，如果采用 12 MHz 的晶振，计算出 T1 的初值并不是整数，此时通信便会产生积累误差，串口通信会出错。使用 11.059 2 MHz 的晶振便不会出现误差。

表 8－5 为串口常用波特率参数表。

表 8－5　常用波特率参数表

串行口工作方式	波特率 /(kbit/s)	f_{osc} /MHz	SMOD	定时器 T1		
				C/T	工作方式	时间常数
方式 0	1 000	12	×	×	×	×
方式 2	375	12	1	×	×	×
方式 1、3	62.5	12	1	0	2	FFH
	19.2	11.059 2	1	0	2	FDH
	9.6	11.059 2	0	0	2	FDH
	4.8	11.059 2	0	0	2	FAH
	2.4	11.059 2	0	0	2	F4H
	1.2	11.059 2	0	0	2	E8H
	0.137 5	11.059 2	0	0	2	1DH
	0.110	6	0	0	2	72H
	0.110	12	0	0	1	FEEBH

8.5　串口应用编程实战

8.5.1　串口应用的程序设计流程

使用串口进行数据收发之前，需要对相关寄存器进行初始化设置：

① 串行口控制寄存器 SCON 位的确定。根据工作方式，确定 SM0、SM1 位。

② 设置波特率。

对于方式 0，不需要对波特率进行设置。

对于方式 1，设置波特率不仅须对 PCON 中的 SMOD 位进行设置，可根据需要设定波特率是否加倍，通常不加倍(PCON＝0)；还要对定时/计数器 T1 进行设置，即

TMOD寄存器，这时定时/计数器T1一般工作于方式2，8位可重置方式，并将初值装入到TH1和TL1中。初值可由下面公式求得：

$$T1\text{的初值}=256-f_{osc}\times 2^{SMOD}/(12\times\text{波特率}\times 32)$$

③ 可根据需要设定串口中断（设置IE寄存器的EA位和ES位，编程IP寄存器设置优先级）。

8.5.2 案例8-1：串口扩展并行输出流水灯显示

本案例要求使用串口的扩展I/O端口功能来控制LED实现流水功能。实物连线如图8-16所示，电路连线如表8-6所列。

图8-16 单片与与74HC164实物连线图

表8-6 串口扩展电路连线表

单片机I/O口	模块接口	杜邦线数量	功 能
P3.0	J11(A/B)	1	串行数据控制
P3.1	J11(CLK)	1	时钟输出
J12(74HC164输出口端子)	J9(LED端子)	8	LED状态控制

【案例分析】

单片的I/O端口是有限的，当控制的情况较多时，需要扩展I/O端口。串口的工作方式0就是一种扩展单片机输入并行口和输出并行口的方法。本例需要对8位LED进行控制，所以利用此种方式进行串转并。这里需要用到串口转并口的转换芯片74HC164，从而完成将单片机串口输出转换成并行8位数据输出。电路原理图如图8-17所示，可将单片机的P3.0端口（即RXD）连接至J11端子上的A/B，将P3.1

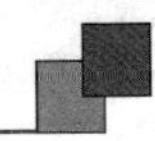

连接至 J11 上的 CLK 引脚，使用 8 位杜邦线将 J12（并行输出口）连接至 LED，即可完成控制。

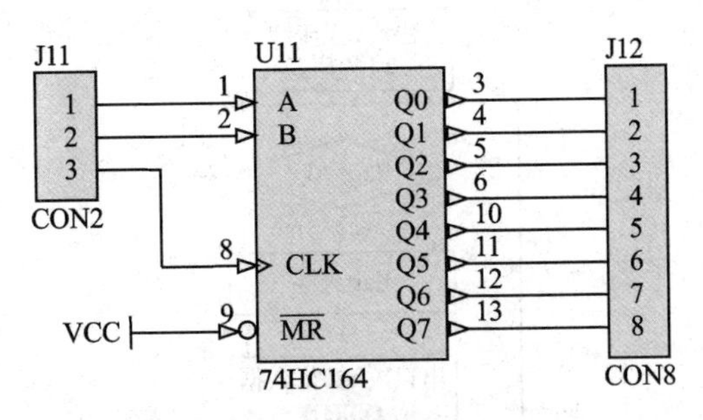

图 8-17 串口转并口电路连接图

【注意】串并转换

串并转换是完成串行传输和并行传输这两种传输方式之间转换的技术。移位寄存器可以实现并行和串行输入和输出，通常配置为“串行输入，并行输出”或“并行输入，串行输出”。完成串并转换的相关芯片有很多，常用的有 74HC164/74HC165、74LS164/74LS165 等。其常用连接电路如图 8-18 所示。

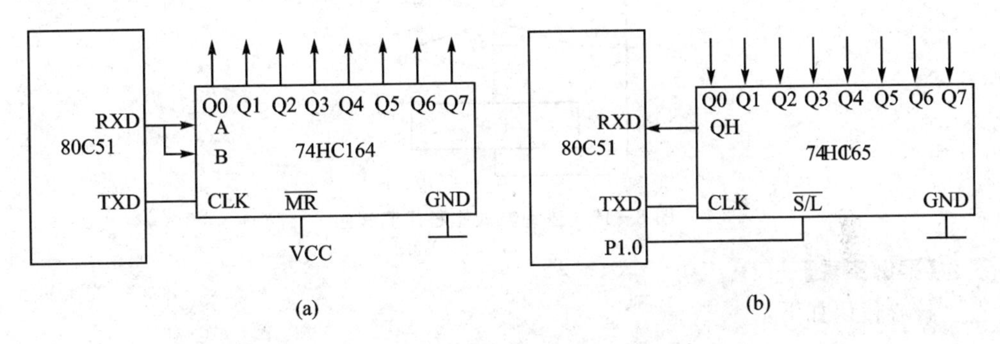

图 8-18 74HC164 及 74HC165 典型电路连接图

串口的数据收发状态可采用查询和中断两种方式查询，所以下面的具体实现也采用这两种方式来完成。

(1) 查询方式

【案例设计】

案例使用串口方式 0，需要设置 SCON 寄存器。波特率固定，系统时钟频率为 11.059 2 MHz。因为使用查询方式，所以需要软件对串口发送标志 TI 清零。使用定时/计数器 T0 完成流水间隔时间定时。

主程序中要设置 LED 流水编码数组 table 和定时时间到标志 flag，每次定时时间到，则主程序通过判断 flag 的值来决定是否要通过串口送出 table 数组中的数据。程序流程如图 8-19 所示。定时器 T0 的中断处理函数流程在第 7 章案例 7-2 中已有叙述，这里不再给出。

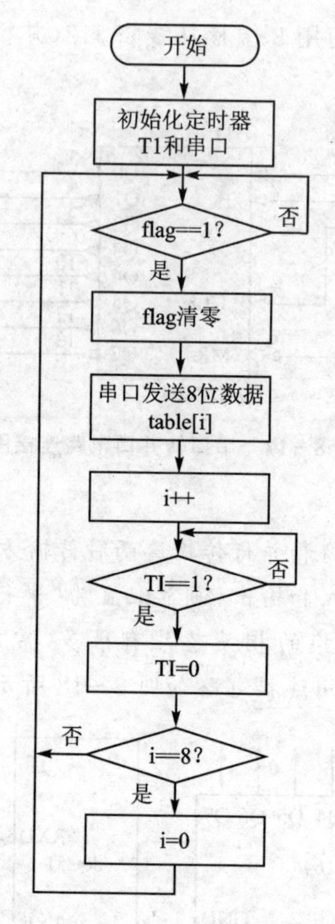

图 8-19　查询方式主程序流程图

【案例实现】

核心代码如下：

```
unsigned char table[] = {0xFE,0xFD,0xFB,0xF7,0xEF,0xDF,0xBF,0x7F};
unsigned char flag = 0;
/*------------------------ 主函数 ------------------------*/
main(){
    unsigned char i = 0;
    Init();
    while(1){
        if(flag == 1){
            SBUF = table[i++];
            while(!TI);          //等待串口输出完毕,如果输出完,硬件会自动使 TI = 1
                TI = 0;          //清除发送标志,等待下一次发送
            if(i == 8)
                i = 0;
            flag = 0;
```

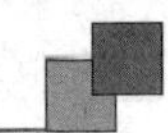

```
        }
    }
}
/*------------------定时器0初始化函数------------------*/
void Init(){
    TMOD = 0x00;                //设定工作方式0
    TL0 = 3192 % 32;
    TH0 = 3192/32;              //写入初始值,定时0.005 s
    SCON = 0x00;
    EA = 1;
    ET0 = 1;
    TR0 = 1;
}
/*------------------定时器0中断处理函数------------------*/
void Isr_T0() interrupt 1{
    static unsigned char cnt = 0; //设置静态计数器
    cnt++;
    if( cnt == 100 ){
        cnt = 0;
        flag = 1;
    }
    TL0 = 3192 % 32;
    TH0 = 3192/32;              //重新写入初始值
}
```

运行效果:每一时刻只有一个灯亮,其他灭,并且左流水。

2. 中断方式

【案例设计】

LED的流水间隔与查询方式一样,使用定时/计数器0来实现。只是在判断串口发送标志TI时不在主程序中查询,而是放在串口中断处理函数中处理,其他与查询相同,运行效果也相同。

【案例实现】

核心代码如下:

```
/*------------------------主函数------------------------*/
main(){
    unsigned char i = 0;
    Init();
    while(1){
        if(flag == 1){
            SBUF = table[i++];
```

```
                if(i == 8)
                    i = 0;
                flag = 0;
            }
        }
}
void uart_int(void)interrupt 4 {
    if(TI == 1){                            //发送中断处理
        TI = 0;
    }
}
```

8.5.3 案例 8-2:双机通信单字符收发

本例要求实现双机的串口通信,一个发送一个接收,数据以单个字符为单位。

【案例分析】

本例可使用单片机与 PC 机之间进行串口通信,PC 机端可使用串口调试助手来与单片机通信。单片机端采用串口工作方式 1,使用定时/计数器 T1 作为波特率发生器,选择工作方式 2,设置波特率为 9 600 bit/s。

实物连线如图 8-20 所示,将 PC 的 USB 口通过数据线连接至单片机的 USB 供电、通信一体接口,再使用 USB 转串口芯片 CH340 将 USB 转换为串口与单片机通信。具体电路如图 8-21 所示。

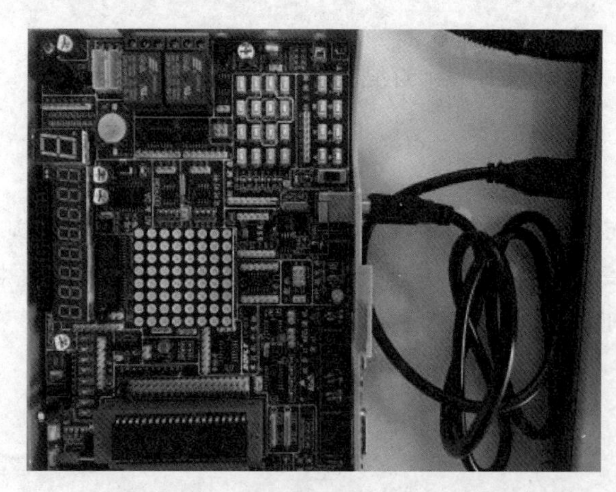

图 8-20 串口收发字符实物连线图

【案例设计】

程序采用中断方式处理串口数据收发标志,由于案例 8-1 中已经给出了查询方式处理串口收发标志,读者可根据上例自行完成。

对于单片机的通信程序,如果想查看最终的数据是否正确,则可以利用开发板上

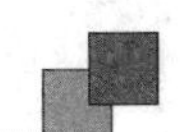

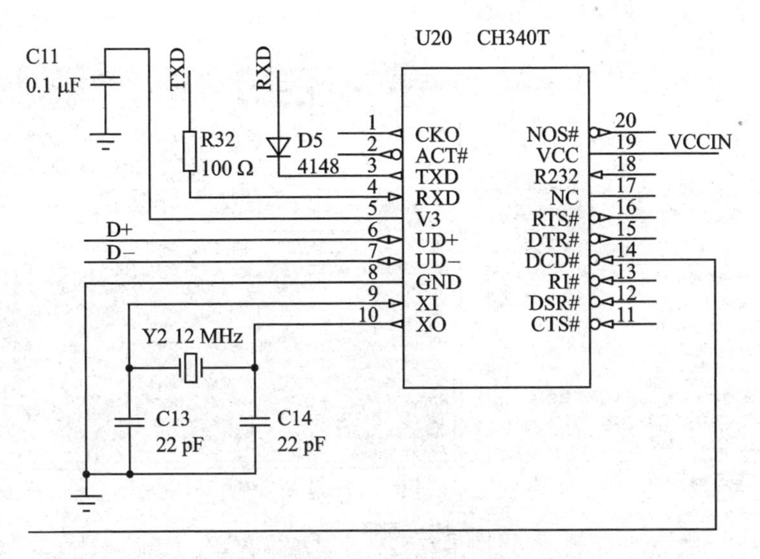

图 8-21 USB供电、通信一体接口电路图

的发光二极管、数码管或者液晶屏来观察，这就要求编程人员对上述资源非常熟悉。为了更直接地观察运行结果，本例双方通信过程采用PC端先发送字符，单片机接收后再发回给PC端，这样PC端可以利用串口调试助手观察结果是否正确。

【注意】串口调试助手

串口调试助手是一款通过计算机串口（包括USB口）收发数据并且显示的应用软件，一般用于计算机与嵌入式系统的通信，也可以是PC机之间的串行通信，用来调试串口通信或者系统的运行状态。也可以用于采集其他系统的数据，用于观察系统的运行情况。串口助手使用方便、灵活，界面友好。串口调试助手有很多，比如Accesport、友善串口调试助手，串口调试助手等，用户可根据开发情况自行选择合适的调试工具。本例使用程序下载软件STC-ISP中自带的串口调试工具，如图8-22所示。

选择"串口助手后"，默认界面如图8-23所示。

进行具体操作前，需要根据程序设置对串口属性进行设置，如串口名、波特率、校验位、停止位等；另外还要根据用户需求设置发送数据形式、接收数据显示形式（上面为接收缓冲区，下面为发送缓冲区）等。具体设置如图8-24所示。

设置好各项参数后，单击"打开串口"即可进行发送和接收操作。编程调试过程中，需要频繁烧写程序并观察串口通信，此时也可以选中"编程完成后自动打开串口"选项，这样每次下载完程序，串口调试助手会自动开始运行，不需要手动开启。

案例的中断处理函数流程如图8-25所示。

【案例实现】

核心代码如下：

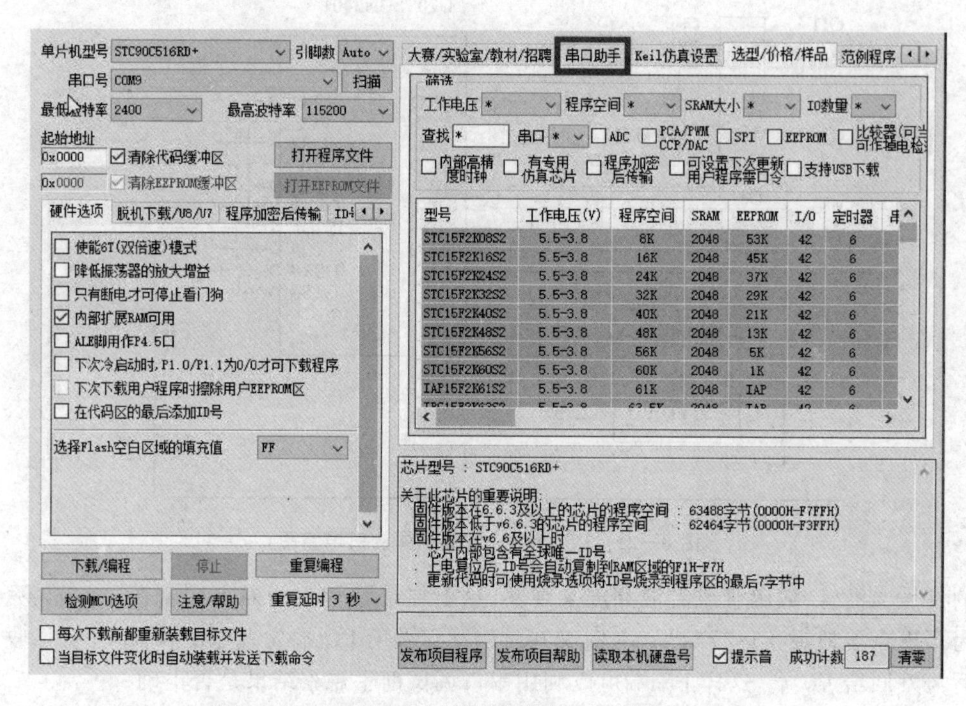

图 8－22　STC－ISP 下载程序自带串口调试助手界面

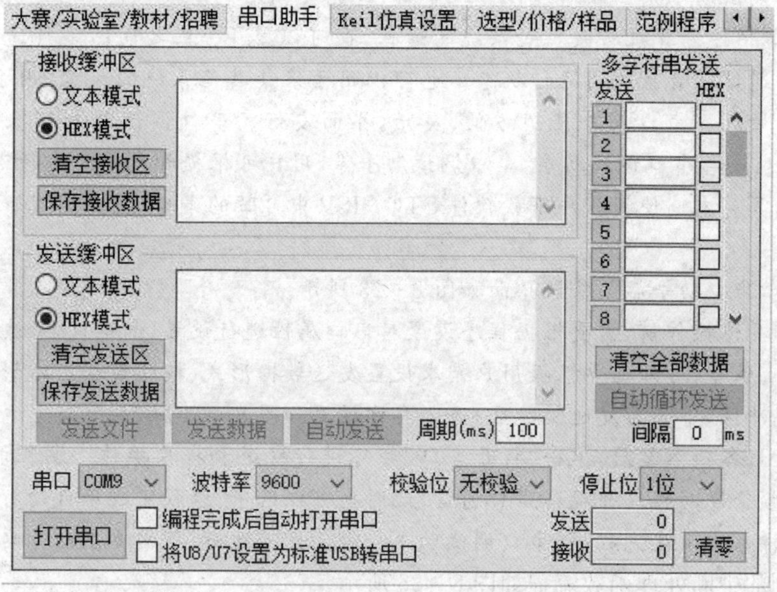

大赛/实验室/教材/招聘　串口助手　Keil仿真设置　选型/价格/样品　范例程序

接收缓冲区
文本模式
HEX模式
清空接收区
保存接收数据

发送缓冲区
文本模式
HEX模式
清空发送区
保存发送数据

发送文件　发送数据　自动发送　周期(ms) 100

多字符串发送
发送　HEX
1
2
3
4
5
6
7
8
清空全部数据
自动循环发送
间隔 0 ms

串口 COM9　波特率 9600　校验位 无校验　停止位 1位

打开串口　编程完成后自动打开串口　将U8/U7设置为标准USB转串口

发送 0
接收 0
清零

图 8－23　串口调试助手初始界面

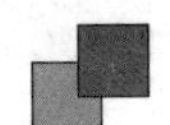

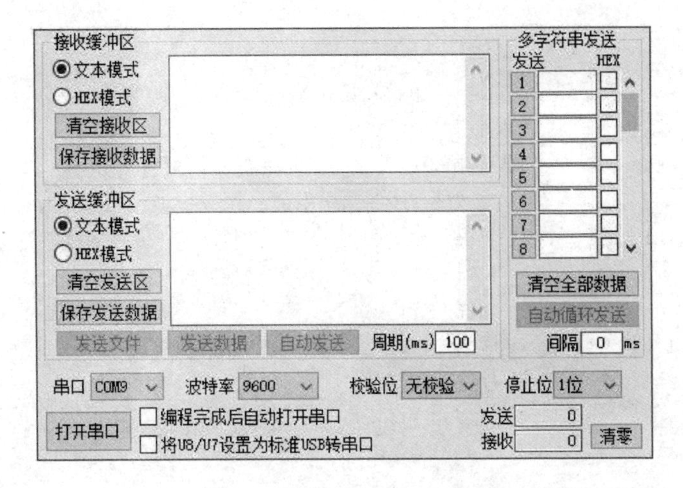

图 8-24　串口属性及参数设置

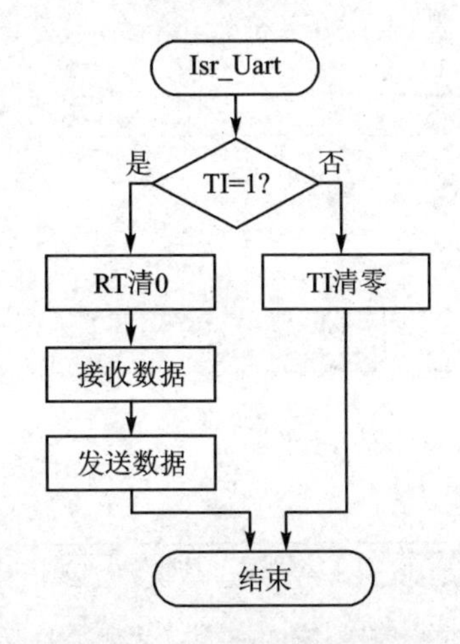

图 8-25　中断函数流程图

```
#define BAUDRATE 9600
#define SYSCLK 11059200
/* -------------------- 串口中断处理函数 --------------------*/
void Isr_Uart(void)interrupt 4 {
    unsigned char temp;
    if(TI == 1){                        //发送中断处理
            TI = 0;
    }
    else{                               //接收中断处理
            RI = 0;
            temp = SBUF;                //接收数据
            SBUF = temp;                //将接收数据马上发给 PC 端
```

```
    }
}
/*--------------------串口初始化函数--------------------*/
void Init_Uart(){
    TMOD = 0x20;        //启用定时器 1 方式 2:8 位自动重装载方式
    PCON = 0;           //设置 PCON 寄存器中的 SMOD = 0,即波特率不加倍
    TL1 = TH1 = 256 - SYSCLK/BAUDRATE/32/12;  //波特率为 9 600,根据公式计算定时器
                                              //初值
    SCON = 0x50;        //串口工作方式 1
    TR1 = 1;            //启动定时器 1 工作
    EA = 1;             //开总中断
    ES = 1;             //开串口中断
}
```

运行结果:通过 PC 端串口调试助手给单片机发送单个字符,在串口调试助手接收窗口会看见单片机接收并发回来的字符。运行结果截图如图 8-26 所示。

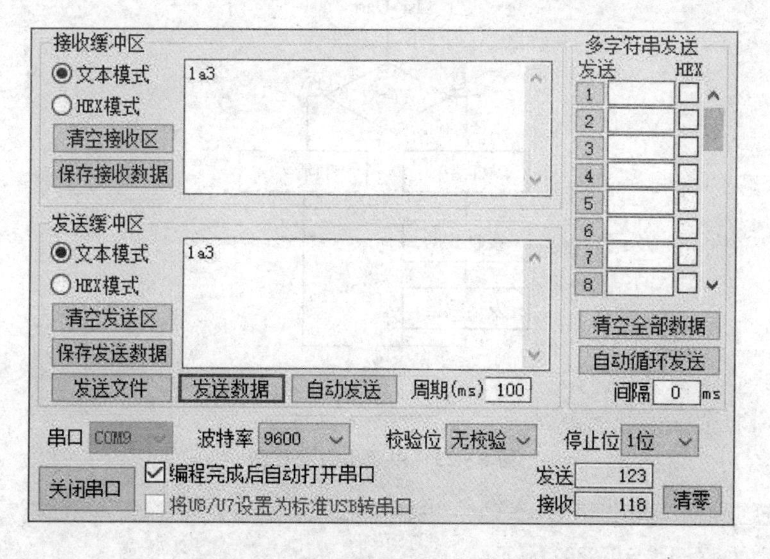

图 8-26 串口通信收发字符运行结果

8.5.4 拓展项目:字符串收发

【项目分析】

在案例 8-2 的基础上完成字符串的收发。通信模式与案例 8-2 相同,不同的是 PC 机发送的是一串字符,单片机串口中断处理函数在接收的时候需要接收完整的字符串,再把字符串发给 PC 机,在 PC 机端的串口调试助手中观察结果。为了说明串口的中断和查询方式的使用方法,项目中单片机接收数据时采用中断的方式,向 PC 机发送数据时采用查询方式来完成。

【项目设计】

项目中需要定义一个字符数组 str,用来存放接收和要发送的字符串;因为要在多个函数中使用,所以定义成全局的。还需要一个字符串用来标注是否接收完成的标志 flag,也需要是全局的,当字符串接收完毕,则将 flag 赋值,并通知主函数,将字符串再发回 PC 端。

根据项目的功能要求,需要编写如下几个函数:

① 串口初始化函数 Init_Uart():与案例 8-2 串口初始化设置相同。

② 串口中断处理函数 Isr_Uart():接收字符串,以字符串结束符'\0'为依据判断是否结束接收,并修改 flag 值,通知主程序发送字符串。

③ 发送字符串函数 SendStr(unsigned char *s):采用查询方式循环发出字符,完成字符串的发送。

上述函数的流程图如图 8-27 所示。

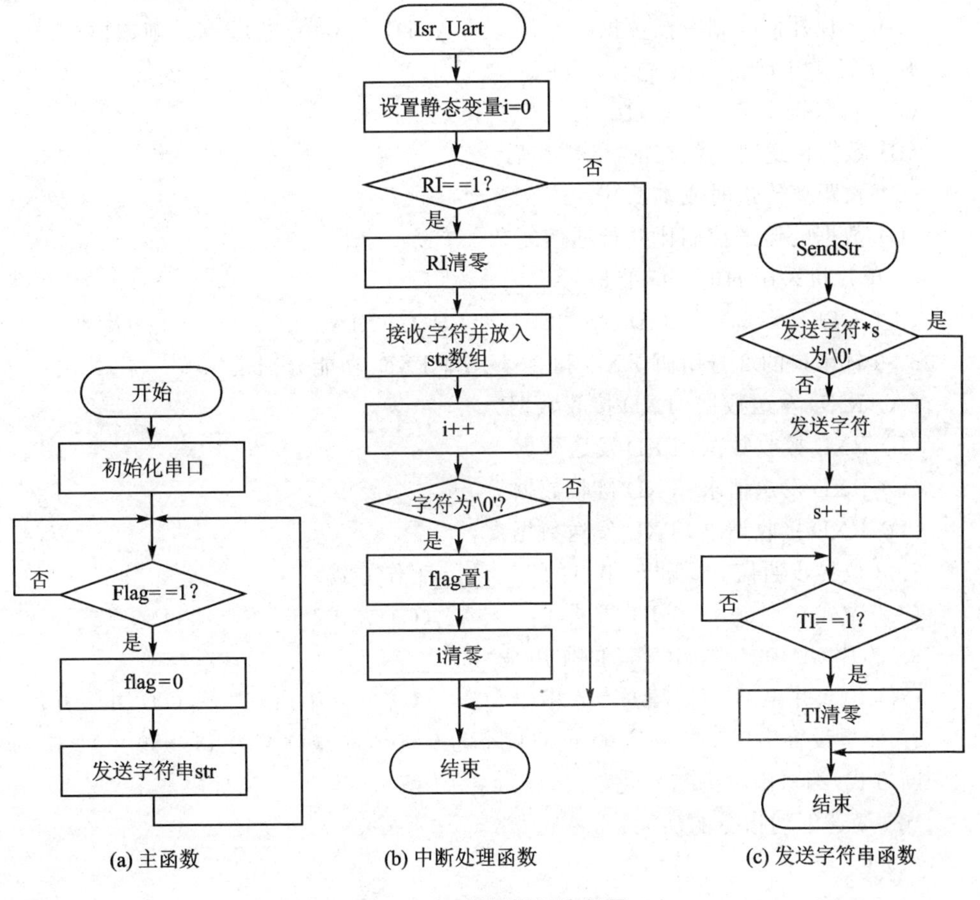

图 8-27 拓展项目流程图

读者可参照案例 8-2 的代码自行完成拓展项目的代码，并且可以在此项目基础上完成单片机接收到数据后将其显示在数码管上，观察结果。

8.6 练习题

1. MCS-51 单片机中，若通过串口传送数据，则只要将数据写入到________中，CPU 就会自动将数据传出。

(A) SMOD　　(B) SBUF　　(C) TCON　　(D) PCON

2. MCS-51 单片机使用串口进行数据通信，通常情况下数据传输的单位是________。

(A) 二进制位　　(B) 字节　　(C) 字　　(D) 帧

3. TI=1 表明串口已经完成的操作是________。

(A) 将一帧数据传送到片外　　(B) 将一帧数据送到 CPU

(C) 从片外接收到一帧数据　　(D) 从 CPU 接收到一帧数据

4. 下面关于串行通信描述错误的一项是________。

(A) 将数据字节分成一位一位的形式传送

(B) 数据传送时高位在前、低位在后

(C) 长距离传送时成本低

(D) 数据的传送控制比并行通信复杂

5. 单片机采用的电平标准是________。

(A) TTL　　(B) RS232　　(C) EIA　　(D) 其他

6. 9 针串口的 2 号引脚 RXD 和 3 号引脚 TXD，功能分别是________。

(A) RXD 发送数据，TXD 接收数据

(B) RXD 接收数据，TXD 发送数据

(C) RXD 发送请求，TXD 接收数据

(D) RXD 接收请求，TXD 发送数据

7. 8 位异步通信方式属于串口的________工作方式。

(A) 方式 0　　(B) 方式 1　　(C) 方式 2　　(D) 方式 3

8. 芯片 CD4094/74HC164 的作用是________。

(A) 串入并出　　(B) 串入串出　　(C) 并入串出　　(D) 并入并出

9. 如果设置串口工作在方式 1，波特率为 9 600，晶振频率为 11.059 2 MHz，使用中断方式，编写串口的初始化程序。

10. 简述下列指令的功能：

(1) EA=1;

(2) SBUF='A';

(3) while(!RI);

（4）TR1＝1；

（5）P2＝0x55；

（6）temp＝SBUF；

（7）ET0＝1；

（8）IT0＝1；

11. 编写程序实现通过串口发送字符串“string＊”。（查询方式或中断方式均可。）

第3篇
进阶功能篇

通过单片机内部资源的学习，读者已经初步掌握了如何通过程序控制单片机工作。但是，单片机具有的内部资源仅靠一片芯片是不能发挥其自身功能的，往往要配合多样化的外围模块才能形成一个完整的控制系统，从而展现出单片机的广泛应用。

本篇从外围模块扩展的角度进行讲解，共9章，包括简单的执行模块继电器、蜂鸣器、步进电机、直流电机和舵机；扩展了两种显示器件1602液晶屏和双色点阵屏，用于与单片机交互的数据进行处理的模数/数模转换模块，以及用于遥控的红外收发模块。

通过本篇的学习，读者将掌握单片机外围资源模块的基本应用，继续熟练开发工具的使用，并能综合运用C51语言进行单片机编程，为后续协议篇的学习打好基础。

- 继电器
- 蜂鸣器
- 步进电机
- 直流电机
- 舵机
- 1602液晶
- 双色点阵屏
- 模数/数模转换
- 红外收发

第9章 继电器

9.1 什么是继电器

继电器(Relay)是一种电子控制器件,是当输入量(激励量)的变化达到规定要求时,在电气输出电路中使被控量发生预定的阶跃变化的一种电器。它具有控制系统(又称输入回路)和被控制系统(又称输出回路)之间的互动关系。通常应用于自动控制电路中,它实际上是用小电流去控制大电流运作的一种“自动开关”,故在电路中起着自动调节、安全保护、转换电路等作用。

继电器分类:

1) 动合型(常开、H型)

线圈不通电时两触点是断开的,通电后两个触点就闭合。以合字的拼音字头“H”表示。

2) 动断型(常闭、D型)

线圈不通电时两触点是闭合的,通电后两个触点就断开。用断字的拼音字头“D”表示。

3) 转换型(Z型):触点组型

这种触点组共有3个触点,即中间是动触点,上下各一个静触点。线圈不通电时,动触点和其中一个静触点断开和另一个闭合;线圈通电后,动触点移动,使原来断开的成闭合、原来闭合的成断开状态,从而达到转换的目的。这样的触点组称为转换触点。用“转”字的拼音字头“Z”表示。

各种常用继电器如图9-1所示。

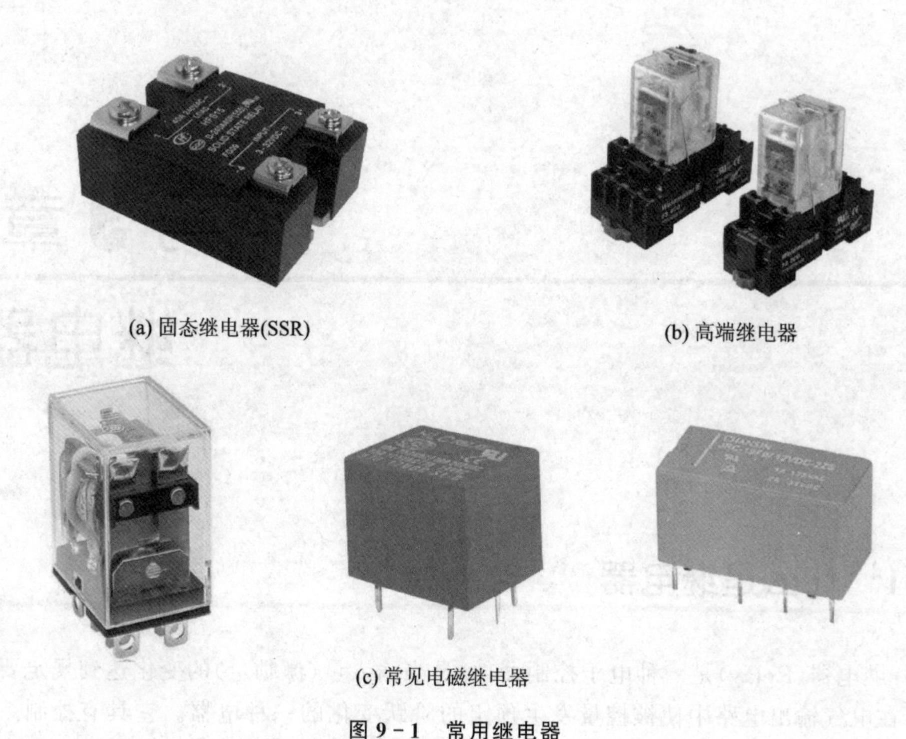

(a) 固态继电器(SSR)

(b) 高端继电器

(c) 常见电磁继电器

图 9－1　常用继电器

9.2　继电器的结构及工作原理

继电器一般都有能反映一定输入变量(如电流、电压、功率、阻抗、频率、温度、压力、速度、光等)的感应机构(输入部分);有能对被控电路实现“通”、“断”控制的执行机构(输出部分);在继电器的输入部分和输出部分之间,还有对输入量进行耦合隔离、功能处理和对输出部分进行驱动的中间机构(驱动部分)。

电磁式继电器一般由铁芯、线圈、衔铁、触点簧片等组成,如图 9－2 所示,其中 1 和 2 是线圈、3 是动触点、4 是常闭触点、5 是常开触点。

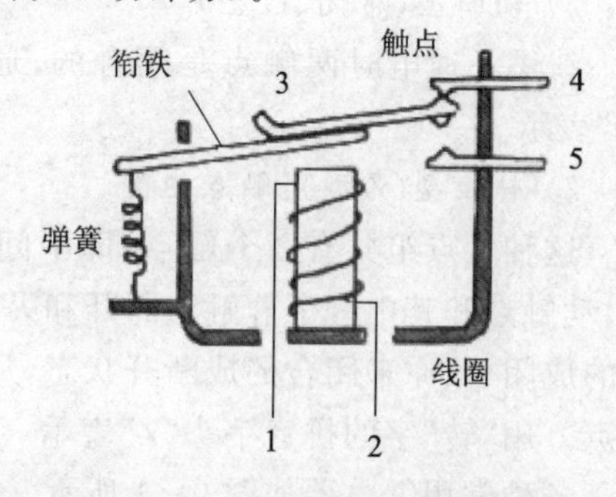

图 9－2　小功率继电器结构原理图

只要在线圈两端加上一定的电压,线圈中就会流过一定的电流,从而产生电磁效应,衔铁就会在电磁力吸引的作用下克服返回弹簧的拉力吸向铁芯,从而带动衔铁的动触点与静触点(常开触点)吸合。当线圈断电后,电磁的吸力也随之消失,衔铁就会在弹簧的反作用力下返回原来的位置,使动触点与原来的静触点(常闭触点)吸合。这样吸合、释放,从而达到了在电路

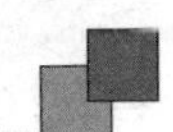

中的导通、切断的目的。对于继电器的“常开、常闭”触点，可以这样来区分：继电器线圈未通电时处于断开状态的静触点，称为“常开触点”；处于接通状态的静触点称为“常闭触点”。电磁继电器动作原理如图 9－3 所示。

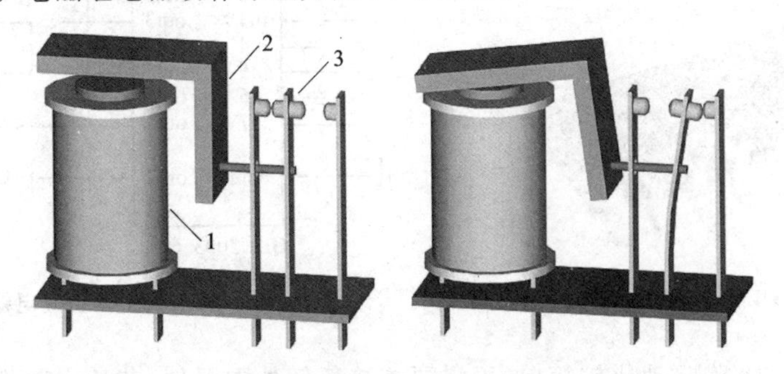

图 9－3　电磁继电器动作原理

开发板只有 5 V 电源，如果需要控制 220 V 的电压设备，最简单的方式就是通过继电器来控制外设。继电器具有电隔离，从而可以保证操作安全性。

9.3　继电器的驱动电路

继电器驱动电流一般需要 20～40 mA 或更大，线圈电阻 100～200 Ω，因此要加驱动电路。一般常用的驱动方式有三极管驱动和集成电路驱动两种。

1. 三极管驱动

如图 9－4 所示，三极管基极高电平，三极管 Q 导通，继电器线圈两端加载电源电压，线圈有电流流过，继电器吸合；反之三极管截止，电压消失，继电器释放。二极管 D 是续流电阻，由于继电器的线圈是一个大电感，电感中的电流是不能突变的，三极管截止的瞬间相当于开关关闭，电感中的电路不能马上为 0，电流没有回流方向，会在三极管的集电极聚集产生高电压，容易造成三极管击穿损坏，故需要保证在关断瞬间提供电流回流通路，以确保三极管安全。此二极管称为续流二极管。

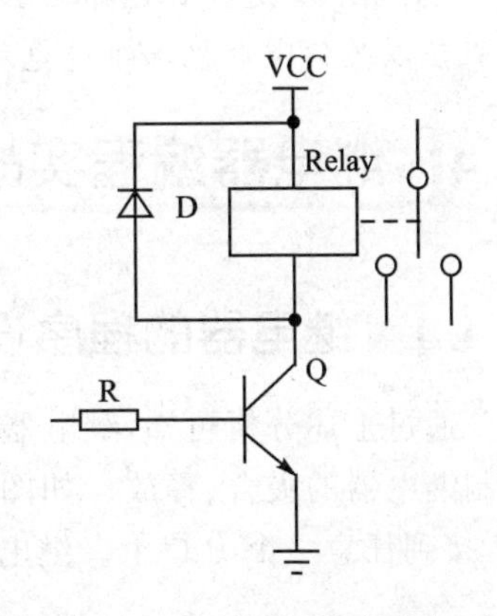

图 9－4　三极管驱动继电器电路图

2. 集成电路 ULN2003 驱动

ULN2003 是高耐压、大电流达林顿系列，由 7 个硅 NPN 达林顿管组成，因此最多可以支持 7 路驱动。作为大电流驱动阵列，经常用于显示驱动、继电器驱动、照明灯驱动、电磁阀驱动、伺服电机/步进电机驱动等电路中。ULN2003 芯片封装如图 9－5 所示，驱动电路如图 9－6 所示。

图 9-5　ULN2003 芯片封装

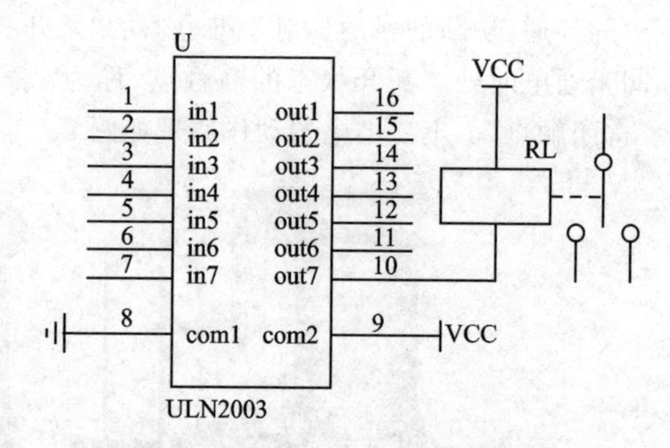

图 9-6　ULN2003 驱动继电器电路图

使用集成电路驱动比较简单，不需要连接任何外围器件，芯片内部集成了续流二极管功能和驱动放大功能。图 9-6 使用第 7 路驱动，因为 ULN2003 是一个非门电路，输入端 in7 给定高电平时，对应的 out7 输出则是低电平，此时继电器两端加上电源电压，继电器通电吸合。

【注意】ULN2003 集成达林顿 IC

由于 51 单片机的驱动能力很弱，在一些常用电路中，单片机不能提供足够大的电流供外部元器件使用，比如对于继电器、蜂鸣器、步进电机等；单片机自身输出的电流较小，需要驱动电路产生较大电流，所以需要外加驱动电路。常用的驱动方式就是达林顿管方式。

ULN2003 是一种达林顿 IC，经常作为显示驱动、继电器驱动、照明灯驱动、电磁阀驱动以及伺服电机和步进电机的驱动。

9.4　继电器编程实战

9.4.1　继电器的程序设计流程

通过上述分析可知，继电器的控制和 LED 控制完全相同，只需要高低电平即可控制继电器的吸合、释放。如图 9-6 所示，由 ULN2003 的 out7 口驱动，将对应的 in7 接到任意一个 P 口上。继电器控制的程序设计流程如图 9-7 所示。

9.4.2　案例 9-1：继电器状态切换及 LED 显示

【案例分析】

由于开发板上继电器的输出端是空，通过单片机控制继电器动作后看不到效果，所以，当单片机控制继电器动作时，同时控制一个 LED 的亮灭用来指示继电器的状态。继电器吸合 LED 点亮；继电器释放，LED 熄灭。继电器状态切换的时间间隔采用软件延时。

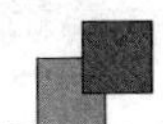

【案例设计】

程序设计流程如图 9-8 所示。

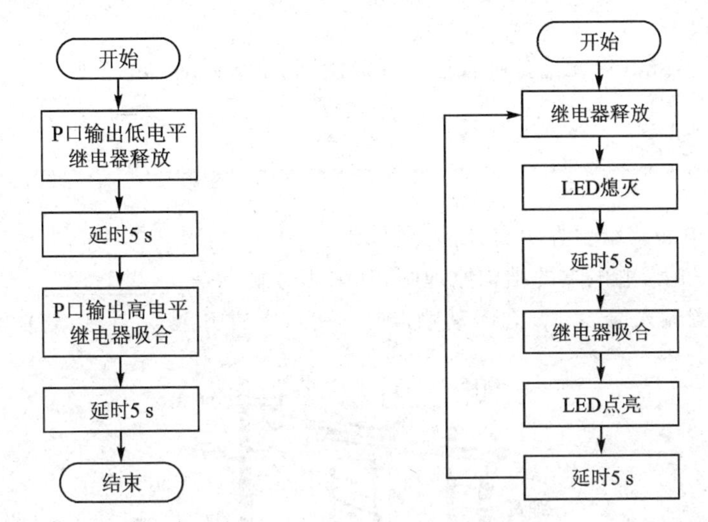

图 9-7　继电器控制流程图　　图 9-8　继电器状态切换及 LED 显示控制流程图

电路连线如表 9-1 所列。

表 9-1　继电器电路连线表

单片机 I/O 口	模块接口	杜邦线数量	功　能
P1.0	J9(LED1)	1	发光二极管 LED1
P1.1	J42(RL1)	1	继电器 RL1

【案例实现】

核心代码如下：

```
#include <reg52.h>                     //包含头文件
//位变量声明
sbit LED = P1^0;                       //发光二极管
sbit ReLay1 = P1^1;                    //继电器
/*-------------------- 主函数 ------------------------*/
void main(void){
    while(1){                          //主循环
        ReLay1 = 0;                    //继电器释放
        LED = 1;                       //LED 熄灭
        DelayMs(5000);                 //延时 5 s

        ReLay1 = 1;                    //继电器吸合
        LED = 0;                       //LED 点亮
```

```
        DelayMs(5000);          //延时 5 s
    }
}
```

现象说明:继电器无论是吸合还是释放瞬间,都会听到“咔”声响。

9.5 练习题

1. 简述电磁式继电器由哪几部分组成。

2. 图 9-9 为继电器的结构原理图,其中 4 号触点是________。

(A) 线圈输入端　　(B) 动触点　　(C) 常开触点　　(D) 常闭触点

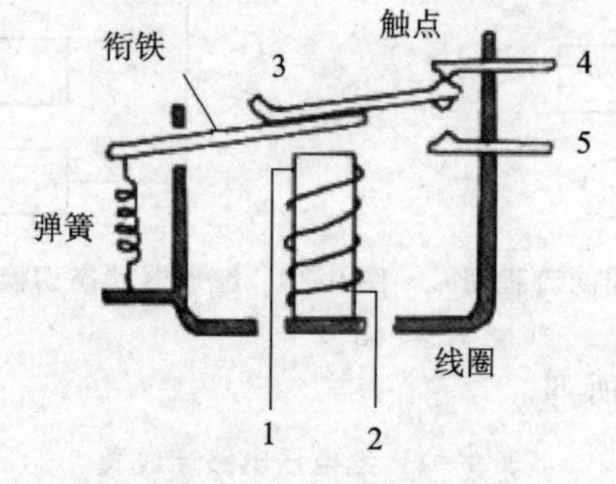

图 9-9　习题 2 附图

3. 继电器未通电状态下,与公共触点断开的那一端叫________。

(A) 线圈输入端　　(B) 动触点　　(C) 常开触点　　(D) 常闭触点

4. 继电器工作一般需要较大的电流,因此需要外加驱动电路,常用的驱动方式有哪些?

第10章 蜂鸣器

10.1 什么是蜂鸣器

蜂鸣器是一种一体化结构的电子讯响器，采用直流电压供电，广泛应用于计算机、打印机、复印机、报警器、电子玩具、汽车电子设备、电话机、定时器等电子产品中作发声器件。蜂鸣器主要分为压电式蜂鸣器和电磁式蜂鸣器两种类型。蜂鸣器在电路中用字母 H 或 HA(旧标准用 FM、ZZG、LB、JD 等)表示。蜂鸣器实物如图 10－1 所示。

(a) 压电式蜂鸣器

(b) 电磁式蜂鸣器

图 10－1　蜂鸣器实物图

10.2 蜂鸣器的结构原理

1. 压电式蜂鸣器

压电式蜂鸣器主要由多谐振荡器、压电蜂鸣片、阻抗匹配器及共鸣箱、外壳等组成。有的压电式蜂鸣器外壳上还装有发光二极管。多谐振荡器由晶体管或集成电路构成。当接通电源后(1.5～15 V 直流工作电压)，多谐振荡器起振，输出 1.5～2.5 kHz 的音频信号，阻抗匹配器推动压电蜂鸣片发声。

2. 电磁式蜂鸣器

电磁式蜂鸣器由振荡器、电磁线圈、磁铁、振动膜片及外壳等组成。接通电源后，振荡器产生的音频信号电流通过电磁线圈，使电磁线圈产生磁场。振动膜片在电磁线圈和磁铁的相互作用下，周期性地振动发声。

压电式蜂鸣器和电磁式蜂鸣器又各有两种结构：有源型和无源型。

【注意】有源蜂鸣器和无源蜂鸣器的区别？

注意，这里的"源"不是指电源，而是指振荡源。也就是说，有源蜂鸣器内部带振荡源，所以只要一通电就会叫；而无源蜂鸣器内部不带振荡源，所以用直流信号驱动无法令其鸣叫，必须用 2～5 kHz 的方波信号去驱动它。有源蜂鸣器往往比无源的贵，就是因为里面多了个振荡电路。

无论是有源型还是无源型，通过单片机控制驱动信号都可以发出不同音调的声音。驱动方波的频率越高，音调就越高；驱动方波的频率越低，音调也就越低。驱动方波如图 10-2 所示，可以通过调节方波的频率，让蜂鸣器演奏出各种音调的乐曲。

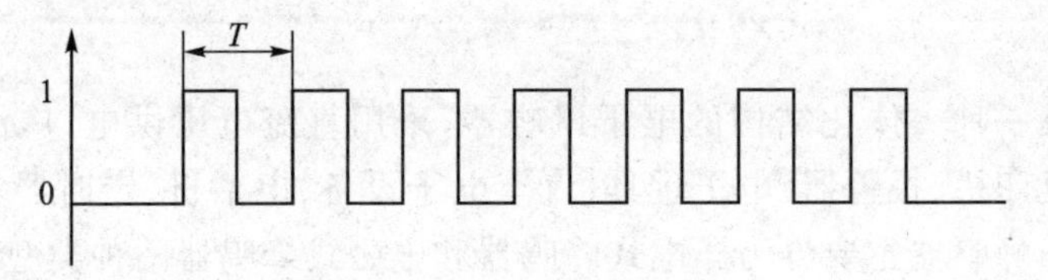

图 10-2　蜂鸣器驱动波形图

10.3　蜂鸣器的驱动电路

蜂鸣器的工作电流一般比较大，以至于单片机的 I/O 口无法直接驱动，所以要利用放大电路来驱动。同继电器一样，一般常用的驱动方式也有三极管驱动和集成电路驱动两种，如图 10-3 所示。

1. 三极管驱动(如图 10-3(a)所示)

对于有源蜂鸣器：三极管基极的高电平使三极管饱和导通，使蜂鸣器发声；而基极低电平则使三极管关闭，蜂鸣器停止发声；对于无源蜂鸣器：通过 P 口输出方波信号，从而控制蜂鸣器发声。

2. 集成电路 ULN2003 驱动(如图 10-3(b)所示)

由于 ULN2003 是一个非门电路，输入端 in1 给定高电平时，对应的 out1 输出为低电平，蜂鸣器发声；反之，则蜂鸣器不发声。对于无源蜂鸣器，同样需要控制 in1 端的方波信号实现蜂鸣器控制。

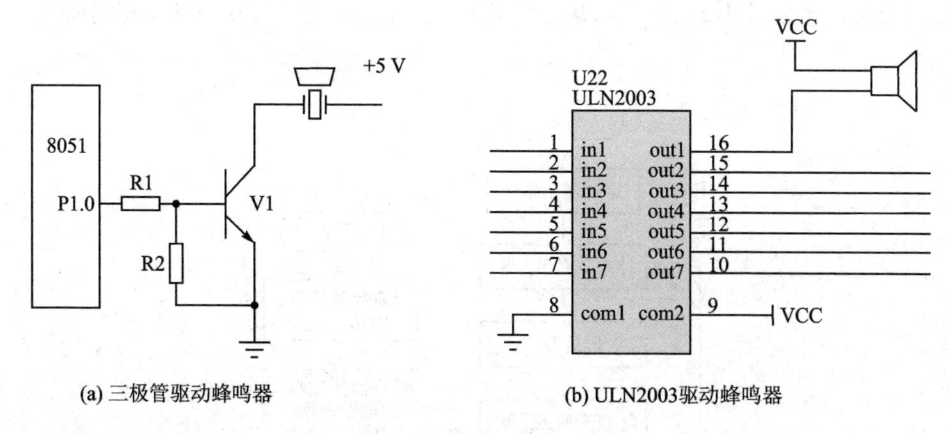

(a) 三极管驱动蜂鸣器　　(b) ULN2003驱动蜂鸣器

图 10 - 3　蜂鸣器驱动电路

10.4　蜂鸣器编程实战

10.4.1　蜂鸣器的程序设计流程

开发板上的蜂鸣器是无源蜂鸣器，需要方波来控制其发声。如图 10 - 3(b)所示，由 ULN2003 的 out1 口驱动，将对应的 in1 接到任意一个 P 口上。蜂鸣器控制的程序设计流程如图 10 - 4 所示。

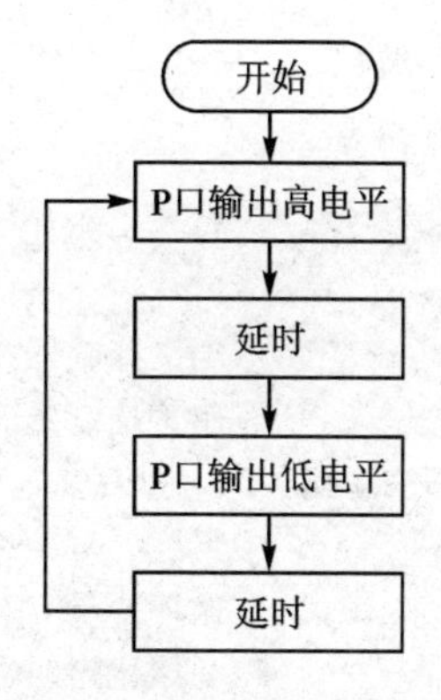

图 10 - 4　无源蜂鸣器发声控制流程图

10.4.2　案例 10 - 1：蜂鸣器模拟救护车声音

【案例分析】

救护车声音是由两种频率不断交替发声形成的。

【案例设计】

程序中通过修改定时器的计数值产生两种频率的方波，这两种频率的方波交替

执行，即可产生两种声调的声音，从而模拟出救护车的声音。程序设计流程如图 10－5 所示。

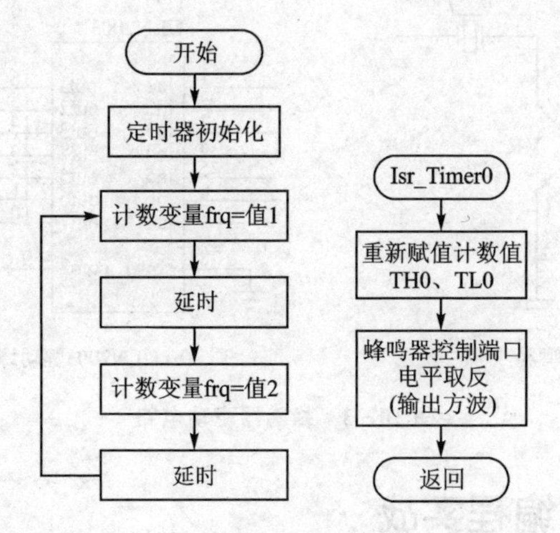

图 10－5　模拟救护车程序设计流程图

电路连线如表 10－1 所列。

表 10－1　蜂鸣器模块电路连线表

单片机 I/O 口	模块接口	杜邦线数量	功　能
P1.2	J42(B1)	1	蜂鸣器 B1

【案例实现】

核心代码如下：

```
#include <reg52.h>                          //包含头文件
//位变量声明
sbit BEEP = P1^2;                           //定义蜂鸣器
unsigned char frq;                          //用于控制定时器计数值
/*-------------------- 主函数 ------------------------*/
void main(void){
    unsigned char i;                        //循环变量
    Init_Timer0();                          //初始化定时器

    while(1){
        frq = 0;
        for(i = 0;i<60;i++){                //播放 1 s 左右一种频率
            DelayMs(10);
        }
        frq = 100;
        for(i = 0;i<60;i++){                //播放 1 s 左右另外一种频率
```

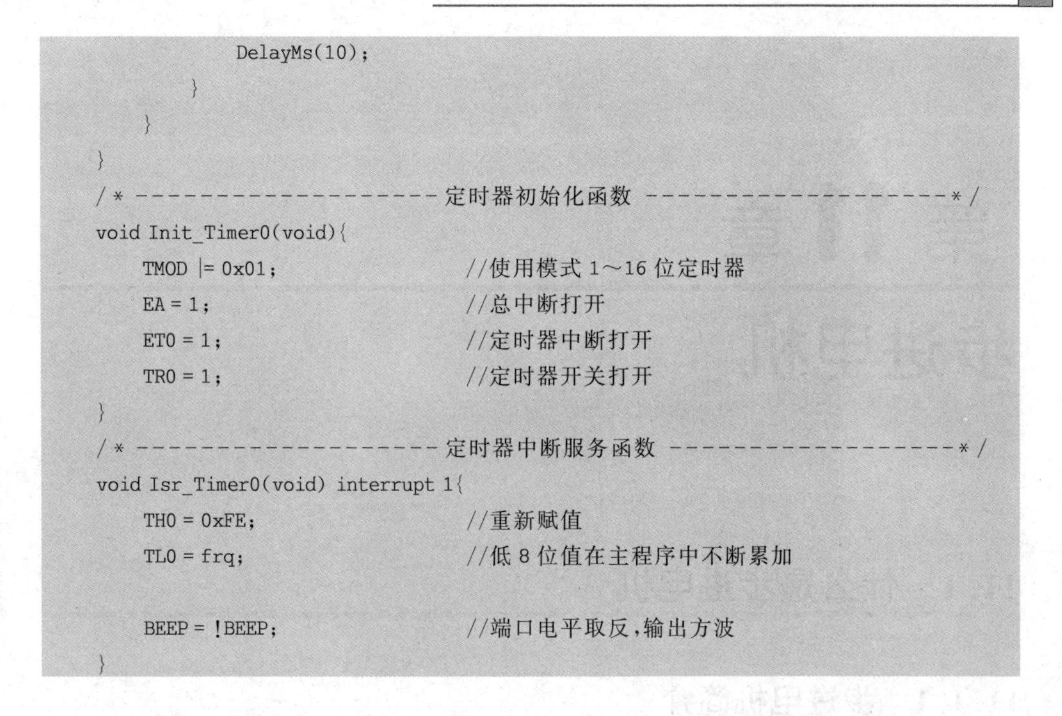

```
            DelayMs(10);
        }
    }
}
/*--------------------定时器初始化函数--------------------*/
void Init_Timer0(void){
    TMOD |= 0x01;                    //使用模式 1～16 位定时器
    EA = 1;                          //总中断打开
    ET0 = 1;                         //定时器中断打开
    TR0 = 1;                         //定时器开关打开
}
/*--------------------定时器中断服务函数--------------------*/
void Isr_Timer0(void) interrupt 1{
    TH0 = 0xFE;                      //重新赋值
    TL0 = frq;                       //低 8 位值在主程序中不断累加

    BEEP = !BEEP;                    //端口电平取反,输出方波
}
```

10.5　练习题

1. 蜂鸣器的分类有哪些？分别是什么？

2. 以下蜂鸣器一通电就会发声的是________。

(A) 有源蜂鸣器　　(B) 无源蜂鸣器　　(C) 压电式蜂鸣器　　(D) 电磁式蜂鸣器

3. 无源蜂鸣器要想发出声音,需要如何驱动？

4. 蜂鸣器的工作电流一般比较大,单片机的 I/O 口无法直接驱动,需要如何处理？

5. LY-51S 开发板板载的是无源蜂鸣器,如何控制使其发出类似警车、消防车等的声音？

第 11 章 步进电机

11.1 什么是步进电机

11.1.1 步进电机简介

步进电机是将电脉冲信号转换为角位移或线位移的开环控制元件。步进电机控制系统由步进电机控制器、步进电机驱动器、步进电机三部分组成。步进电机控制器是指挥中心，它发出信号脉冲给步进电机驱动器，而步进电机驱动器把接收到的信号脉冲转化为电脉冲，驱动步进电机转动；控制器每发出一个信号脉冲，步进电机就旋转一个角度（称为步距角），它的旋转是以固定的角度一步一步运行的。控制器可以通过控制脉冲数量来控制步进电机的旋转角度，从而准确定位。通过控制脉冲频率精确控制步进电机的旋转速度。在非超载情况下，电机的转速、停止的位置只取决于脉冲信号的频率和脉冲数，而不受负载变化的影响。图 11－1 为步进电机控制系统示意图。

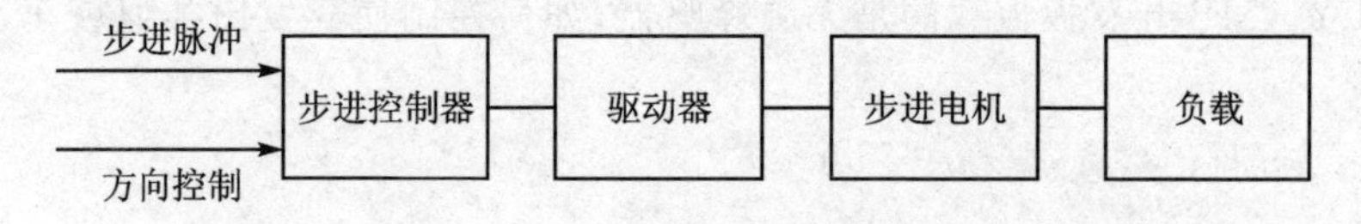

图 11－1 步进电机控制系统结构图

图 11－1 中步进控制器的作用是把输入脉冲转换成环形脉冲，以控制步进电机的转向；驱动器即是功率放大器，其作用是把环形脉冲放大，以驱动步进电机转动。具体步进电机与单片机的连接如图 11－2 所示。

步进电机应用广泛，因其结构简单、可靠性高和成本低、没有累积误差，所以广泛应用在生产实践的各个领域，尤其是在数控机床制造领域。由于步进电机不需要 A/D

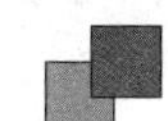

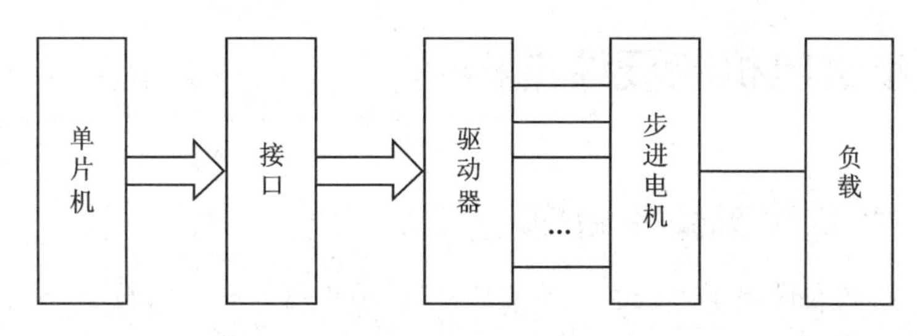

图 11－2　单片机与步进电机连接结构图

转换，能够直接将数字脉冲信号转化成为角位移，所以一直被认为是最理想的数控机床执行元件；在其他领域也有很多应用，如打印机、绘图仪等。

11.1.2　步进电机分类

按照不同角度，步进电机有不同的分类。

① 步进电机从其结构形式上可分为反应式、永磁式、混合式步进电机，图 11－3 为各种步进电机图片。

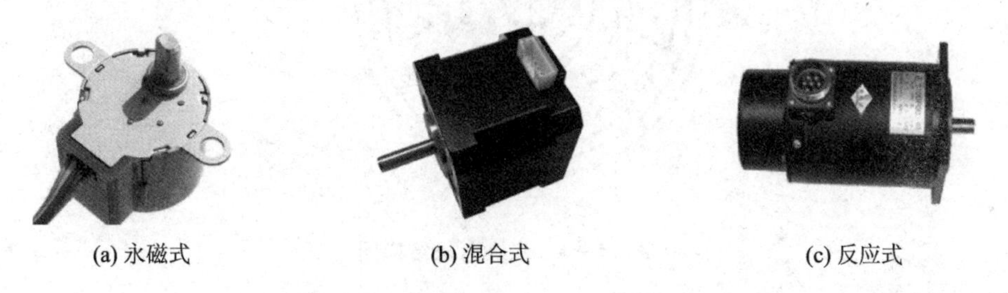

(a) 永磁式　(b) 混合式　(c) 反应式

图 11－3　各种常用类型步进电机图片

反应式步进电机（Variable Reluctance，VR），是一种传统的步进电机，由磁性转子铁芯通过与由定子产生的脉冲电磁场相互作用而产生转动。其工作原理比较简单，转子上均匀分布着很多小齿，定子齿有 3 个励磁绕阻，其几何轴线依次分别与转子齿轴线错开。电机的位置、速度由导电次数（脉冲数）、频率成一一对应关系，而方向由导电顺序决定。

永磁式步进电机（Permanent Magnet，PM），是由磁性转子铁芯通过与由定子产生的脉冲电磁场相互作用而产生转动的一种设备。一般为两相，转矩和体积较小，步距角一般为 7.5°或 15°；对 7.5°步距角而言，典型的极数为 24。电机里有转子和定子两部分，可以是定子是线圈，转子是永磁铁；也可以是定子是永磁铁，转子是线圈。

混合式步（Hybrid Stepping，HS）是指混合了永磁式和反应式的优点。它又分为两相、三相和五相，两相步距角一般为 1.8°，而五相步距角一般为 0.72°。混合式步进电机随着相数（通电绕组数）的增加，步距角减小，精度提高，这种步进电机的应用最为广泛。

② 按励磁相数分为二、三、五相等。

11.2 步进电机的硬件结构

11.2.1 步进电机硬件结构

步进电机的硬件除了外壳和一些支撑件外，最重要的是它的转子、定子和定子绕阻。转子是永久磁铁，上面有许多齿轮；定子有绕圈，定子具有均匀分布的两个磁极，磁极上绕有绕阻，两个相对的磁极组成一相。绕阻有若干组，三相步进电机有A、B、C这3个绕阻。图11-4为三相的步进电机横截面图。

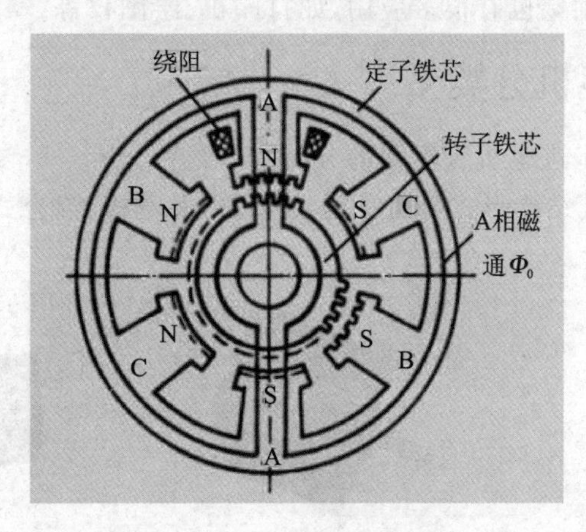

图11-4 步进电机结构图

11.2.2 步进电机术语解释

(1) 步距角

控制系统每给出一个步进脉冲信号电机所转动的角度称为步距角，它与控制绕阻的相数、转子齿数和通电方式有关。步距角越小，运转的平稳性越好。如对于步距角为1.8°的步进电机(小电机)，转一圈所用的脉冲数为$n=360/1.8=200$个。

(2) 相 数

电机内部的线圈组数，目前常用的有二相、三相、四相和五相步进电机。相数不同，电机的步距角也不同，一般二相电机的步距角为0.9/1.8(半步工作时为0.9°，整步工作时为1.8°)，三相步距角为0.75°/1.5°，四相步距角为0.36°/0.72°。

(3) 齿间距

转子上每个小齿之间的距离叫齿间距。

(4) 拍 数

拍数指的是电机运行时每转一个齿距所需要的脉冲数。

例如：2相4线步进电机，相数是2，转子齿数是50，步距角是1.8°，则每一个转

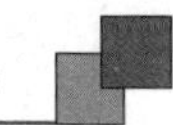

子齿距为 360/50＝7.2，拍数为 7.2/1.8＝4 拍。

例如：2 相 4 线步进电机，相数是 2，转子齿数是 100，步距角是 0.9°，则每一个转子齿距为 360/100＝3.6，拍数为 3.6/0.9＝4 拍。

11.2.3 步进电机的转动原理

步进电机的转动就是通过对定子线圈激磁后将临近转子上相异磁极吸引过来实现的，因此线圈排列的顺序以及激磁信号的顺序就很重要。

以三相步进电机为例来介绍其转动原理。三相步进电机通电后的状态如图 11－5 所示。

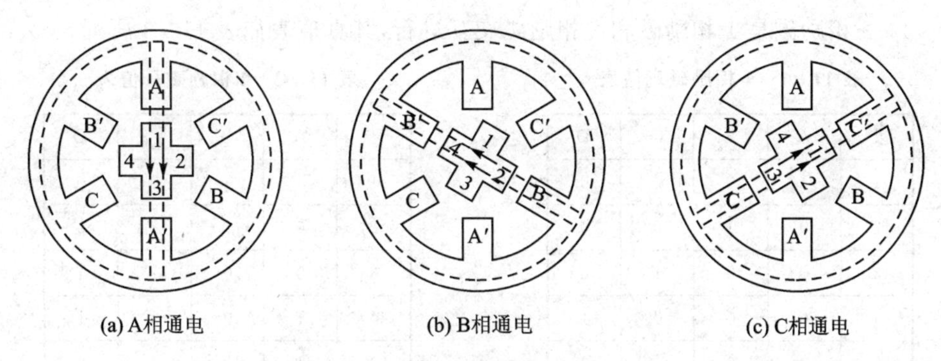

图 11－5 三相电机通电状态示意图

以最简单的通电规则来说明电机转动原理，即每一时刻只有一相线圈通电。如图 11－5 中的 A 相通电，A 方向的磁通经转子形成闭合回路。若转子和磁场轴线方向原有一定角度，则在磁场的作用下，转子被磁化，吸引转子，而转子的位置力图使通电相磁路的磁阻最小，从而使转、定子的齿对齐停止转动，这样就使转子 1、3 齿和 AA′对齐。接下来再断开 A 相通电，使 B 相通电。同样的道理会使转子 2、4 齿与 BB′对齐，如图 11－5 中的 B 相通电，接着再让 C 相通电，使转子 3、1 齿与 CC′对齐。这样经过三拍后，转子按照顺时针方向转过了一定角度。

按照通电的顺序 A→B→C→A，转子就会按照顺时针方向转动；反之，如通电顺序为 A→C→B→A，则转子就会逆时针方向转动。每来一个脉冲，转子转 30°，即步距角为 30°，其齿间距为 90°，这样拍数为 90/30＝3 拍，即每相线圈通电一次完成一个循环，所以称为三相单三拍。

11.3 步进电机的驱动方式

上面的原理介绍是以非常简单的电机结构为例的，实际应用中步进电机的步距角很小，比如 1.5°和 3°，定子和转子也都是做成多齿的（定子上的齿宽和齿槽与转子的相同）。而且驱动方式也不单单上面说的单相通电这一种，还可以两相同时通电，或者一相通电和两相通电交互进行，下面来介绍其他驱动方式。

(1) 1相励磁

1相励磁就是任何时间，只有一组线圈通电产生磁力，其他线圈休息，就是11.2.3小节中讲述的方式；这种方式产生的力矩较小，但是是最简单的一种方式。其信号编码如表11-1所列。表中1代表该线圈通电，0代表不通电。

(2) 2相励磁

2相励磁是任何时间有两组线圈同时通电，所产生的力矩比1相励磁大。其信号编码如表11-2所示。

(3) 1-2相励磁

1-2相励磁是1相励磁和2相励磁交互进行，其真值表如表11-3所列。

表11-1　1相励磁真值表

步	A	B	C	D
1	1	0	0	0
2	0	1	0	0
3	0	0	1	0
4	0	0	0	1
5	1	0	0	0

表11-2　2相励磁真值表

步	A	B	C	D
1	1	1	0	0
2	0	1	1	0
3	0	0	1	1
4	1	0	0	1
5	1	1	0	0

表11-3　1-2相励磁真值表

步	A	B	C	D
1	1	0	0	0
2	1	1	0	0
3	0	1	0	0
4	0	1	1	0
5	0	0	1	0
6	0	0	1	1
7	0	0	0	1
8	1	0	0	1
9	1	0	0	0

编程时，可以把这些表格中的编码放入数组中，再依次从数组中读出，中间经过一小段延迟，让步进电机有足够时间完成磁场建立和转动。若要反方向转动，则只须反向读数组即可。

11.4　步进电机控制编程实战

11.4.1　步进电机的程序设计

步进电机的程序设计核心是确定电机的方向和速度。图 11－2 中提到过步进电机的运行需要有脉冲分配的功率型电子装置进行驱动，这种装置就是步进电机驱动器。它通过接收控制系统发出的脉冲信号，按照步进电机的结构特点，顺序分配脉冲，从而实现控制角位移、旋转速度、旋转方向等。步进电机驱动器必须要与步进电机型号匹配。接下来的编程实战使用的是 28BYJ－48 步进电机，使用 ULN2003 驱动芯片，电路图如图 11－6 所示。

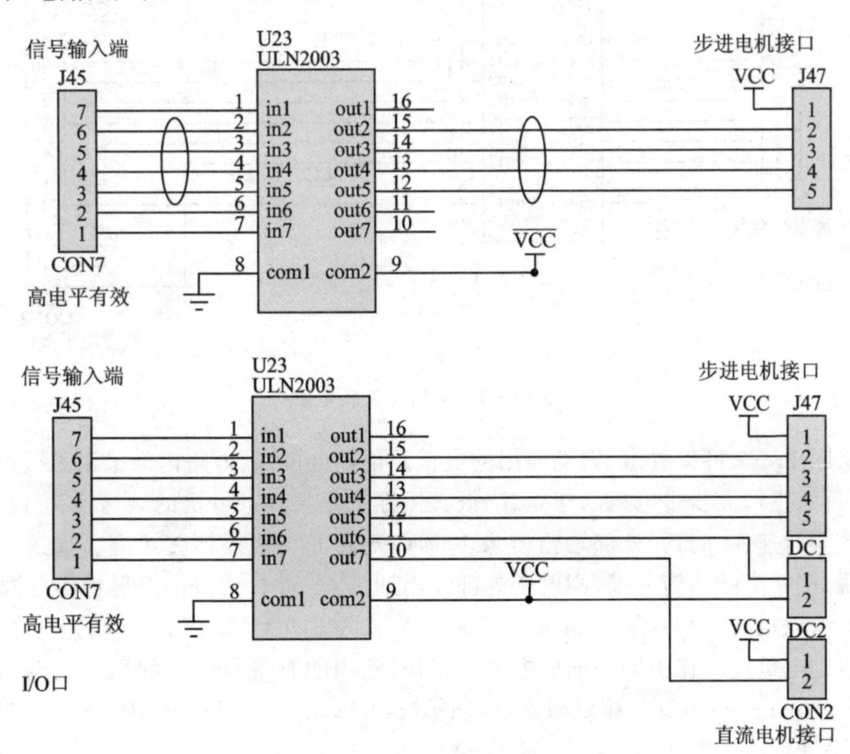

图 11－6　步进电机驱动电路

电路连线如表 11－4 所列。

表 11－4　步进电机电路连线表

单片机 I/O 口	模块接口	杜邦线数量	功　能
P1.0～P1.3	J42(a、b、c、d)	4	J44 步进电机

11.4.2 案例 11－1:电机正转反转

案例要求电机正转一周再反转一周。

【案例分析】

本例的核心问题是确定所使用的步进电机的步距角、励磁、拍数,以便确定电机转动一周需要多少个脉冲变换。

案例使用的步进电机型号为 28BYJ－48,永磁式减速步进电机,其中,28 代表电机直径为 28 mm,B 代表步进电机,Y 代表永磁式,J 代表内有减速箱,48 代表 4 相 8 拍。

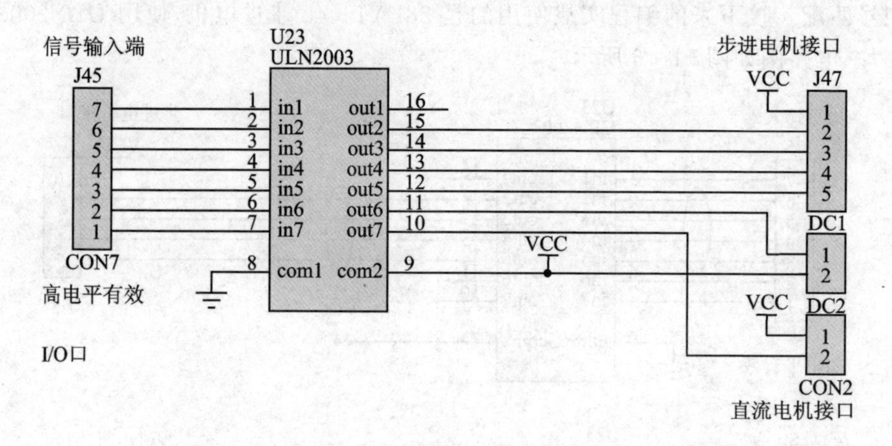

图 11－7 电机正反转电路

从图 11－7 可以看出,案例使用的电机是偏轴电机,其电路内部采用了减速的齿轮组,目的是增大步进电机的扭矩,降低其惯性。此款步进电机的减速比为 1/64,即内部核心转速 64 的话,外部轴输出为 1,即内部转 64 圈,外轴转 1 圈。如果对于电机来说是 64 个脉冲转一圈,则对于外部输出轴是 64×64＝4 096 个脉冲为一圈。

这款电机在 4 相 8 拍的情况下步距角为 5.625°/64＝0.087 8°(减速比 1/64)。四相步进电机可以在不同的通电方式下工作,常用的有单(单相绕阻通电)四拍(A－B－C－D－A－…)、双(双相绕阻通电)四拍(AB－BC－CD－DA－AB－…)、八拍(A－AB－B－BC－C－CD－D－DA－A－…)。

以四相八拍为例,步进电机外轴转一周需要的脉冲数为 360°/0.087 8°,需要完成的拍数周期为 360°/0.087 8°/8＝512。

【案例设计】

按照案例分析的结果,程序可以设计成按照八拍方式,即采用 1－2 相励磁方式,设置计数器 i,初值为 512,按 8 拍一个循环,每次 i 减 1,循环 512 次,则外轴转一圈,再用同样的方式循环 512 次,反方向转一圈。

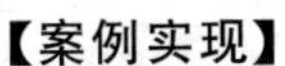

【案例实现】

核心代码如下：

```
//定义位变量
sbit A1 = P1^0;
sbit B1 = P1^1;
sbit C1 = P1^2;
sbit D1 = P1^3;
```

为了后面写程序方便，将绕组通电状态定义成宏，按照表 11-1 和表 11-2 的值定义如下：

```
#define Coil_A {A1 = 1;B1 = 0;C1 = 0;D1 = 0;}
#define Coil_B {A1 = 0;B1 = 1;C1 = 0;D1 = 0;}
#define Coil_C {A1 = 0;B1 = 0;C1 = 1;D1 = 0;}
#define Coil_D {A1 = 0;B1 = 0;C1 = 0;D1 = 1;}
#define Coil_AB1 {A1 = 1;B1 = 1;C1 = 0;D1 = 0;}
#define Coil_BC1 {A1 = 0;B1 = 1;C1 = 1;D1 = 0;}
#define Coil_CD1 {A1 = 0;B1 = 0;C1 = 1;D1 = 1;}
#define Coil_DA1 {A1 = 1;B1 = 0;C1 = 0;D1 = 1;}
#define Coil_OFF {A1 = 0;B1 = 0;C1 = 0;D1 = 0;}
/*------------------主函数------------------*/
main(){
    unsigned int i = 512;
    Coil_OFF
    i = 512;
    while(i--){            //正转
        Coil_A
        DelayMs(5);
        Coil_AB1
        DelayMs(5);
        Coil_B
        DelayMs(5);
        Coil_BC1
        DelayMs(5);
        Coil_C
        DelayMs(5);
        Coil_CD1
        DelayMs(5);
        Coil_D
        DelayMs(5);
        Coil_DA1
        DelayMs(5);
    }
```

```
    i = 512;
    Coil_OFF
    while(i -- ){          //反转

Coil_DA1
        DelayMs(5);
        Coil_D
        DelayMs(5);
Coil_CD1
        DelayMs(5);
Coil_C
        DelayMs(5);
        Coil_BC1
        DelayMs(5);
        Coil_B
        DelayMs(5);
        Coil_AB1
        DelayMs(5);
        Coil_A
        DelayMs(5);
    }
}
```

运行效果:步进电机外轴正转一周再反转一周,循环往复。

11.4.3 案例 11-2:按键控制步进电机正反转

本案例要求通过独立按键控制步进电机的正转或反转,电路连线如表 11-5 所列。

表 11-5 步进电机电路连线表

单片机 I/O 口	模块接口	杜邦线数量	功 能
P1.0~P1.3	J42(a、b、c、d)	4	J44 步进电机
P3.2	J26(K1)	1	独立按键(K1)

【案例分析】

按键连接外部中断 0 输入引脚,通过中断判断按键状态。

【案例设计】

本例程序在案例 11-1 的基础上,加上外部中断 0 的判断,只须在程序中加上正转或反转的标志,在主程序中进行判断即可。

【案例实现】

核心代码如下:

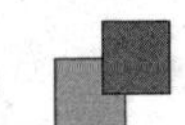

```
bit flag = 0;
sbit KEY = P3^2;
/* ------------------ 外部中断 0 中断处理函数 -----------------*/
void Isr_INT0( void) interrupt 0 {
        if(!KEY){
            DelayMs(100);          //延时去抖
            if(!KEY){
                while(!KEY);
                flag = !flag;
            }
        }
}
/* -------------------- 主函数 ---------------------*/
main(){
    unsigned int i;
    EA = 1;
    ET0 = 1;
    EX0 = 1;
    Coil_OFF
    while(1){
        i = 512;
        while((i-- ) && flag){          //正转
            ……
        }
        i = 512;
        while((i-- )&&(! flag)){          //反转
            ……
        }
    }
}
```

运行效果:按一次按键,电机正转,再按一次,电机反转。

11.5　练习题

1. 能够影响步进电机角位移量的是________。

(A) 脉冲信号的个数　　(B) 脉冲信号的频率

(C) 脉冲信号的电流大小　　(D) 步进电机的负载大小

2. 能够影响步进电机转速的是________。

(A) 脉冲信号的个数　　(B) 脉冲信号的频率

(C) 脉冲信号的电流大小　　(D) 步进电机的负大小

3. 步进电机的变速比 1/64 的含义是________。

(A) 外圈转 64 圈,内圈转 1 圈　　(B) 内圈转 64 圈,外圈转 1 圈

(C) 外圈转 32 圈,内圈转 2 圈　　(D) 内圈转 32 圈,外圈转 2 圈

4. 以下哪种方式是步进电机不常用的驱动方式________。

(A) 1 相励磁法　(B) 2 相励磁法　(C) 3 相励磁法　(D) 1-2 相励磁法

5. 对步进电机的转速描述有误的一项是________。

(A) 转速取决于脉冲信号频率

(B) 转速越高,驱动负载能力越弱

(C) 转速高于空载启动频率,步进电机仍能正常运转

(D) 脉冲信号频率相同时,采用 2 相励磁法时的转速与 1 相励磁法时的转速相同

6. 要想实现步进电机的定位控制,通过控制________来控制角位移量,从而达到精准定位的目的。

(A) 脉冲信号的个数　　(B) 脉冲信号的频率

(C) 脉冲信号的电流大小　　(D) 步进电机的负载大小

7. 要想实现步进电机的调速控制,通过控制________来控制电机转动的速度和加速度,从而达到调速的目的。

(A) 脉冲信号的个数　　(B) 脉冲信号的频率

(C) 脉冲信号的电流大小　　(D) 步进电机的负载大小

8. 以下关于步进电机的驱动方式是属于________相励磁。

(A) 1 相励磁法　(B) 2 相励磁法　(C) 3 相励磁法　(D) 1-2 相励磁法

9. 图 11-8 是________电机。

(A) 1 相　(B) 2 相　(C) 3 相　(D) 6 相

10. 如图 11-9 所示,要想实现电机正转,通电顺序是________。

(A) ABCA　(B) ACBA　(C) CBAC　(D) CABC

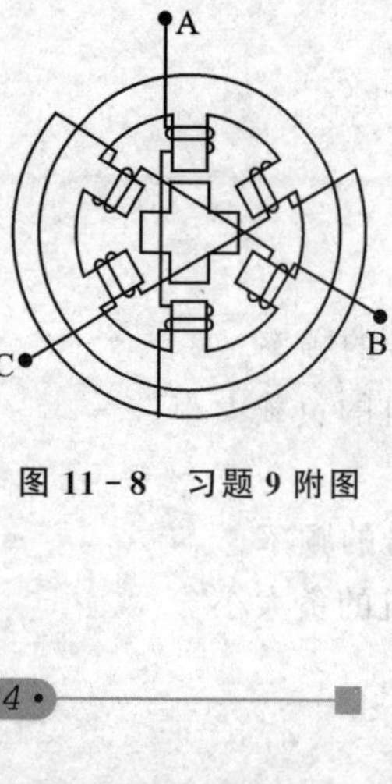

图 11-8　习题 9 附图

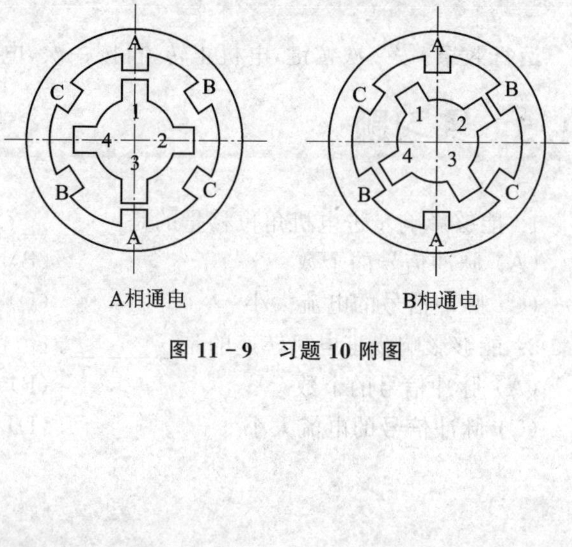

图 11-9　习题 10 附图

第 12 章 直流电机

12.1 什么是直流电机

直流电机(Direct Current Machine)是指将直流电能转换成机械能(直流电动机)或将机械能转换成直流电能(直流发电机)的旋转电机。它是能实现直流电能和机械能互相转换的电机。当它作电动机运行时是直流电动机,将电能转换为机械能;作发电机运行时是直流发电机,将机械能转换为电能。

12.2 直流电机的原理及分类

12.2.1 直流电机的原理

直流电机的结构可分为静止和转动两部分,分别称为定子和转子。其分解结构图如图 12-1 所示。

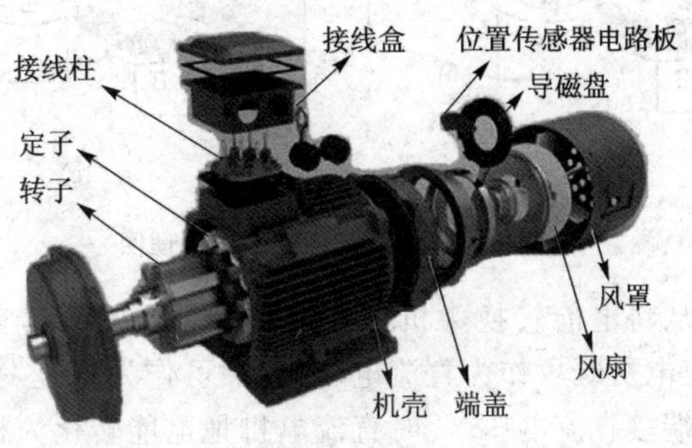

图 12-1 直流电机外部分解结构图

定子部分包括主磁极、换向极、电刷装置、机座、端盖等。主磁极包括铁芯和励磁绕组，其作用是产生气隙磁场。两个相邻主磁极之间的小磁极叫换向极，主要用来改善电机换向，减小电机运行时电刷与换向器之间可能产生的火花。电刷装置用于引入或引出直流电压或直流电流。

转子部分包括电枢、换向器、转轴和轴承等，电枢包括电枢铁芯和电枢绕阻。电枢铁芯是主磁路的主要部分，用以存放电枢绕组。电枢绕组的作用是产生电磁转矩和感应电动势。换向器和电刷配合能将外加直流电转换成线圈中的交流电，使电磁转矩的方向恒定不变。

直流电机根据其结构、应用结果等分为很多种类，大中型直流电机的定子与转子上各有绕阻(线圈)，这两种绕组之间可采用并联或串联的方式；而对于小型直流电机来说，其定子部分采用永久磁铁，不使用绕阻，就是只有转子上有绕阻，下面以这种类型的电机为例来介绍其工作原理。

图 12-2 为直流电机的工作原理图。其中，N、S 为定子磁极，abcd 为固定在可旋转的导磁体上的线圈。A、B 为电刷装置，电刷 A 接正极，电刷 B 接负极。此时在 N 极范围内导体 ab 的电流是从 a 流向 b，S 极范围内的导体 cd 电流是从 c 向 d，可以判断出 ab 受力方向是从右向左，cd 受力方向是从左向右。该电磁力形成逆时针方向的电磁转矩，使转子逆时针方向转动。当转动到图 12-2(b)位置时，在换向片和电刷的作用下，cd 的电流方向改变为从 d 到 c，同理 ab 的电流方向变为从 b 到 a；cd 在 N 极范围内，受力方向从右向左，ab 在 S 极范围内，受力方向从左向右，形成逆时针的磁力矩，转子继续逆时针转动，此时如在转轴外接其他设备，即可带动其他设备转动。在此过程中，关键是要控制导体中的电流方向。

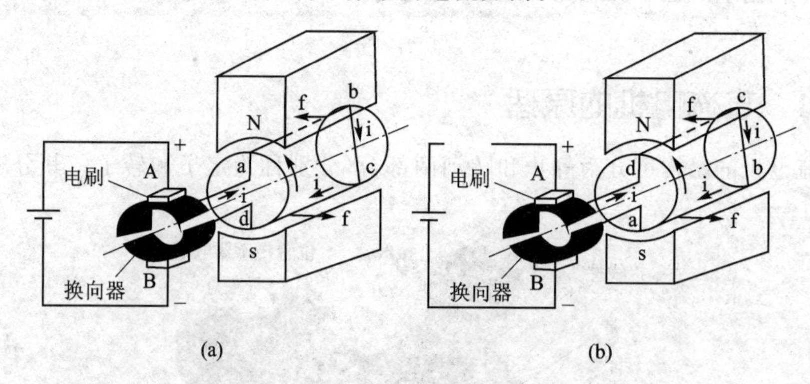

图 12-2　直流电机工作原理图

上面的原理是从将电能转换为机械能角度来分析的。其实这是一个可逆的过程。如前所述，直流电机既可作为直流电动机，又可作为直流发电机，这取决于外界条件。如果在电刷端接直流电压，此时直流电机把电能转化为机械能即为直流电动机，如果外界机械装置带动电枢旋转，此时直流电机把机械能转换为电能即为直流发电机。

12.2.2　直流电机的分类

直流电机按照应用结果可分为直流电动机和直流发电机两类。按照结构来分类,可分为有刷直流电机和无刷直流电机两类。

1. 无刷直流电机

无刷直流电机是将普通直流电动机的定子与转子进行了互换。其转子为永久磁铁产生气隙磁通,定子为电枢,由多相绕组组成。在结构上,它与永磁同步电动机类似。无刷直流电动机定子的结构与普通的同步电动机或感应电动机相同,在铁芯中嵌入多相绕组(三相、四相、五相不等)。绕组可接成星形或三角形,并分别与逆变器的各功率管相连,以便进行合理换相。转子多采用钐钴或钕铁硼等高矫顽力、高剩磁密度的稀土料,由于磁极中磁性材料所放位置的不同,可以分为表面式磁极、嵌入式磁极和环形磁极。由于电动机本体为永磁电机,所以习惯上把无刷直流电动机也叫永磁无刷直流电动机。

2. 有刷直流电机

有刷电动机的 2 个刷(铜刷或者碳刷)是通过绝缘座固定在电动机后盖上直接将电源的正负极引入到转子的换相器上,而换相器连通了转子上的线圈,3 个线圈极性不断地交替变换,与外壳上固定的 2 块磁铁形成作用力而转动起来。由于换相器与转子固定在一起,而刷与外壳(定子)固定在一起,电动机转动时刷与换相器不断地发生摩擦而产生大量的阻力与热量。所以有刷电机的效率低下,损耗非常大,但是它同样具有制造简单、成本低廉的优点。

有刷直流电机又可分为永磁直流电机和电磁直流电机。电磁直流电机按照励磁方式来分,又可分为他励、并励、串励和复励直流电机。上面提到过,根据定子与转子绕组的连接方式不同,其类型也不同,如图 12-3 所示。

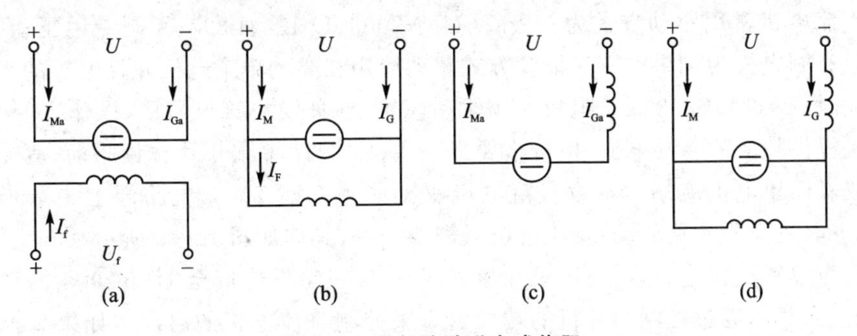

图 12-3　各种励磁方式绕阻

(1) 他励直流电机

励磁绕组与电枢绕组无连接关系,而由其他直流电源对励磁绕组供电的直流电机称为他励直流电机。永磁直流电机也可看作他励或自激直流电机,一般直接称作

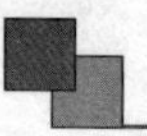

励磁方式为永磁，如图 12-3(a)所示。

(2) 并励直流电机

并励直流电机的励磁绕组与电枢绕组并联，作为并励发电机来说，是电机本身发出来的端电压为励磁绕组供电；作为并励电动机来说，励磁绕组与电枢共用同一电源，从性能上讲与他励直流电动机相同，如图 12-3(b)所示。

(3) 串励直流电机

串励直流电机的励磁绕组与电枢绕组串联后，再接于直流电源。这种直流电机的励磁电流就是电枢电流，如图 12-3(c)所示。

(4) 复励直流电机

复励直流电机有并励和串励两个励磁绕组。若串励绕组产生的磁通势与并励绕组产生的磁通势方向相同称为积复励。若两个磁通势方向相反，则称为差复励，如图 12-3(d)所示。

常用直流电机实物图如图 12-4 所示。

(a) 普通直流电机

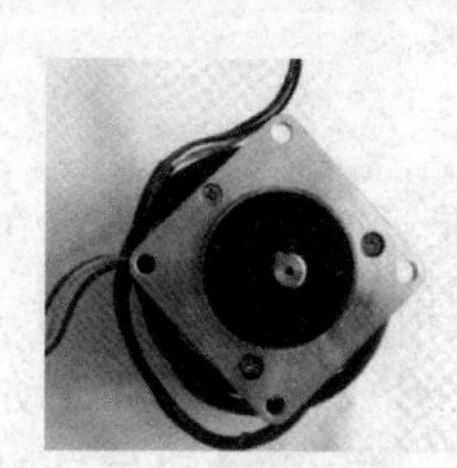

(b) 直流无刷电机

(c) 永磁直流电机

(d) 电磁式直流电机

图 12-4 各种类型直流电机实物图

12.3 直流电机的驱动方式

直流电机常用驱动方式为三极管、ULN2003、L9110、L298、无刷专用驱动芯片。本节以有刷电机为例讲解。三极管方式驱动应用在驱动单个电机并且电机的驱动电流不大时；L9110、L298 属于电机专用驱动模块，这种模块接口简单，操作方便，并可为电机提供较大的驱动电流，但价格要贵一些；ULN2003 属于达林顿驱动，适合于初学者或者简单电机应用。本章直流电机驱动使用 ULN2003，电路同上一章步进电机，步进电机需要 4 路驱动，直流电机只需要一路，具体如图 12-5 所示。

在与单片机相连时，可使用单片机的某个 I/O 端口连接至 ULN2003 的某个输入口上，如 in7，通过控制单片机的端口引脚来控制直流电机的启停。如果想控制直流电机的转速，则可通过单片机的 I/O 口输出不同占空比的 PWM 波形，控制电机运行和停止时间即可。

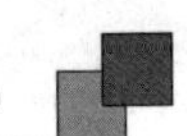

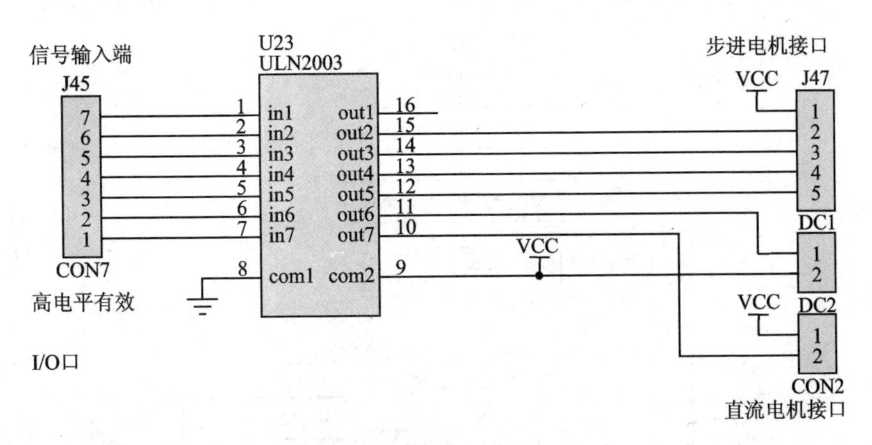

图 12-5 直流电机驱动电路

12.4 直流电机编程实战

12.4.1 案例 12-1:直流电机按键控制

本例要求利用独立按键 K1 和 K2 来改变两路直流电机的运行状态,即启动和停止,并通过数码管显示“ON”或“OFF”。

电路连线如表 12-1 所列。

表 12-1 直流电机按键控制电路连线表

单片机 I/O 口	模块接口	杜邦线数量	功 能
P1.2、P1.1	J45(DC1、DC2)	2	DC1、DC2 直流电机
P3	J26	8	独立按键
P0	J3	8	共阴数码管数据端
P2.2	J2(B)	1	段码锁存
P2.3	J2(A)	1	位码锁存

【案例分析】

本例分为 3 个部分,即数码管显示模块、按键的扫描模块和电机控制模块。前两部分知识在前面章节中已有介绍。对于直流电机的控制,只须使用单片机 P1.2 和 P1.1 高低电平来控制其启动和停止即可。

【案例设计】

本例用到定时/计数器 T0,用来显示数码管动态 Display(),并需要完成键盘扫描函数 KeyScan()的设计,在主函数中调用。主函数中按键扫描结果来控制电机状态,并实时更新数码管显示内容。其主函数程序设计流程如图 12-6 所示。

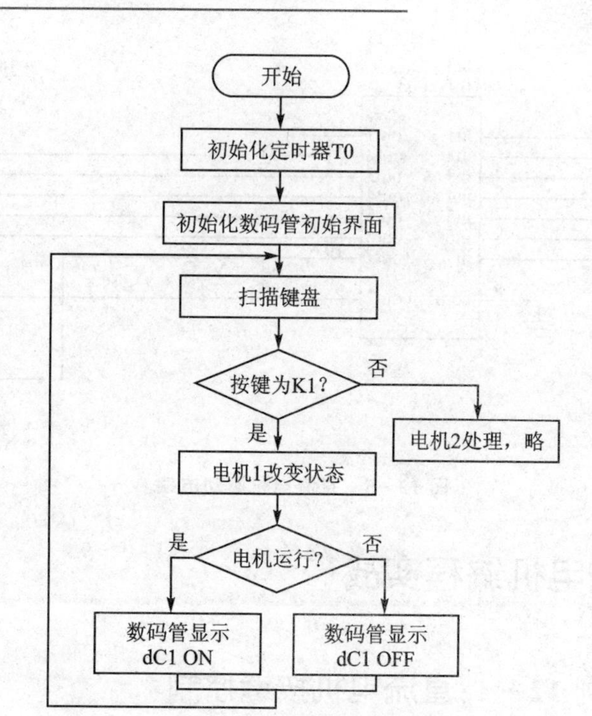

图 12-6　直流电机按键控制主函数程序流程图

【案例实现】

核心代码如下：

```
/*------------------ 主函数(部分代码) ------------------*/
while(1){                                    //主循环
    num = KeyScan();                         //循环调用按键扫描
    switch(num){
        //电机 1 改变运行状态,数码管显示运行状态
        case 1:DCOUT1 = !DCOUT1;
            TempData[0] = 0x5E;      //'d'
            TempData[1] = 0x39;      //'C'
            TempData[2] = 0x06;      //'1'
            if(DCOUT1){
                TempData[5] = 0x3F; //'O'
                TempData[6] = 0x54; //'n'
                TempData[7] = 0;
            }
            else{
                TempData[5] = 0x3F; //'O'
                TempData[6] = 0x71; //'F'
                TempData[7] = 0x71; //'F'
            }
```

```
        break;
    //电机 2 改变运行状态,数码管显示运行状态
    case 2:DCOUT2 = ! DCOUT2;
    //代码类似于 DC1
    ……
    default:break;
  }
}
```

运行效果:上电后,数码管显示"dC1 dC2"。按键 K1 按下时,直流电机 DC1 运行状态改变,数码管显示"dC1　OFF",再按一次 K1,显示"dC1　ON";按键 K2 按下时,直流电机 DC2 运行状态改变,数码管显示"dC2　OFF",再按一次 K2,显示"dC2　ON"。运行效果如图 12-7 所示。

(a)初始状态

(b) 按K1键

(c) 再按K1键

(d) 按K2键

(e)再按K2键

图 12-7　案例 12-1 运行效果图

12.4.2　案例 12-2:直流电机 PWM 调速

本例要求使用独立按键 K1 和 K2 来控制一个直流电机的加速和减速,并通过数码管显示电机速度等级。电路连线如表 12-2 所列。

【案例分析】

对于电机速度的控制,之前的篇幅中已提到过控制端口输出不同占空比的 PWM 波形来实现。本例的按键扫描和数码管显示同前例。

【案例设计】

本例设置 PWM 周期为 10,使用 CYCLE 变量记录,定义速度等级 PWM_ON,初值为 0,K1 键按下一次,PWM_ON 加 1,代表速度升高;K2 键按下一次,PWM_

ON 减 1,代表速度下降,同时将其值实时显示在数码管上。前面已经介绍了使用定时器产生任意占空比的 PWM 波形,本例使用定时/计数器 T0 来控制,同时也控制数码管的刷新。程序的主函数和定时器 T0 中断处理函数的程序流程图如图 12-8 和图 12-9 所示。

表 12-2 直流电机按键控制转速电路连线表

单片机 I/O 口	模块接口	杜邦线数量	功 能
P1.1	J45(DC1)	1	DC1 直流电机
P3	J26	8	独立按键
P0	J3	8	共阴数码管数据端
P2.2	J2(B)	1	段锁存
P2.3	J2(A)	1	位锁存

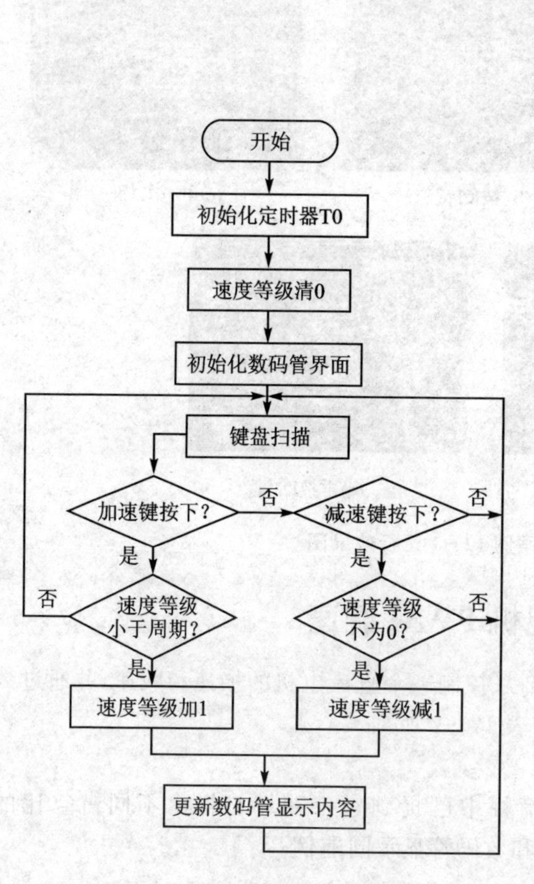

图 12-8 按键控制直流电机速度主函数流程图

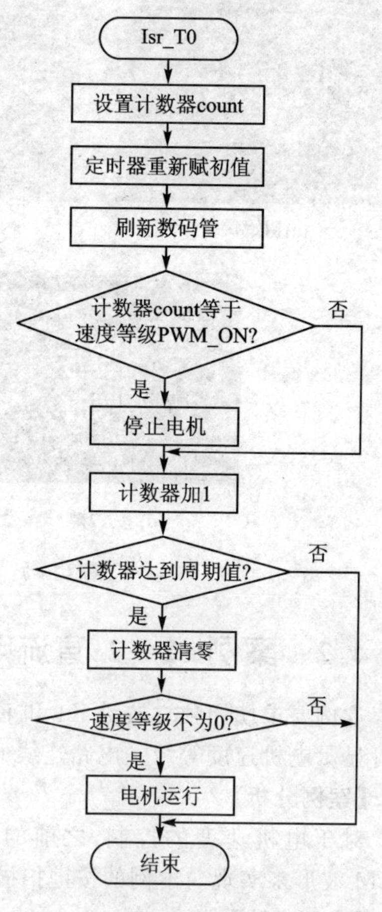

图 12-9 按键控制直流电机速度定时器中断处理函数流程图

【案例实现】

核心代码如下：

```
/* -------------------- 主函数 --------------------*/
void main (void){
    unsigned char num;
    PWM_ON = 0;
    Init_Timer0();                  //初始化定时器 0,主要用于数码管动态扫描
    TempData[0] = 0x5E;             //'d'
    TempData[1] = 0x39;             //'C'
    while(1){                       //主循环
        num = KeyScan();            //循环调用按键扫描
        if(num == 1){               //第一个按键,速度等级增加
            if(PWM_ON<CYCLE)
            PWM_ON ++ ;
        }
        else if(num == 2){          //第二个按键,速度等级减小
            if(PWM_ON>0)
            PWM_ON -- ;
        }
        TempData[5] = DuanMa[PWM_ON/10];//显示速度等级
        TempData[6] = DuanMa[PWM_ON % 10];
    }
}
/* -------------------- 定时器 T0 中断处理函数 --------------------*/
void Isr_T0(void) interrupt 1{
    static unsigned char count;
    TH0 = (65536 - 2000)/256;           //重新赋值 2 ms
    TL0 = (65536 - 2000) % 256;
    Display(0,8);                       //调用数码管扫描
    if (count == PWM_ON){
        DCOUT = 0;                  //如果定时等于 on 的时间,说明作用时间结束,输出低电平
    }
    count ++ ;
    if(count == CYCLE){                 //反之低电平时间结束后返回高电平
        count = 0;
        if(PWM_ON != 0)                 //如果开启时间是 0 保持原来状态
            DCOUT = 1;
    }
}
```

运行结果：按键 K1 按下，电机转动速度加快；按键 K2 按下，电机速度减慢。同

时，数码管上显示不同的速度等级。具体运行效果如图 12－10 所示。

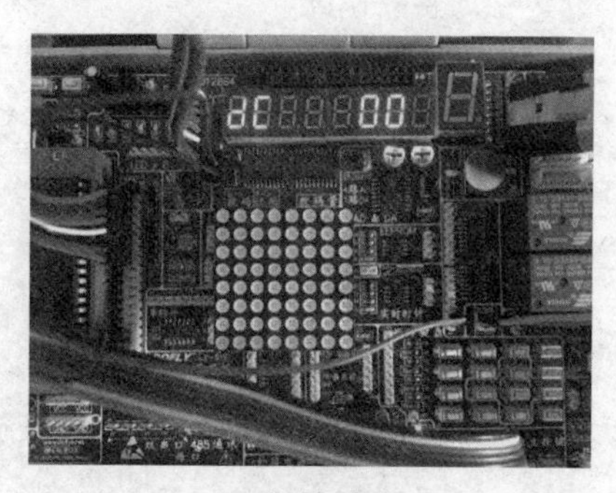

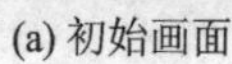

(a) 初始画面

(b) 速度最大值10

图 12－10　案例 12－2 运行结果

12.5　练习题

1. 要改变直流电动机的旋转方向，可采用________或________方法。

2. 直流发电机是由________转换成________输出，其电磁转矩方向与电枢旋转方向________；直流电动机是由________转换成________输出，其电磁转矩方向与电枢旋转方向________。

第13章 舵 机

13.1 什么是舵机

舵机是一种位置(角度)伺服的驱动器,外形如图 13-1 所示。它是一种带有输出轴的小装置,适用于那些需要角度不断变化并可以保持的控制系统。如果向伺服器发送一个控制信号,则输出轴就可以转到特定的位置。只要控制信号持续不变,伺服机构就会保持轴的角度位置不改变。如果控制信号发生变化,输出轴的位置也会相应发生变化。

图 13-1 舵机外形图

舵机按照信号可以分为两类,模拟舵机和数字舵机。模拟舵机需要连续发送 PWM 信号,才能让它维持某个角度,或者让它按照某个速度转动。而数字舵机则只需要发送一次 PWM 信号就能保持在规定的某个位置。不同型号舵机旋转的最大角度也不完全相同。按照转动角度舵机可以分 180°舵机和 360°舵机。180°舵机只能在 0°~180°之间运动;超过这个范围,舵机就会出现超量程的故障。360°舵机转动的方式和普通的电机类似，可以连续转动，不过我们可以控制它转动的方向和速度。舵机在电子和嵌入式系统中非常有用，由于可以把它旋转到任何特定的角度，所以广泛应用于玩具、机器人、计算机、汽车、飞机等项目中。舵机的适用范围也很广泛，从高扭矩电机到低扭矩电机都有应用。

13.2 舵机的工作原理

舵机主要包括舵盘、减速齿轮组、位置反馈电位计、直流电机、控制电路等，如图 13-2 所示。直流电动机由可变电阻(电位器)和齿轮组控制。直流电机的输出通过齿轮转换成扭矩。电位器连接到舵机的输出轴上并计算角度，在到达需要的角度时停止直流电机。

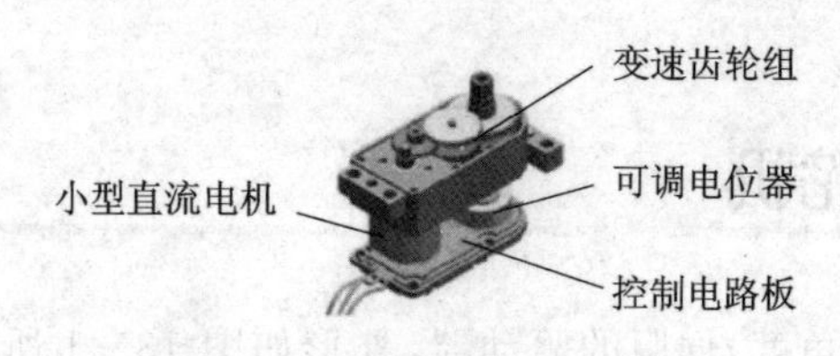

图 13-2 舵机结构示意图

舵机的旋转角度可通过控制脉冲的持续时间进行控制，也就是说，可以通过 PWM(脉宽调制)控制舵机旋转的角度。PWM 周期不变，通过控制高电平的时间决定舵机的实际位置。

13.3 舵机的角度控制原理

舵机的工作原理是由接收机或者单片机发出信号给舵机。舵机内部有一个基准电路，产生周期为 20 ms、宽度 1.5 ms 的基准信号，有一个比较器，将外加信号与基准信号相比较，判断出方向和大小，从而生产电机的转动信号。一般舵机旋转的角度范围是 0°～180°。

舵机的转动角度是通过控制 PWM 信号的占空比来实现的。标准 PWM 信号的周期固定为 20 ms，通过脉冲的高电平时间来控制旋转的角度，一般高电平时间为 0.5～2.5 ms 之间。以 180°角度伺服为例，对应的控制关系是脉冲宽度从 0.5～2.5 ms，相对应的舵盘位置为 0°～180°，呈线性变化。也就是说，给舵机提供一定的脉宽，它的输出轴就会保持在一定的角度上，无论外界转矩怎么改变，直到给它提供另外一个宽度的脉冲信号，它才会改变输出角度到新的对应位置上，如图 13-3 所示。

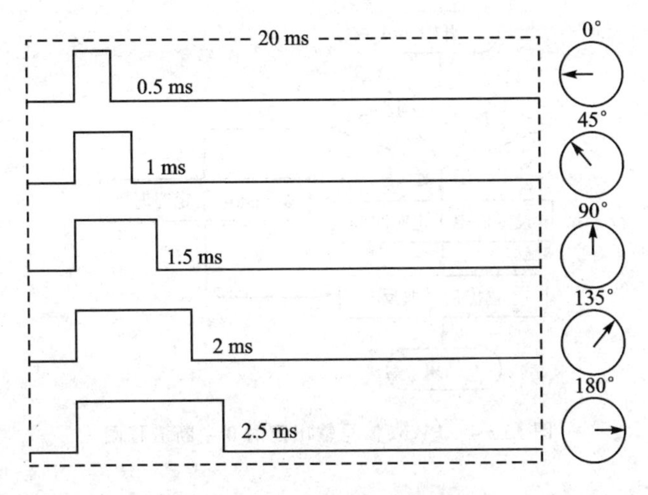

图 13-3 PWM 占空比与角度关系

13.4 舵机编程实战

标准的模拟舵机有 3 根线，棕色为地，红色为电源正，橙色为信号线，但对于不同牌子的舵机，线的颜色可能不同。由于大功率电机需要单独外接电源，这里仅以小功率电机实验，需要将信号线连接到单片机某个 I/O 引脚，再将 VCC 和 GND 线连接到单片机主板。

13.4.1 舵机的程序设计流程

单片机中常用的 PWM 产生方式有 2 种，其一是通过定时器或者延时模拟出 PWM 信号，其二是单片机内部包含 PWM 发生器。这里通过定时器 0 模拟 PWM 信号，首先需要根据晶振频率确定机器周期，12 MHz 晶振产生的机器周期为 1 μs，为了提供 20 ms 周期，需要计数次数为 2×10^4。其次，由于按键不同角度不同，所以当有按键按下时，需要改变 PWM 占空比。由于初始状态设置舵机角度为 90°，所以高电平时间为 1.5 ms，低电平时间为 20 ms－1.5 ms 即 18.5 ms。定时器 0 中断服务函数处理流程如图 13-4 所示。

13.4.2 案例 13-1：按键调节舵机转角

【案例分析】

本案例预期效果是通过按键调整舵机角度。需要解决的问题有两个：① 按键识别；② 产生 20 ms 周期的 PWM 信号，并调整占空比时间，即高电平时间。由于按键识别在本书中已有介绍，所以本案例中需要解决的问题为产生 PWM 信号。

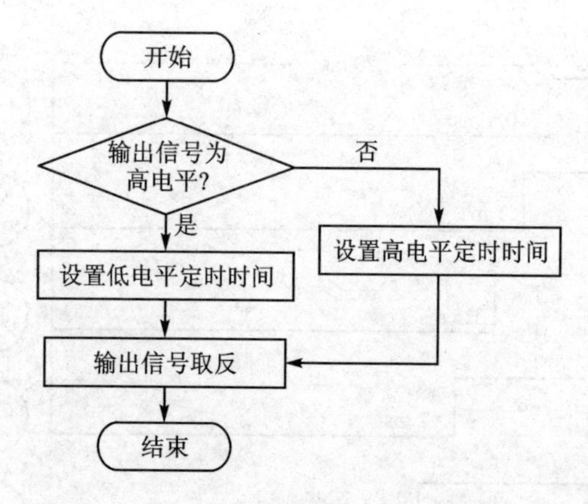

图 13-4　PWM 信号输出定时 0 中断流程图

【案例设计】

经过分析可知，案例采用模块化设计方法，每一种资源的相关代码使用一个 C 文件，因此，项目工程中一共有 3 个文件：main.c、delay.h、delay.c。

main.c：主程序，主要用来初始化定时器、定时器中断处理函数、按键检测、按键处理、完成案例功能。主循环调用判断按键，修改 PWM 占空比，从而改变舵机方向。

delay.h、delay.c：包括所有用到的延迟函数，比如 ms、μs 级延时。

电路连线如表 13-1 所列。

表 13-1　舵机电路连线表

单片机 I/O 口	模块接口	杜邦线数量	功　能
P0.0	J29(S1)	1	数据线
舵机	J52	3	舵机接口

【案例实现】

核心代码如下：

```
#include <reg52.h>              //包含头文件
sbit OUT = P0^0;
unsigned char TH_H,TL_H,TH_L,TL_L;

/*------------------定时器初始化子程序 -------------------*/
void Init_Timer0(void){
    TMOD |= 0x01;      //使用模式 1,16 位定时器,使用"|"符号可以在使用多个定时器时不
                       //受影响
    TH0 = 0x00;        //给定初值,这里使用定时器最大值从 0 开始计数一直到 65 535 溢出
    TL0 = 0x00;
    EA = 1;            //总中断打开
```

```
    ETO = 1;                    //定时器中断打开
    TRO = 1;                    //定时器开关打开
}
/*---------------------数据处理-------------------------*/
void DataPro(unsigned int temp){
    TH_H = (65536 - temp)/256;
    TL_H = (65536 - temp) % 256;
    TH_L = (45536 + temp)/256;
    TL_L = (45536 + temp) % 256;
}

/*--------------------定时器中断子程序------------------*/
void Timer0_isr(void) interrupt 1{
    if(OUT){
        TH0 = TH_L;             //重新赋值
        TL0 = TL_L;
    }
    else{
        TH0 = TH_H;             //重新赋值
        TL0 = TL_H;
    }
    OUT = !OUT;
}
/*--------------------主函数-------------------------*/
void main(void){
    unsigned char keynum;
    unsigned int temp = 1500;
    Init_Timer0();
    DataPro(temp);

    while(1){
        keynum = KeyScan();
        if(keynum == 3){
            if(temp < 2300)
            temp += 100;
            DataPro(temp);
        }
        else if(keynum == 4){
            if(temp > 600)
            temp -= 100;
            DataPro(temp);
```

```
        }
    }
}
```

13.5 练习题

1. 舵机的转动角度是通过控制________信号的________来实现的。
2. 舵机角度控制使用的标准 PWM 信号的周期固定为________。
3. 若控制舵机的转动角度为 90°,PWM 信号的高电平对应的时间为________。

第 14 章 1602 液晶

14.1 概　述

1602 液晶(简写为 LCD1602)是一种工业字符型液晶,能够同时显示 32 个字符(每行 16 个,共 2 行)。1602 液晶显示的原理是利用液晶的物理特性,通过电压对其显示区域进行控制,即可以显示出图形。它是一种专门用来显示字母、数字、符号等的点阵型液晶模块,如图 14-1 所示。它由若干个 5×7 或者 5×11 等点阵字符位组成,每个点阵字符位都可以显示一个字符,每位之间有一个点距的间隔,每行之间也有间隔,起到了字符间距和行间距的作用,因此它不能很好地显示图形。

图 14-1　LCD1602 液晶屏实物图

1602 内部存储器有 3 种:CGROM、CGRAM 和 DDRAM。CGROM 保存了厂家生产时固化在 LCD 中的点阵型显示数据,CGRAM 是留给用户自己定义点阵型显示数据的,DDRAM 则是和显示屏的内容相对应的。1602 内部的 DDRAM 有 80 字节,而显示屏上只有 2 行×16 列,共 32 个字符,所以两者不完全意义对应。默认情况下,显示屏第一行的内容对应 DDRAM 中 80H～8FH 的内容,第二行的内容对应 DDRAM 中 C0H～CFH 的内容。DDRAM 中 90H～A7H、D0H～E7H 的内容是不显示在显示屏上的,但是在滚动屏幕的情况下,这些内容就可以被滚动显示出来了。

14.2　1602 液晶的基本原理及控制方式

14.2.1　1602 液晶的引脚结构

1602 采用标准的 16 脚接口，如图 14－2 所示。各引脚功能如表 14－1 所列。

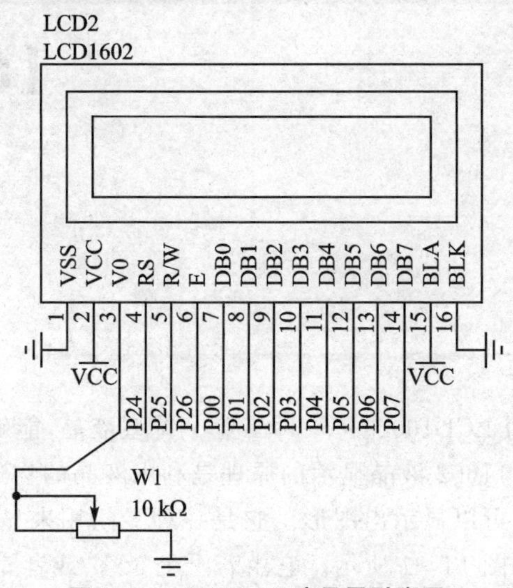

图 14－2　LCD1602 液晶屏引脚图

表 14－1　LCD1602 引脚功能

引　脚	符　号	功能说明
1	VSS	电源地
2	VDD	电源(＋5 V)
3	V0	V0 为液晶显示器对比度调整端，接正电源时对比度最弱，接地电源时对比度最高(对比度过高时会产生“鬼影”，使用时可以通过一个 10 kΩ 的电位器调整对比度)
4	RS	RS 为寄存器选择，高电平 1 时选择数据寄存器、低电平 0 时选择指令寄存器
5	R/W	RW 为读/写信号线，高电平(1)时进行读操作，低电平(0)时进行写操作
6	E	E(或 EN)端为使能(enable)端，高电平(1)时读取信息，负跳变时执行指令
7	DB0	低 4 位三态，双向数据总线 0 位(最低位)
8	DB1	低 4 位三态，双向数据总线 1 位
9	DB2	低 4 位三态，双向数据总线 2 位
10	DB3	低 4 位三态，双向数据总线 3 位
11	DB4	高 4 位三态，双向数据总线 4 位
12	DB5	高 4 位三态，双向数据总线 5 位
13	DB6	高 4 位三态，双向数据总线 6 位
14	DB7	高 4 位三态，双向数据总线 7 位
15	BLA	背光电源正极
16	BLK	闭关电源负极

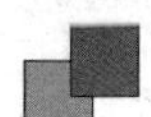

14.2.2　1602液晶的显示内容

液晶屏的使用主要包括两个问题，其一是可以显示哪些内容，其二是显示的位置。前面已经介绍1602的存储有3类，在芯片中内置了192个常用字符的字模，存于CGROM中；还有8个是允许用户自定义字符（也就是可以显示8个中文字）的RAM，即CGRAM。首先了解一下厂家生产时固化了哪些可以直接显示的数据。

1602液晶模块内部的字符发生存储器中的点阵字符图形有阿拉伯数字、英文字母的大小写、常用的符号、日文假名等，每一个字符都有一个固定的代码，比如大写的英文字母“A”的代码是01000001B(41H)，显示时模块把地址41H中的点阵字符图形显示出来，就能看到字母“A”。因为1602识别的是ASCII码，可以用ASCII码直接赋值，在单片机编程中还可以用字符型常量或变量赋值，如“A”。图14－3是1602的16进制ASCII码表。

Lower 4 Bits \ Upper 4 Bits	0000	0001	0010	0011	0100	0101	0110	0111	1000	1001	1010	1011	1100	1101	1110	1111
xxxx0000	CG RAM (1)			0	@	P	`	p				ー	タ	ミ	α	p
xxxx0001	(2)		!	1	A	Q	a	q			。	ア	チ	ム	ä	q
xxxx0010	(3)		"	2	B	R	b	r			「	イ	ツ	メ	β	θ
xxxx0011	(4)		#	3	C	S	c	s			」	ウ	テ	モ	ε	∞
xxxx0100	(5)		$	4	D	T	d	t			、	エ	ト	ヤ	μ	Ω
xxxx0101	(6)		%	5	E	U	e	u			・	オ	ナ	ユ	σ	ü
xxxx0110	(7)		&	6	F	V	f	v			ヲ	カ	ニ	ヨ	ρ	Σ
xxxx0111	(8)		'	7	G	W	g	w			ァ	キ	ヌ	ラ	g	π
xxxx1000	(1)		(	8	H	X	h	x			ィ	ク	ネ	リ	√	x̄
xxxx1001	(2)		)	9	I	Y	i	y			ゥ	ケ	ノ	ル	⁻¹	y
xxxx1010	(3)		*	:	J	Z	j	z			ェ	コ	ハ	レ	j	千
xxxx1011	(4)		+	;	K	[	k	{			ォ	サ	ヒ	ロ	ˣ	万
xxxx1100	(5)		,	<	L	¥	l	|			ャ	シ	フ	ワ	¢	円
xxxx1101	(6)		-	=	M	]	m	}			ュ	ス	ヘ	ン	£	÷
xxxx1110	(7)		.	>	N	^	n	→			ョ	セ	ホ	゛	ñ	
xxxx1111	(8)		/	?	O	_	o	←			ッ	ソ	マ	゜	ö	█

图14－3　LCD1602内部字符图

读的时候，先读上面那列，再读左边那行，例如，感叹号！的ASCII为0x21，字母B的ASCII为0x42(前面加0x表示十六进制)。

字符代码0x00～0x0F为用户自定义的字符图形RAM(对于5×8点阵的字符，可以存放8组；对于5×10点阵的字符，可以存放4组)，就是CGRAM了。0x20～

0x7F 为标准的 ASCII 码,0xA0～0xFF 为日文字符和希腊文字符,其余字符码(0x10～0x1F 及 0x80～0x9F)没有定义。

14.2.3 1602 液晶的控制方式

1602 液晶屏控制是通过屏幕的控制指令完成的,如果想完成屏幕清屏、光标位置、背光开关等操作,需要如下 1602 基本指令集。

1. 清　屏

RS	R/W	DB7	DB6	DB5	DB4	DB3	DB2	DB1	DB0
0	0	0	0	0	0	0	0	0	1

功能:清除液晶显示器,即将 DDRAM 中的内容全部填入 20H(空白字符),光标撤回显示屏左上方,将地址计数器(AC)设为 0,光标移动方向为从左向右,并且 DDRAM 的自增量为 1(I/D=1)。

2. 归　位

RS	R/W	DB7	DB6	DB5	DB4	DB3	DB2	DB1	DB0
0	0	0	0	0	0	0	0	1	*

功能:将地址计数器(AC)设为 00H, DDRAM 内容保持不变,光标移至左上角。

3. 输入方式设置

RS	R/W	DB7	DB6	DB5	DB4	DB3	DB2	DB1	DB0
0	0	0	0	0	0	0	1	I/D	S

功能:设置光标、画面移动方式。

I/D=0 光标左移,DDRAM 地址自增 1;

I/D=1 光标右移,DDRAM 地址自增 1;

S=0 且 DDRAM 是读操作(CGRAM 读或写),则整个屏幕不移动;

S=1 且 DDRAM 是写操作,整个屏幕移动,则移动方向由 I/D 决定。

4. 显示开关控制

RS	R/W	DB7	DB6	DB5	DB4	DB3	DB2	DB1	DB0
0	0	0	0	0	0	1	D	C	B

功能:设置显示、光标及闪烁开关。

D=1 显示功能开,D=0 显示功能关,但是 DDRAM 中的数据依然保留;

C=1 有光标,C=0 没有光标;

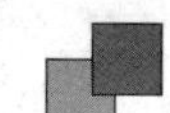

B=1 光标闪烁,B=0 光标不闪烁。

5. 光标、画面位移

RS	R/W	DB7	DB6	DB5	DB4	DB3	DB2	DB1	DB0
0	0	0	0	0	1	S/C	R/L	*	*

功能:整屏的移动或光标移动。

S/C=0 R/L=0 光标左移,地址计数器减 1(即显示内容和光标一起左移);

S/C=0 R/L=1 光标右移,地址计数器加 1(即显示内容和光标一起右移);

S/C=1 R/L=0 显示内容左移,光标不移动;

S/C=1 R/L=1 显示内容右移,光标不移动。

6. 功能设置

RS	R/W	DB7	DB6	DB5	DB4	DB3	DB2	DB1	DB0
0	0	0	0	1	DL	N	F	*	*

功能:设定数据总线位数、显示的行数及字形。

DL=1 数据总线是 8 位,DL=0 数据总线是 4 位;

N=0 显示一行,N=1 显示两行;

F=0 为 5×8 点阵/字符,F=1 为 5×11 点阵/字符。

7. CGRAM 地址设置

RS	R/W	DB7	DB6	DB5	DB4	DB3	DB2	DB1	DB0
0	0	0	1	A5	A4	A3	A2	A1	A0

功能:设定下一个要存入数据的 CGRAM 地址,即用户自定义字符的地址。

A5～A3 为字符号,即将显示该字符用到的字符地址,A2～A0 为行号。

8. DDRAM 地址设置

RS	R/W	DB7	DB6	DB5	DB4	DB3	DB2	DB1	DB0
0	0	1	A6	A5	A4	A3	A2	A1	A0

功能:设置 DDRAM 地址,显示位置。DDRAM 地址与显示屏对照关系如图 14-4 所示。

例如:显示在第一行某一列的数据可以写命令:0x80 | 0x**,显示在第二行某一列的数据可以写命令:0x80 | 0x40 | 0x**=0xC0 | 0x**。其中,0x80 是因为在设置 DDRAM 地址时,DB7 固定为 1 来确定的。写入一个显示字符后,DDRAM 地址会自动加 1 或减 1,加或减由输入方式字设置。

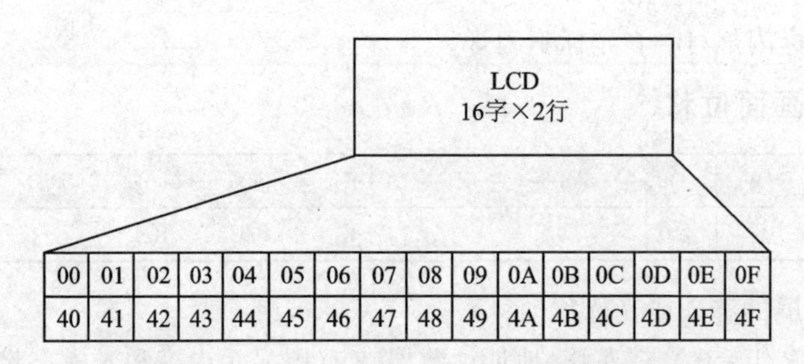

图 14-4 LCD1602CGRAM 地址与显示屏对照关系图

9. 读 BF 及 AC 值

RS	R/W	DB7	DB6	DB5	DB4	DB3	DB2	DB1	DB0
0	1	BF	AC6	AC5	AC4	AC3	AC2	AC1	AC0

功能:读取忙信号或 AC 地址指令。

BF=1 忙碌,无法接收数据或指令,BF=0 可以接收。读取地址计数器 AC 的内容。

10. 写数据

RS	R/W	DB7	DB6	DB5	DB4	DB3	DB2	DB1	DB0
1	0	*	*	*	*	*	*	*	*

功能:根据最近设置的地址,将数据写入 DDRAM 或 CGRAM 内。

写指令:RS=L,RW=L, E=下降沿脉冲, DB0~DB7=指令码;

写数据:RS=H, RW=L, E=下降沿脉冲, DB0~DB7=数据。

11. 读数据

RS	R/W	DB7	DB6	DB5	DB4	DB3	DB2	DB1	DB0
1	1	*	*	*	*	*	*	*	*

功能:根据最近设置的地址,从 DDRAM 或 CGRAM 内将数据读出。

读状态:RS=L,RW=H, E=H ,输出: DB0~DB7=状态字;

读数据: RS=H,RW=H, E=H ,输出: DB0~DB7=数据。

14.3 1602 液晶编程实战

14.3.1 1602 液晶模块的程序设计流程

显示操作的过程:首先确认显示的位置,即在第几行第几个字符开始显示。也就

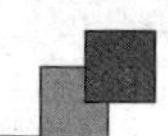

是要显示的地址，这一点已经在14.2.3小节中通过DDRAM设置讲解过了。第一行的显示地址是0x80～0x8F，第二行的显示地址是0xC0～0xCF。例如，想要在第2行第3个位置显示一个字符，那么地址码就是0xC2。其次，设置要显示的内容，即上面提到的CGROM内的字符编码。如显示“A”，将编码41H写入到液晶屏显示即可。通常设置地址和显示内容用一个函数来完成。

```
/*------------------写入字符函数------------------*/
void LCD_Write_Char(unsigned char x,unsigned char y,unsigned char Data){
    if (y == 0){
        LCD_Write_Com(0x80 + x);        //根据y值确认行号,第1行,x决定第几列
    }
    else {
        LCD_Write_Com(0xC0 + x);        //第2行,x决定第几列
    }
    LCD_Write_Data( Data);              //写入显示内容
}
```

这里边包含了void LCD_Write_Com(unsigned char com)和void LCD_Write_Data(unsigned char Data)这两个函数。根据14.2.3小节中提及到的控制指令可知，1602写指令的方法和写数据的方法由于时序的不同需要分别编写。

如果对这些函数能够理解，那么屏幕显示就可以随心而动了。

14.3.2　案例14-1:1602液晶滚动显示字符串

【案例分析】

本案例中需要设计液晶屏可以滚动显示字符串的效果，如图14-5所示。

(a) 左移效果一

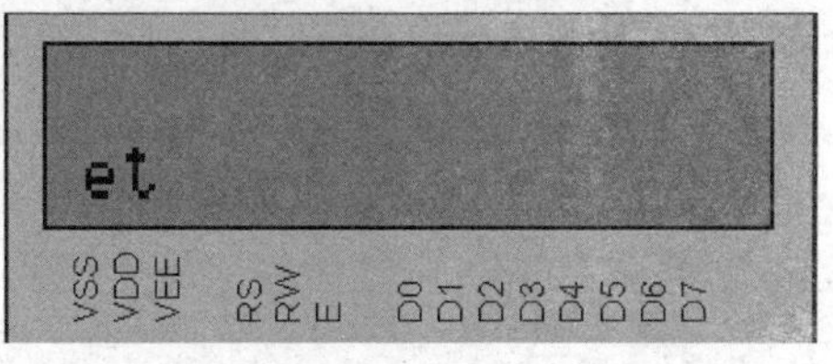

(b) 左移效果二

图14-5　LCD1602CGRAM滚屏显示效果图

【案例设计】

经过分析可知，案例中初始化LCD1602后，先将字符串通过指令输出到屏幕，然后在循环中通过指令控制输出字符串移动。案例中把关于LCD1602屏幕的操作根据指令对应的功能不同，分为LCD判忙函数、LCD写指令、LCD写数据、LCD输出字符串、LCD输出字符、LCD清屏、LCD初始化方法等函数。

main.c：主程序，主要初始化LCD1602屏幕，然后向屏幕输出两个字符一个字符

串,主循环左移屏幕。

电路连线如图 14-6 和图 14-7 所示。

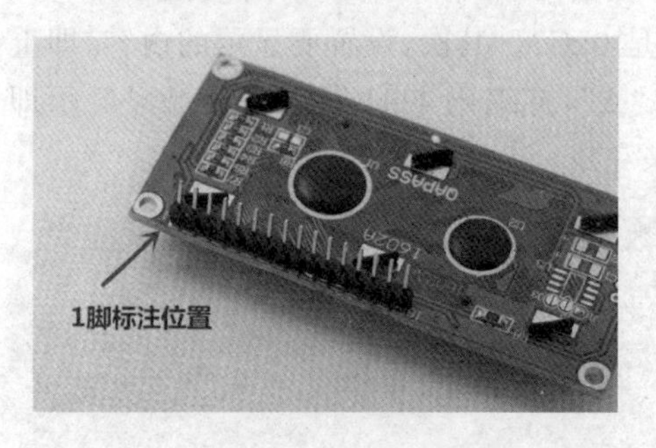

图 14-6　LCD1602 液晶屏引脚示意图

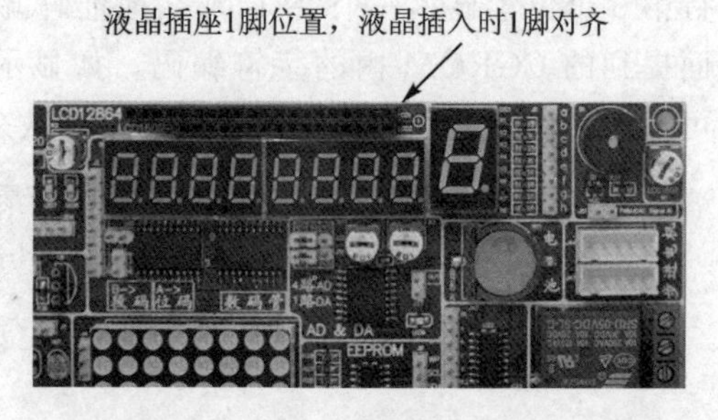

图 14-7　LCD1602 液晶屏电路连接图

【案例实现】

核心代码如下:

```
#include <reg52.h> //包含头文件,一般情况不需要改动,头文件包含特殊功能寄存器
                   //的定义
#include<intrins.h>

sbit RS = P2^4;    //定义端口
sbit RW = P2^5;
sbit EN = P2^6;

#define RS_CLR RS = 0
#define RS_SET RS = 1

#define RW_CLR RW = 0
#define RW_SET RW = 1

#define EN_CLR EN = 0
#define EN_SET EN = 1

#define DataPort P0

void DelayUs2x(unsigned char t){
    while(--t);
}

void DelayMs(unsigned char t){
    while(t--){
        //大致延时 1 ms
```

```
        DelayUs2x(245);
        DelayUs2x(245);
    }
}
/* ---------------------- 判忙函数 ----------------------- */
bit LCD_Check_Busy(void){
    DataPor t = 0xFF;
    RS_CLR;
    RW_SET;
    EN_CLR;
    _nop_();
    EN_SET;
    return (bit)(DataPort & 0x80);
}
/* ---------------------- 写入命令函数 --------------------- */
void LCD_Write_Com(unsigned char com){
    DelayMs(5);
    RS_CLR;
    RW_CLR;
    EN_SET;
    DataPort = com;
    _nop_();
    EN_CLR;
}
/* ---------------------- 写入数据函数 -------------------- */
void LCD_Write_Data(unsigned char Data){
    DelayMs(5);
    RS_SET;
    RW_CLR;
    EN_SET;
    DataPort = Data;
    _nop_();
    EN_CLR;
}
/* --------------------- 清屏函数 ---------------------- */
void LCD_Clear(void){
    LCD_Write_Com(0x01);
    DelayMs(5);
}
/* ------------------- 写入字符串函数 ------------------- */
void LCD_Write_String(unsigned char x,unsigned char y,unsigned char * s){
```

```
    if (y==0){
        LCD_Write_Com(0x80 + x);     //表示第一行
    }
    else{
        LCD_Write_Com(0xC0 + x);     //表示第二行
    }
    while( *s){
        LCD_Write_Data( *s);
        s ++;
    }
}
/*---------------------写入字符函数---------------------*/
void LCD_Write_Char(unsigned char x,unsigned char y,unsigned char Data){
    if (y==0){
        LCD_Write_Com(0x80 + x);
    }
    else{
        LCD_Write_Com(0xC0 + x);
    }
    LCD_Write_Data( Data);
}
/*----------------------初始化函数---------------------*/
void LCD_Init(void){
    LCD_Write_Com(0x38);                //显示模式设置
    DelayMs(5);
    LCD_Write_Com(0x38);
    DelayMs(5);
    LCD_Write_Com(0x38);
    DelayMs(5);
    LCD_Write_Com(0x38);
    LCD_Write_Com(0x08);                //显示关闭
    LCD_Write_Com(0x01);                //显示清屏
    LCD_Write_Com(0x06);                //显示光标移动设置
    DelayMs(5);
    LCD_Write_Com(0x0C);                //显示开及光标设置
}
/*-----------------------主函数---------------------*/
void main(void){
    LCD_Init();
    LCD_Clear();//清屏
    LCD_Write_Char(7,0,'o');
```

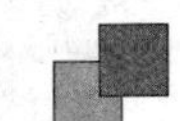

```
    LCD_Write_Char(8,0,'k');
    LCD_Write_String(1,1,"www.doflye.net");
    while(1){
        DelayMs(200);
    LCD_Write_Com(0x18);          //左平移画面 0x1C 是右平移
    }
}
```

14.4　练习题

1. 设置 LCD1602 为两行显示方式时，第一行 DDRAM 的地址范围是________。

(A) 0X00～0X0f　　(B) 0X40～0X4F

(C) 0XC0～0XCF　　(D) 0X80～0X8F

2. LCD 液晶屏模块将常用的数字、字符点阵图形存储在哪个位置________。

(A) CGROM　　(B) CGRAM

(C) DDROM　　(D) DDRAM

3. LCD1602 的 R/W 引脚功能是________。

(A) 寄存器选择输入端　　(B) 读写控制输入端

(C) LCD 驱动电压　　(D) 使能信号输入端

4. LCD1602 的 RS 引脚的功能是________。

(A) 寄存器选择输入端　　(B) 读写控制输入端

(C) LCD 驱动电压　　(D) 使能信号输入端

5. 1602 内部存储器 CGROM、CGRAM 和 DDRAM 分别用来存储什么内容？

第 15 章 双色点阵屏

15.1 双色点阵的基本原理

LED 点阵显示屏是一种简单的汉字显示器，具有价廉、易于控制、使用寿命长等特点，可广泛应用于各种公共场合，如车站、码头、银行、学校、火车、公共汽车显示等，如图 15-1 所示。

8×8 点阵分为单色和双色，还有 RGB 真彩；根据常用的引脚定义，有 16 脚点阵和 24 脚点阵，理论上 8 行 8 列只需要 16 个引脚就可以实现，24 个引脚的点阵是工业兼容设计，把单色和双色的封装做成标准，这样可以节省批量生产的成本。假设红绿双色点阵，不管是共阴还是共阳类型，公共端 8 个引脚，红色 8 个引脚，绿色 8 个引脚，一共 24 个引脚。如果只有红绿其中一种颜色，另外一种颜色的引脚是空缺或者空脚。但是对于 PCB 的设计则可以完全按照双色的设计，能够完全兼容单色点阵。这里提到的公共端其实和数码管是一致的。无论数码管还是点阵屏都是通过发光二极管实现的。

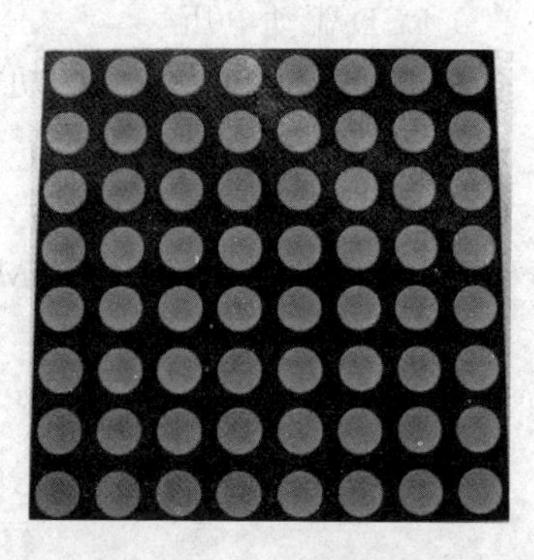

图 15-1　点阵屏实物图

图 15-2 是 16 引脚点阵电路图，因为是单色点阵所以不区分共阴共阳类型。为了和双色点阵做成引脚兼容，使用 24 引脚封装的单色点阵需要区分共阴共阳类型。点阵引脚顺序与芯片相同，引脚朝上，有圆点或者“1”标注的引脚为基点，顺时针增加。

本案例使用的是双色点阵，结构如图 15-3 所示。点阵一共 64 个点，每个点各有红、绿两个发光二极管。点阵对外的管脚有 24 个，行控制信号为 ROW1～ROW8，

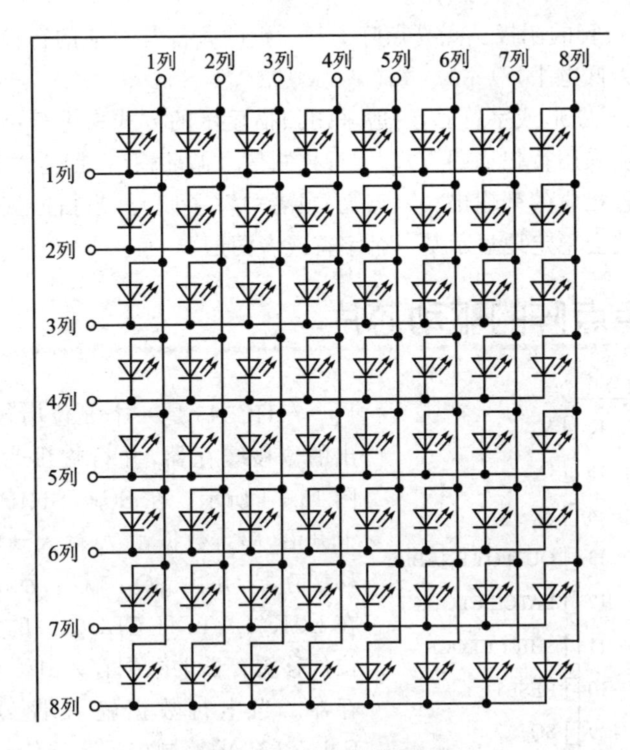

图15-2　单色点阵原理图

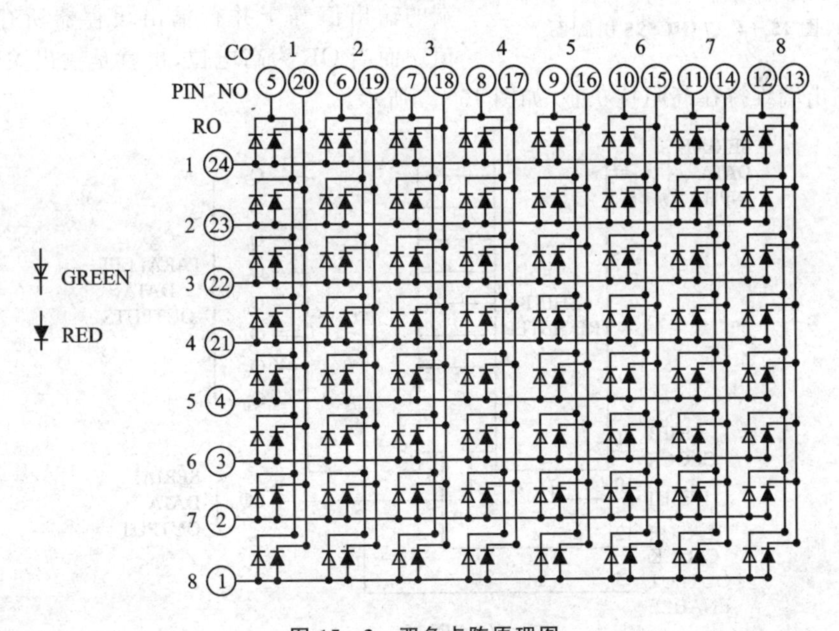

图15-3　双色点阵原理图

控制点阵每行上16个发光二极管的阳极；列控制信号分为2组，COL1～COL8(R)控制点阵每列上8个红色发光二极管的阴极；COL1～COL8(G)控制点阵每列上

8 个绿色发光二极管的阴极。点亮点阵上某一点的条件是对应的行控制信号为高电平,列控制信号为低电平。

利用点阵显示图形或字符时,一般采用扫描显示的方式来进行控制。对于案例中使用的点阵,应采用行扫描的方式,即行控制信号循环输出“1”的方式,根据需要显示的内容,在设置相应的列输出“0”(点亮)或者“1”(关闭)。当扫描频率高于一定数值后,则点阵上就会稳定地显示某一个字符或者图形。

15.2 双色点阵的驱动芯片

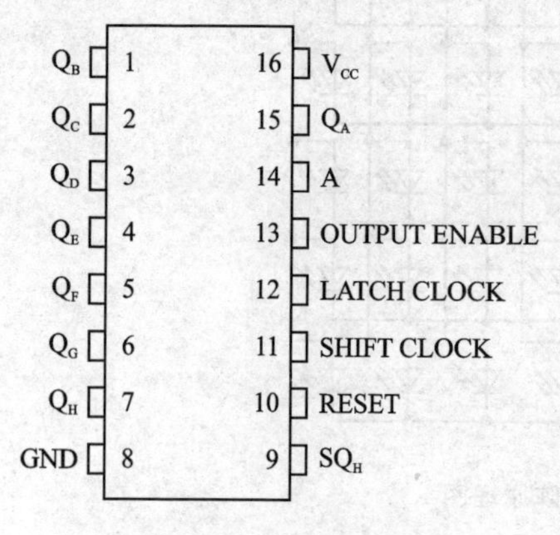

图 15-4 74HC595 引脚图

74HC595 是一个 8 位串行输入、并行输出的位移缓存器,并行输出为三态输出,如图 15-4 所示。在 SCK(SHIFT CLOCK)的上升沿,串行数据由 A 输入到内部的 8 位位移缓存器,并由 SQ_H 输出;而并行输出则是在 LCK(LATCH CLOCK)的上升沿将在 8 位位移缓存器的数据存入到 8 位并行输出缓存器。当串行数据输入端 OE(OUTPUT ENABLE)的控制信号为低使能时,并行输出端的输出值等于并行输出缓存器所存储的值。而当 OE 为高电位,也就是输出关闭时,并行输出端维持在高阻抗状态,如图 15-5 所示。

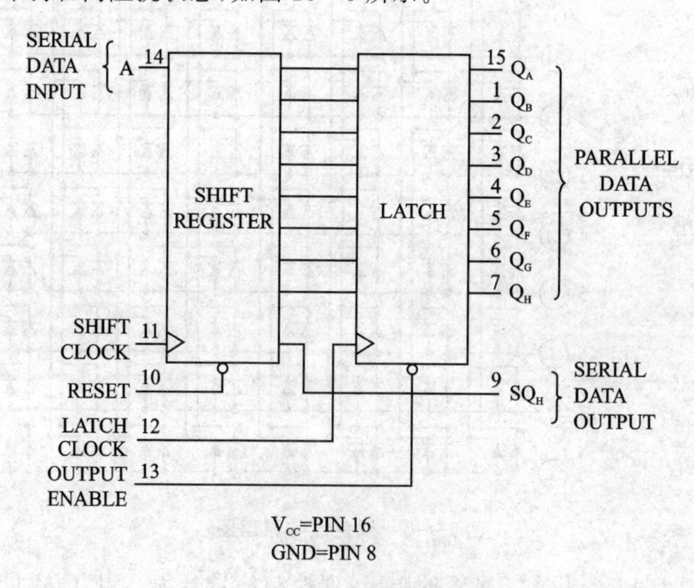

图 15-5 74HC595 逻辑图

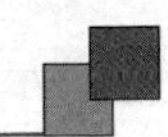

15.3 双色点阵的硬件连线

如图 15-6 所示,其中一个 74HC595(U5)控制双色点阵屏的公共端 QCON0～QCON7,另外 2 个 HC595 分别控制 2 种颜色。

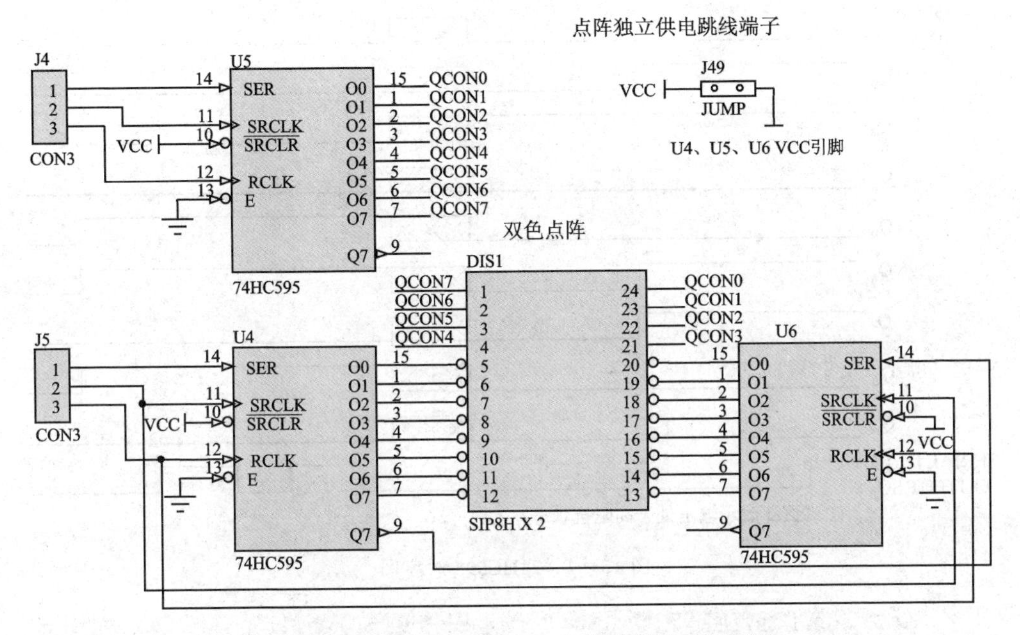

图 15-6 74HC595 驱动 8×8 双色点阵硬件原理图

15.4 双色点阵编程实战

15.4.1 双色点阵的控制流程

74HC595 是串行转并行的芯片,输入需要 3 个端口,可以通过多级级联的方式完成。DS(SER)是串行数据输入端,SH(SRCLK)是串行时钟输入端,ST(RCLK)(LATCH)是锁存端。写入数据时,SRCLK 输入时钟信号,为输入数据提供时间基准,跟随时钟信号输入对应的数据信号;输入全部完毕后,控制锁存端,使串行输入的数据锁存到输入端并保持不变,如图 15-7 所示。

通过 SRCLK 上升沿向 74HC595 发送数据,高位在先,低位在后。这部分仅仅发送数据,没有锁存输出部分。锁存部分在所有数据传输完毕后执行。

```
void SendByte(unsigned char dat){
    unsigned char i;
```

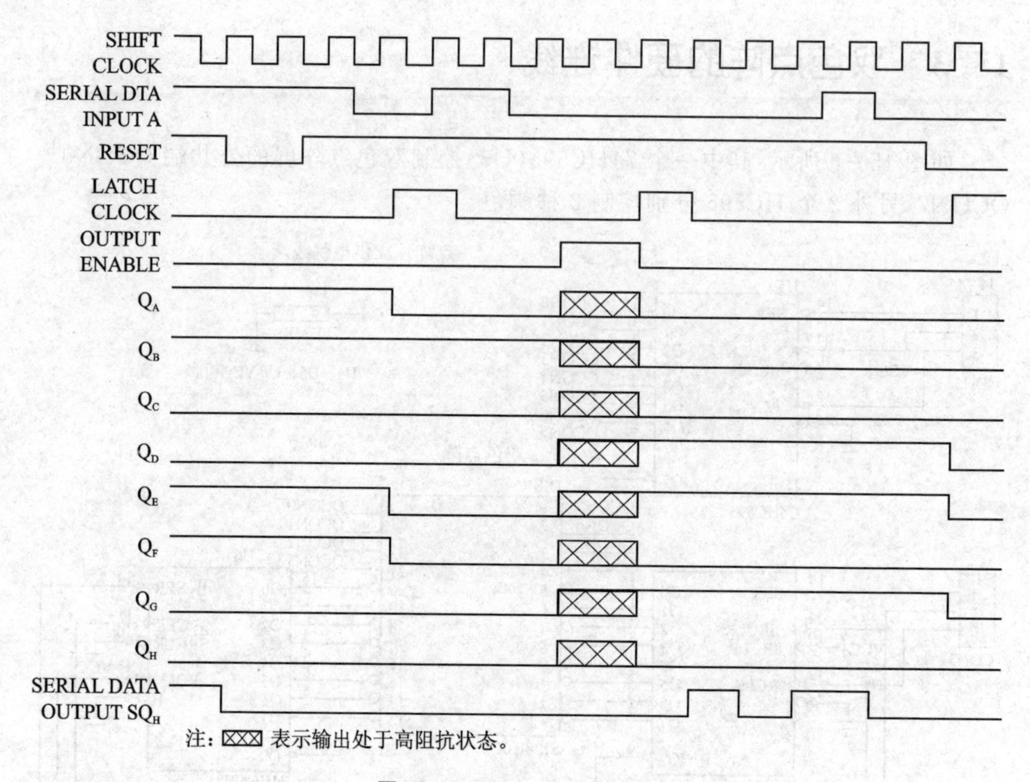

图 15－7　74HC595 时序图

```
    for(i = 0;i<8;i ++){
        SRCLK = 0;
        SER = dat&0x80;
        dat << = 1;
        SRCLK = 1;
    }
}
```

15.4.2　案例 15－1:双色点阵显示特定图形

【案例分析】

本案例通过双色点阵屏输出特定箭头图形。定义输入端口硬件连接时,由于使用的都是 74HC595 芯片,这里为了区分,公共端控制 74HC595 使用后缀 B 用于区分。函数中调用显示表格中的数据并写入 74HC595。可以理解为类似数码管写法,先写入位码,然后写入段码,最后防止重影需要消隐信号。

【案例设计】

本案例共使用 2 个 74HC595 控制 2 种颜色,2 个 74HC595 使用级联方式,所以同时控制 2 种颜色就必须同时写入 2 个字节:

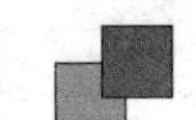

```
void Send2Byte(unsigned char dat1,unsigned char dat2){
    SendByte(dat1);
    SendByte(dat2);   }
```

数据锁存输出时，这个锁存仅仅针对 2 种颜色控制的 74HC595 有效：

```
void Out595(void){
    LATCH = 1;
    _nop_();
    LATCH = 0;}
```

公共端控制用 74HC595 数据发送与锁存，由于只使用一个 74HC595，没有级联，所以可以在一个函数中直接输入数据并锁存。

```
void SendSeg(unsigned char dat){
    unsigned char i;
    for(i = 0;i<8;i ++ ){                    //发送字节
        SRCLK_B = 0;
        SER_B = dat&0x80;
        dat << = 1;
        SRCLK_B = 1;
    }
    LATCH_B = 1;                             //锁存
    _nop_();
    LATCH_B = 0;
}
```

电路连线如表 15 - 1 所列。

表 15 - 1　双色点阵屏电路连线表

单片机 I/O 口	模块接口	杜邦线数量	功　能
P1.0	J5(RCLK)	1	锁存
P1.1	J5(SRCLK)	1	时钟
P1.2	J5(SER)	1	数据
P2.2	J4(RCLK)	1	锁存
P2.1	J4(SRCLK)	1	时钟
P2.0	J4(SER)	1	数据

【案例实现】

核心代码如下：

```
#include <reg52.h>
#include <intrins.h>
```

```
//unsigned char segout[8] = {0,1,2,3,4,5,6,7};                                //8 列
unsigned char segout[8] = {0x01,0x02,0x04,0x08,0x10,0x20,0x40,0x80};       //8 列
unsigned char code tab[] = {0x08,0x1C,0x3E,0x7F,0x1C,0x1C,0x1C,0x1C};

/* --------------------- 硬件端口定义 ---------------------- */
sbit LATCH = P1^0;
sbit SRCLK = P1^1;
sbit SER = P1^2;

sbit LATCH_B = P2^2;
sbit SRCLK_B = P2^1;
sbit SER_B = P2^0;

void DelayUs2x(unsigned char t){
    while(--t);
}
void DelayMs(unsigned char t){
    while(t--){
        //大致延时 1 ms
        DelayUs2x(245);
        DelayUs2x(245);
    }
}
/* --------------------- 发送字节程序 --------------------- */
void SendByte(unsigned char dat){
    unsigned char i;
    for(i = 0;i<8;i++){
        SRCLK = 0;
        SER = dat&0x80;
        Dat <<= 1;
        SRCLK = 1;
    }
}
/* ----------------------------------------------------
              发送双字节程序
     595 级联,n 个 595,就需要发送 n 字节后锁存
---------------------------------------------------- */
void Send2Byte(unsigned char dat1,unsigned char dat2){
    SendByte(dat1);
    SendByte(dat2);
```

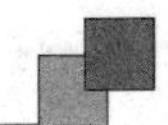

```
}
/*--------------------------------------------------------
                595 锁存程序
        595 级联发送数据后,锁存有效
--------------------------------------------------------*/
void Out595(void){
    LATCH = 1;
    _nop_();
    LATCH = 0;
}
/*--------------------------------------------------------
                发送位码字节程序
                使用另外一片单独 595
--------------------------------------------------------*/
void SendSeg(unsigned char dat){
    unsigned char i;
    for(i = 0;i<8;i++){                     //发送字节
        SRCLK_B = 0;
        SER_B = dat&0x80;
        dat <<= 1;
        SRCLK_B = 1;
    }
    LATCH_B = 1;                            //锁存
    _nop_();
    LATCH_B = 0;
}
/*--------------------------------------------------------
                主程序
--------------------------------------------------------*/
void main(){
    unsigned char i,j,k;
    while(1){
        for(i = 0;i<8;i++){                 //8 列显示
            SendSeg(segout[i]);
            Send2Byte(~tab[i],0xff);        //固定位置显示箭头图形
            Out595();
            DelayMs(1);
            Send2Byte(0xff,0xff);
            Out595();
        }
    }
}
```

15.5 练习题

1. 74HC595在SCK的________,串行数据由A输入到内部的8位位移缓存器,并由SQ_H输出。

2. 74HC595并行输出是在LCK的________,将在8位位移缓存器的数据存入到8位并行输出缓存器。

3. 串行数据输入端OE控制信号为________电平时,并行输出端的输出值等于并行输出缓存器所存储的值。而当OE为________电平时,并行输出端维持在高阻抗状态。

4. 数据移入74HC595移位寄存器中,先送________位,后送________位。

第16章 模数/数模转换

16.1 模数/数模转换原理

信号数据可用于表示任何信息，如符号、文字、语音、图像等，从表现形式上可归结为两类：模拟信号和数字信号。

模拟信号是指信息参数在给定范围内表现为连续的信号；或在一段连续的时间间隔内，其代表信息的特征量可以在任意瞬间呈现为任意数值的信号，如图 16－1 所示。

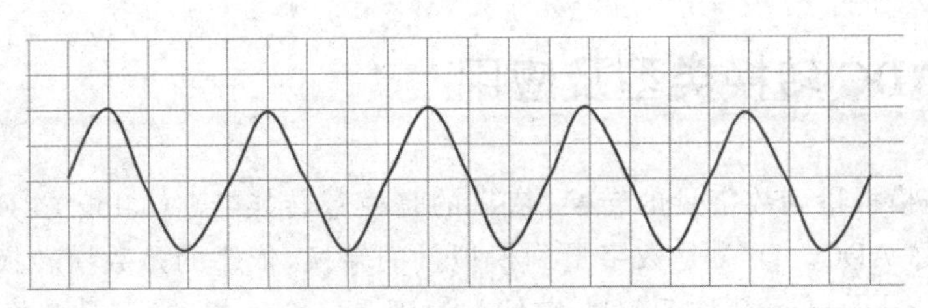

图 16－1　随机波形模拟量

数字信号指自变量是离散的、因变量也是离散的信号，这种信号的自变量用整数表示，因变量用有限数字中的一个数字来表示，如图 16－2 所示。在计算机中，数字信号的大小常用有限位的二进制数表示。例如，字长为 2 位的二进制数可表示 4 种大小的数字信号，它们是 00、01、10 和 11。若信号的变化范围在[－1,1]之间，则这 4 个二进制数可表示 4 段数字范围，即(－1,－0.5)、(－0.5,0)、(0,0.5)、(0.5,1)。

模拟信号的主要缺点是在进行长距离传输之后，信号会受到很多噪声影响，而这些噪声会使得模拟信号受损严重。由于数字信号是用两种物理状态来表示 0 和 1 的，故其抵抗材料本身干扰和环境干扰的能力都比模拟信号强很多。除此以外，由于现代传输中对安全性和保密性要求越来越高，而数字通信的加密处理比模拟通信容

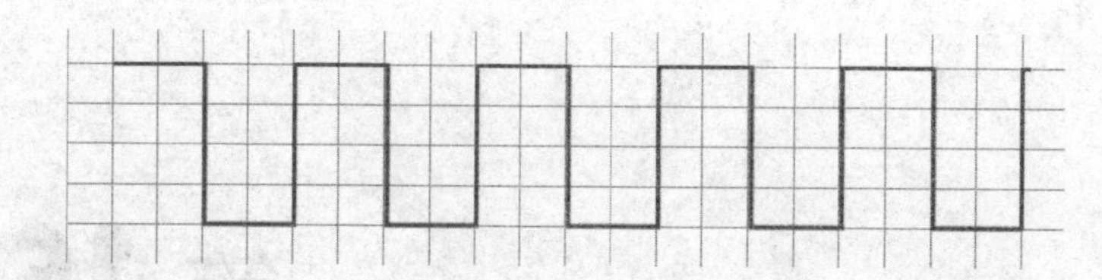

图 16-2　数字波形

易得多,所以在现代技术的信号处理中,数字信号发挥的作用越来越大,几乎复杂的信号处理都离不开数字信号;或者说,只要能把解决问题的方法用数学公式表示,就能用计算机来处理代表物理量的数字信号。

日常生活中的温度、湿度、压力、风力等都是模拟量。老式万用表是指针的,用电流驱动表头,电流越大,指针偏转越大,测量过程的数值变化是连续的。但如果用来测量电压或者电阻等参数,读值精确度受到视角、抖动、平整度的影响,那么结果会有很大的差别。如果使用数字万用表,由于其内部有微控制器、测量电压的模数转换器以及液晶显示,因此任何时刻都能直接读出准确的数值。为了更好地对这些模拟量检测并精确反馈,就需要进行模拟和数字之间的转换。

单片机只能对数字信号进行处理,其输出信号也是数字的。但工业或者生活中的很多信号都是模拟量,这些模拟量可以通过传感器变成与之对应的电压、电流等模拟量。为了实现数字系统对这些电模拟量的测量、运算和控制,就需要一个模拟量和数字量之间的相互转化的过程。新型单片机内部集成了 8、10、12 位的模数转换功能,极少数集成了数模转换功能。

16.2　ADC 转换类型及应用

A/D 是模拟量到数字量的转换,依靠的是模数转换器(Analog to Digital Converter),简称 ADC。D/A 是数字量到模拟量的转换,依靠的是数模转换器(Digital to Analog Converter),简称 DAC。它们的道理是完全一样的,只是转换方向不同,这里主要以 A/D 为例来讲解。ADC 就是起到把连续的信号用离散的数字表达出来的作用。进行转换时,以时间轴为基准,定时抓取当前时间的模拟量,对采样的模拟量进行量化和编码就完成整个 A/D 转换过程,如图 16-3 所示。

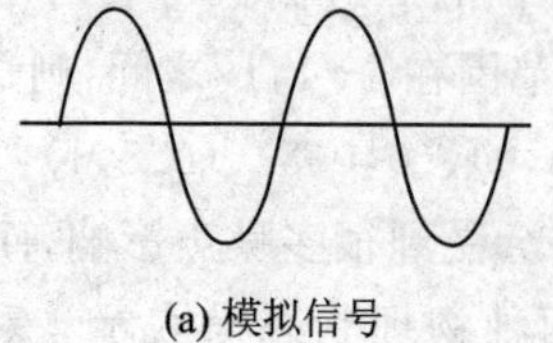

(a) 模拟信号

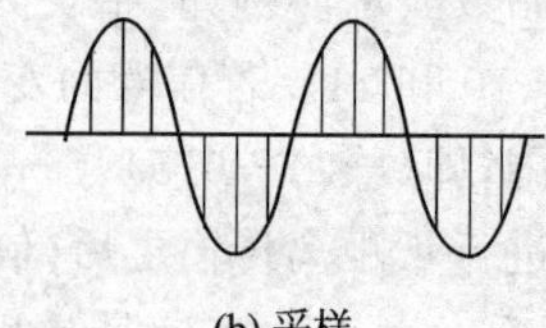

(b) 采样

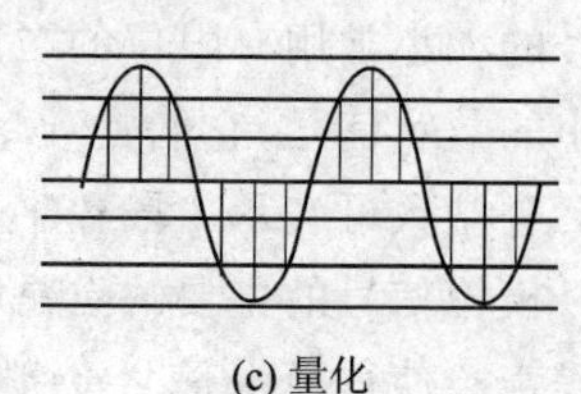

(c) 量化

图 16-3　ADC 转换过程图

1. A/D转换步骤

(1) 采 样

在A/D转换期间,为了使输入信号不变,保持在开始转换时的值,通常要采用一个采样电路。启动转换实际上是把采样开关接通进行采样。所谓采样,就是在时间轴上对信号数字化。在进行模拟/数字信号的转换过程中,当采样频率 $f_{s.max}$ 大于信号中最高频率 f_{max} 的2倍时($f_{s.max}>2f_{max}$),采样之后的数字信号完整地保留了原始信号中的信息,实际应用中一般保证采样频率为信号最高频率的5～10倍;采样定理又称奈奎斯特定理。

(2) 保 持

在A/D转换期间,采样电路采样,过一段时间后开关断开,采样电路进入保持模式,这时A/D才真正开始转换。

(3) 量 化

模数转化是为了测量数字系统不能识别的采集信息转化为能识别的结果,在数字系统中只有0和1两个状态,而模拟量的状态很多。量化后可将模拟量分为多组,从而使用数字量来进行表达。量化的方式是在幅度上对信号数字化,它的作用就是为了用数字量更精确地表示模拟量。

同样是1 V的模拟电压值,如果使用10等分和250等分进行量化,精度表达范围是不同的,如表16-1和表16-2所列。10等分最低只能分辨0.1 V的电压;如果使用250等分,则最低分辨率可以分辨0.004 V电压。理论上,精度越高,就更能接近模拟的真实值,但实际上精度不能无限提高,精度越高,转换速度就越慢。

表16-1 4位二进制量化表

模拟量单位/V	1	0.9	0.8	0.7	0.6	0.5	0.4	0.3	0.2	0.1	0
数字量十进制	10	9	8	7	6	5	4	3	2	1	0
数字量二进制	1010	1001	1000	0111	0110	0101	0100	0011	0010	0001	0000

表16-2 8位二进制量化表

模拟量单位/V	1	0.9	0.8	0.7	0.6	0.5	0.4	0.3	0.2	0.1	0
数字量十进制	250	225	200	175	150	125	100	75	50	25	0
数字量二进制	1111 1010	1001 0101	1000 0000	0111 1101	0110 1000	0101 0101	0100 0000	0011 1101	0010 1000	0001 0101	0000 0000

(4) 编　码

编码是将离散幅值经过量化以后变为二进制数字的过程。

2. 主要技术指标

在选择 A/D 转换器的时候，需要根据参数指标以及价格等多种因素进行考量，下面说明 A/D 转换器的主要技术指标。

(1) 分辨率

分辨率指数字量变化一个最小量时模拟信号的变化量，定义为满刻度与 2^n（n 为数字信号位数）的比值。分辨率又称精度，通常以数字信号的位数来表示。常用的 A/D 芯片的分辨率有 8、10、12、16、24 和 32 位等。8 位就是 $2^8=256$ 等分，10 位就是 $2^{10}=1\ 024$ 等分。

(2) 转换时间

转换时间是指完成一次从模拟转换到数字的 A/D 转换所需的时间。积分型 A/D 的转换时间是毫秒级，属低速 A/D；逐次比较型 A/D 是微秒级，属中速 A/D；全并行/串并行型 A/D 可达到纳秒级。

(3) 转换误差

转换误差表示数字量与理论数值之间的差别。模拟数字转换器的误差有多种来源，包括量化误差、偏移误差和满刻度误差。任何模拟数字转换中都存在内在误差，主要是由时钟的不良振荡导致，通常使用“最低有效位”的参数来衡量。

16.3　DAC 转换类型及应用

数字量转换成模拟量的过程叫数模转换，简写成 D/A。完成这种功能的电路叫数模转换器，简称 DAC。最常见的数模转换器是将并行二进制的数字量转换为直流电压或直流电流，它常用作过程控制计算机系统的输出通道，与执行器相连，从而实现对生产过程的自动控制。DAC 基本上由 4 个部分组成，即权电阻网络、运算放大器、基准电源和模拟开关，如图 16－4 所示。

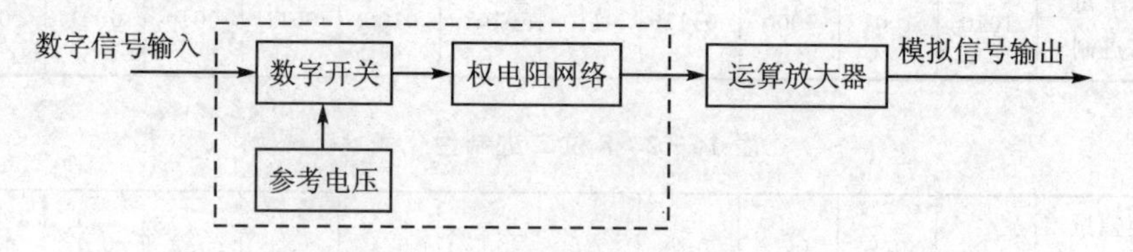

图 16－4　数模(DAC)转换原理

D/A 转换器的主要特性指标包括以下方面：

(1) 分辨率

指最小模拟输出量（对应数字量中仅最低位为“1”）与最大量（对应数字量中所有

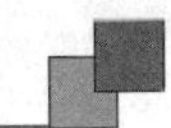

有效位为“1”)之比。如 N 位 D/A 转换器,其分辨率为 $1/(2N-1)$。在实际使用中,表示分辨率大小的方法也用输入数字量的位数来表示。

(2) 线性度

用非线性误差的大小表示 D/A 转换的线性度。并且把理想的输入/输出特性的偏差与满刻度输出之比的百分数定义为非线性误差。

(3) 转换精度

DAC 的转换精度与 DAC 集成芯片的结构和接口电路配置有关。如果不考虑其他 D/A 转换误差时,D/A 的转换精度即为分辨率的大小。因此,要获得高精度的 D/A 转换结果,首先要保证选择有足够分辨率的 D/A 转换器。同时,D/A 转换精度还与外接电路的配置有关,当外部电路器件或电源误差较大时,会造成较大的 D/A 转换误差;当这些误差超过一定程度时,D/A 转换就会产生错误。在 D/A 转换过程中,影响精度的主要因素还有失调误差、增益误差、非线性误差和微分非线性误差。

16.4　练习题

1. ________又称精度,通常以数字信号的位数来表示。8 位二进制的精度为________等分。精度越________,就更能接近模拟量的真实值。

2. 转换误差主要是由时钟的不良振荡导致的,通常使用________的参数来衡量。

第17章

红外收发

17.1 红外接收与编解码定义

红外线遥控是目前使用最为广泛的一种通信手段,这是因为红外线遥控装置具有体积小、功耗低、成本低等特点。通用红外接收系统由发射和接收两大部分组成,如图17-1所示,发射部分包括键盘矩阵、编码调制、LED红外发送器;接收部分包括光、电转换放大器、解调、解码电路。红外发射端根据芯片不同有多种统一的编码方式,但红外接收部分收到的都是一样的。红外接收头的型号有很多种,如常见的HS0038和VS1838等,它们的功能大致相同,只是引脚封装不同。

图17-1 红外收发示意图

红外发射部分其实就是将某个按键所对应的控制指令和系统码(由0和1组成的序列)调制在38 kHz的载波上,然后经放大、驱动红外发射管将信号发射出去。现有的红外遥控包括两种方式:PWM(脉冲宽度调制)和PPM(脉冲位置调制)。两种形式编码的代表分别为NEC标准和PHILIPS标准。

1. NEC标准

NEC的特征格式:一个完整的全码=引导码+地址码+地址反码+数据码+数据反码。其中,引导码高电平9 ms,低电平4.5 ms;地址码共16位,能区别不同的红外遥控设备,以防不同的机种遥控码互相干扰;数据码共16位,用于核对数据是否接收准确。接收部分应根据数据码做出应该执行的动作。如果按键不放,则会发送一段重复码,重复码由9 ms的高电平和2.25 ms的低电平组成。

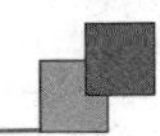

NEC 协议通过脉冲串之间的时间间隔来实现信号的调制(英文简写 PWM)。逻辑“0”是由 0.56 ms 的 38 kHz 载波和 0.565 ms 的无载波间隔共 1.125 ms 组成；逻辑“1”是由 0.56 ms 的 38 kHz 载波和 1.69 ms 的无载波间隔共 2.25 ms 组成；结束位是 0.56 ms 的 38 kHz 载波。

注意，一体化接收头收到 38 kHz 红外信号时，OUT 输出低电平；否则，为高电平。所以一体化接收头输出的波形和发射波形是反向的。

2. PHILIPS 标准

PHILIPS 的特征格式：一个完整的全码＝起始码“11”＋控制码＋用户码＋用户码。控制码在 1 和 0 之间切换，若持续按键，则控制码不变。PHILIPS 协议逻辑“0”由低电平 1.778 ms 和高电平 1.778 ms 组成；逻辑“1”由高电平 1.778 ms 和低电平 1.778 ms 组成。连续码重复延时 114 ms。

17.2　红外接收原理

红外接收头的工作原理为：内置接收管将红外发射管发射出来的光信号转换为微弱的电信号，此信号经由 IC 内部放大器进行放大，然后通过自动增益控制、带通滤波、解调、波形整形后还原为遥控器发射出的原始编码，再经由接收头的信号输出脚输出到电器上的编码识别电路。所谓解码就是一个区分脉冲宽度的过程。红外信号的“0”和“1”是通过脉冲持续时间的长短来区分的。

解码的关键是如何识别“0”和“1”，从位的定义可以发现，“0”、“1”均以 0.56 ms 的高电平开始，不同的是低电平的宽度不同，“0”为 0.56 ms，“1”为 1.685 ms，所以必须根据高电平的宽度区别“0”和“1”。如果从 0.56 ms 低电平过后延时 0.56 ms，若读到的电平为低，则说明该位为“0”；反之，则为“1”。为了可靠起见，延时必须比 0.56 ms 长些，但又不能超过 1.12 ms；否则如果该位为“0”，读到的已是下一位的高电平。因此，取(1.12 ms＋0.56 ms)/2＝0.84 ms 最为可靠，一般取 0.84 ms 左右即可。根据红外编码的格式，程序应该等待 9 ms 的起始码和 4.5 ms 的结果码完成后才能读码。

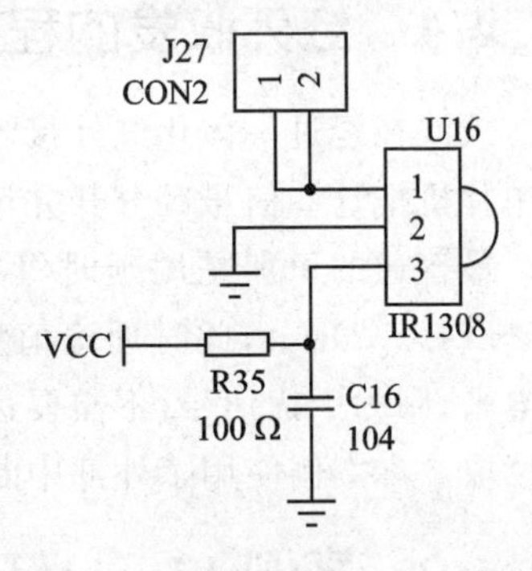

图 17－2　红外一体化接收原理图

红外发射需要单片机直接产生 38 kHz 调制波驱动，这里不再详细讲解，因为应用较少。配套样例中有简单的测试程序，通过发射低频闪烁信号，然后一体化接收头接收到后直接输入到 led 灯，无须单片机处理，如图 17－2 所示。简单的说，就是把一个 led 闪烁功能通过红外发射和接收最终实现功能。

17.3 红外发射原理

在发射端，输入信号经放大后送入红外发射管发射。红外发射部分等同于发光二极管电路，不同的是发光管使用的是红外管，因为红外线在可视光线之外，所以工作时人眼并不能看到发光，此时需要通过仪器测定发射管是否正常工作。红外发射电路如图 17－3 所示。

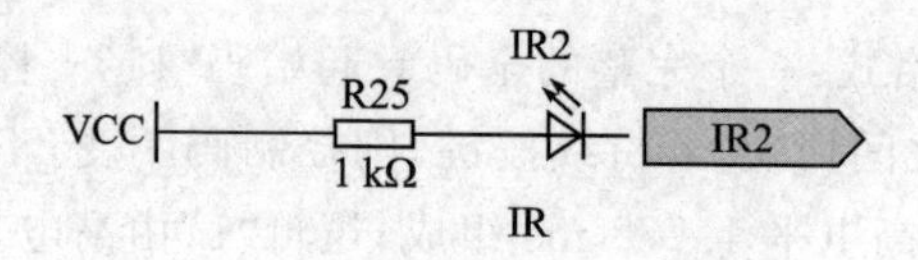

图 17－3 红外发射电路图

如果使用 38 kHz 调制波控制红外发射管，就是把数据和一定频率的载波进行“与”操作，这样既可以提高发射效率又可以降低电源功耗。所以如果想通过红外发射实现模拟遥控、红外避障等功能，则需要单片机产生 38 kHz 的调制波，最简单的办法是通过定时器产生 38 kHz 方波。

配套资料中提供了简单的测试样例，通过红外发射闪烁信号，经过一体化接收头处理直接连接到 led 灯；如果 led 灯正常闪烁，则说明红外发射和接收功能都正常。由于发射头是透明材质，所以光线会产生散射，一般情况下，红外信号会直接照射到一体化接收头。如果需要严格杜绝这种现象，则需要用纯黑色不透明物质遮挡发射头或者接收头。

17.4 红外收发编程实战

17.4.1 红外收发的程序设计思路

载波在经过一体化红外接收头之后就被解调，只剩下头码和 0、1 波形信号。使用单片机把这些信号区分开并记录下来，就完成了解码工作，如图 17－4 所示。

最普通的识别是用延时等待方式。检测头码就是等待低电平出现，然后延时 4.5＋(4.5/2) ms，此时理论值应该是在高电平的中间位置。如果单片机检测不是高电平，则为干扰信号，不需要进一步处理；如果是高电平，则需要按照解码规则来进行读取。本案例使用了外部中断进行处理，避免延时程序带来的误码错误。

17.4.2 案例 17－1：红外解码液晶屏显示

【案例分析】

本案例预期效果通过 1602 液晶屏显示红外解码，如图 17－5 所示。

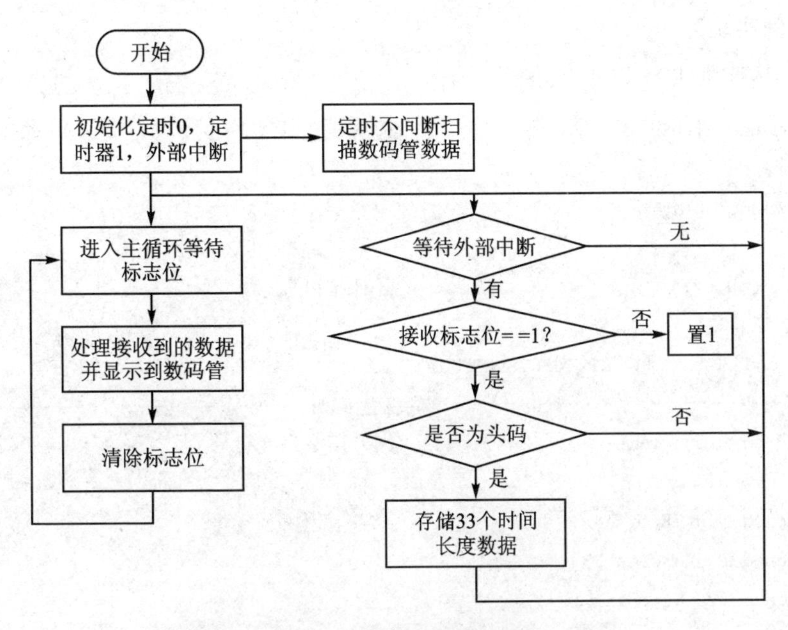

图 17－4　红外解码流程图

图 17－5　红外解码液晶屏显示图

【案例设计】

经过分析可知，案例中一共使用到了 LCD1602 显示红外用户码。LCD1602 屏的控制在前面案例中已经实现，我们知道，项目工程中一共有 5 个文件：main. c、delay. h、delay. c、1602、1602. c。

main. c：主程序，用来接收红外信号，并对信号进行处理，将处理完毕的按键编码存储在数组中，最后通过 1602 显示出来。

delay. h、delay. c：包括所有用到的延迟函数，比如毫秒、微秒级延时。

1602. h、1602. c：LCD1602 屏的驱动程序，主要利用屏幕显示函数。

电路连线如表 17－1 所列。

表 17－1　红外解码 LCD1602 显示连线表

单片机 I/O 口	模块接口	杜邦线数量	功　能
P3. 2(接收)	J27(2 针之一)	1	红外接收

注：LCD2 插上 LCD1602 液晶屏，调节 W1 至最佳显示效果。

【案例实现】

核心代码如下：

```
#include <reg52.h>                    //包含头文件
#include"1602.h"
#include"delay.h"

sbit IR = P3^2;                       //红外接口标志

char code Tab[16] = "0123456789ABCDEF";
/*----------------------全局变量声明-------------------*/
unsigned char irtime;                 //红外用全局变量
bit irpro_ok,irok;
unsigned char IRcord[4];
unsigned char irdata[33];
unsigned char TempData[16];
/*----------------------函数声明----------------------*/
void Ir_work(void);
void Ircordpro(void);
/*-----------------定时器0中断处理--------------------*/
void tim0_isr (void) interrupt 1 using 1{
    irtime++;                         //用于计数2个下降沿之间的时间
}
/*-----------------外部中断0中断处理------------------*/
void EX0_ISR (void) interrupt 0{
    static unsigned char  i;          //接收红外信号处理
vstatic bit startflag;                //是否开始处理标志位

    if(startflag){
        if(irtime<63 && irtime>=33) //引导码 TC9012 的头码,9ms+4.5ms
            i=0;
        irdata[i]=irtime;         //存储每个电平的持续时间,用于以后判断是0还是1
        Irtime=0;
        i++;
        if(i==33){
            irok=1;
            i=0;
        }
    }
```

```
    else{
        irtime = 0;
        startflag = 1;
    }
}
/* ------------------ 定时器0初始化 ------------------*/
void TIM0init(void){
    TMOD = 0x02;                //定时器0工作方式2,TH0是重装值,TL0是初值
    TH0 = 0x00;                 //重载值
    TL0 = 0x00;                 //初始化值
    ET0 = 1;                    //开中断
    TR0 = 1;
}
/* ------------------ 外部中断0初始化 ----------------*/
void EX0init(void){
    IT0 = 1;                    //指定外部中断0下降沿触发,INT0 (P3.2)
    EX0 = 1;                    //使能外部中断
    EA = 1;                     //开总中断
}
/* ------------------ 键值处理 ---------------------*/
void Ir_work(void){
    TempData[0] = Tab[IRcord[0]/16];          //处理客户码
    TempData[1] = Tab[IRcord[0] % 16];
      TempData[2] = '-';
    TempData[3] = Tab[IRcord[1]/16];          //处理客户码
    TempData[4] = Tab[IRcord[1] % 16];
    TempData[5] = '-';
    TempData[6] = Tab[IRcord[2]/16];          //处理数据码
    TempData[7] = Tab[IRcord[2] % 16];
    TempData[8] = '-';
    TempData[9] = Tab[IRcord[3]/16];          //处理数据反码
    TempData[10] = Tab[IRcord[3] % 16];

    LCD_Write_String(5,1,TempData);
    irpro_ok = 0;                             //处理完成标志
}
/* ------------------ 红外码值处理 ---------------------*/
void Ircordpro(void){
    unsigned char i, j, k;
    unsigned char cord,value;
```

```
    k = 1;
    for(i = 0;i<4;i ++ ){                       //处理 4 个字节
        for(j = 1;j< = 8;j ++ ){                //处理 1 个字节 8 位
        cord = irdata[k];
            if(cord>7)                          //大于某值为 1,这个和晶振有绝对关系,这
                                                //里使用 12M 计算,此值可以有一定误差
            value|= 0x80;
        if(j<8){
            value >> = 1;
        }
        k ++ ;
    }
    IRcord[i] = value;
    value = 0;
    }
    irpro_ok = 1;                               //处理完毕标志位置 1
}

/*---------------------- 主函数 -----------------------*/
void main(void){
    EX0init();                                  //初始化外部中断
    TIM0init();                                 //初始化定时器

    LCD_Init();                                 //初始化液晶
    DelayMs(20);                                //延时有助于稳定
    LCD_Clear();                                //清屏

    LCD_Write_String(0,0,"www.doflye.net");
    LCD_Write_String(0,1,"Code:");

    while(1){                                   //主循环
        if(irok){                               //如果接收好了进行红外处理
            Ircordpro();
            irok = 0;
        }
        if(irpro_ok){                           //如果处理好后进行工作处理,如按对应的按
                                                //键后显示对应的数字等
            Ir_work();
        }
    }//while(1)
}
```

17.5　练习题

1. 红外解码中的“0”、“1”均以 0.56 ms 的高电平开始，但是________的宽度不同。延时 0.56 ms 以后，若读到的电平为________，说明该位为“0”，反之则为“1”。

2. 红外发射使用 38 kHz 调制波控制红外发射管，就是把数据 38 kHz 载波进行________操作。

第 4 篇
总线协议篇

任何一个完整的系统最后都是进行数据的管理，同样，在单片机控制系统中，也经常需要单片机与外围模块进行数据传输。关于数据传输的方式，除了单片机自身的串口通信之外，本篇将分 3 章讲解 3 种常用的通信方式及协议，包括 I^2C 总线、SPI 总线和 1－Wire 总线。

每一种总线通信方式都遵循各自的通信协议，本篇内容的学习与前面篇章的内容不同，读者将首次接触协议的概念。通常，每种协议的处理过程基本是固定的，读者只须在理解协议工作的前提下，能够调用这些接口函数进行应用扩展即可。

目前很多的外围模块都采用总线通信的方式与单片机交互，通过本篇的学习，读者在完成单片机应用系统设计时将可以选择更多的外围模块来丰富自己的系统，从而为后续实战篇的学习打好基础。

- I^2C 总线与 E^2PROM
- SPI 协议
- 1－Wire 总线

第 18 章

I^2C 总线与 E^2PROM

18.1 I^2C 总线概述

1. I^2C 总线简介

I^2C(Inter - Integrated Circuit)总线是由飞利浦半导体公司设计的两线式串行总线,主要用来连接微控制器及其外围器件,可实现多机系统之间的通信,以及所需的总线裁决和高低不同速设备之间同步等功能。

I^2C 总线最初是为音频和视频设备开发的,如今主要在服务器管理中使用,尤其是系统中各组件状态的通信。例如,管理员可对电源和系统风扇等组件进行查询,获取内存、硬盘、网络、系统温度等多个参数,以管理系统的配置或掌握组件的功能状态,增加了系统的安全性,方便了管理。

用 I^2C 总线设计的单片机系统十分方便灵活,体积也小,在各类实际应用中得到了广泛应用。

2. I^2C 总线特点

I^2C 总线最主要的优点是简单性和有效性。由于接口直接在组件上,因此 I^2C 总线占用的空间非常小,减少了电路板的空间和芯片管脚的数量,降低了互连成本。总线的长度可高达 25 英尺,并且能够以 10 kbps 的传输速率支持 40 个组件。I^2C 总线的另一个优点是支持多主控,其中任何能够进行发送和接收的设备都可以成为主控。主控能够控制信号的传输和时钟频率。当然,在任何时间点上只能有一个主控。I^2C 总线属于半双工通信,同一时间只可以单向通信。

3. I^2C 总线连接方式

I^2C 是一种多向控制总线,也就是说,多个设备可以并联到同一总线结构下,同时，每个设备都可以作为控制实时数据传输的主机。这种方式简化了信号传输总线接口。

I^2C 总线一般有两根信号线，一根是 SDA（串行数据线），另一根是 SCL（串行时钟线）。各设备进行级联时，要求各设备的数据线 SDA 都接到 I^2C 总线的 SDA 上，各设备的时钟线 SCL 接到 I^2C 总线的 SCL 上。I^2C 总线连接方式如图 18-1 所示。

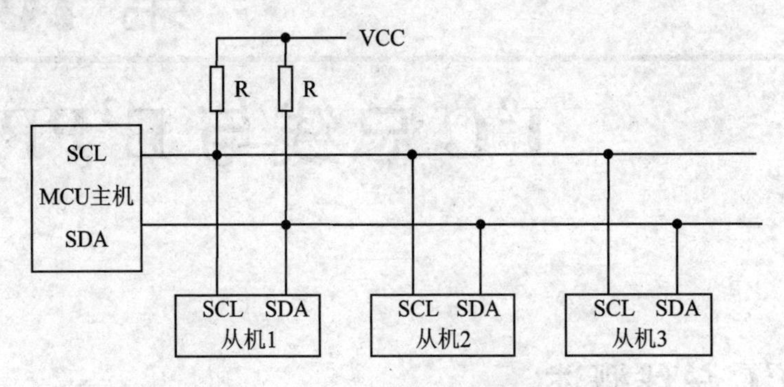

图 18-1　I^2C 总线连接方式

4. I^2C 总线通信机制

I^2C 总线的运行（数据传输）由主机控制。所谓主机，也叫主控器，是指启动数据的传送（发出启动信号）、发出时钟信号以及传送结束时发出停止信号的设备，通常主机都是微处理器。为了进行通信，每个接入 I^2C 总线的设备都有一个唯一的地址，以便于主机寻访。就像电话机一样，只有拨通各自的号码才能工作，所以每个电路和模块都有唯一的地址。被主机寻址的设备均认为是从机，也叫被控器，通常从机可以是微处理器，也可以是 IC 芯片。

I^2C 总线是由数据线 SDA 和时钟 SCL 构成的串行总线，可双向发送和接收数据。主机和从机的数据传送，可以由主机发送数据到从机，也可以由从机发到主机，传送速率可达 100 kbps 以上。凡是发送数据到总线的设备称为发送器，从总线上接收数据的设备称为接收器。

在信息的传输过程中，主机发出的控制信号分为地址码和控制量两部分。地址码用来选址，即接通需要控制的电路，确定控制的从机；控制量决定需要调整的类别（如对比度、亮度等）及需要调整的量。这样，各控制电路虽然挂在同一条总线上，却彼此独立，互不影响。

在 I^2C 总线上，主和从、发和收的关系都不是恒定的，并联的每个设备既是主机（或从机），又是发送器（或接收器），这取决于它所要完成的功能和此时数据传送方向。如果主机要发送数据给从机，则主机首先寻址从机，然后主动发送数据至从机，最后由主机终止数据传送；如果主机要接收从机的数据，则首先由主机寻址从机，然后主机接收从机发送的数据，最后由主机终止接收过程。

I^2C 总线上允许连接多个微处理器以及各种外围器件，如存储器、LED 及 LCD

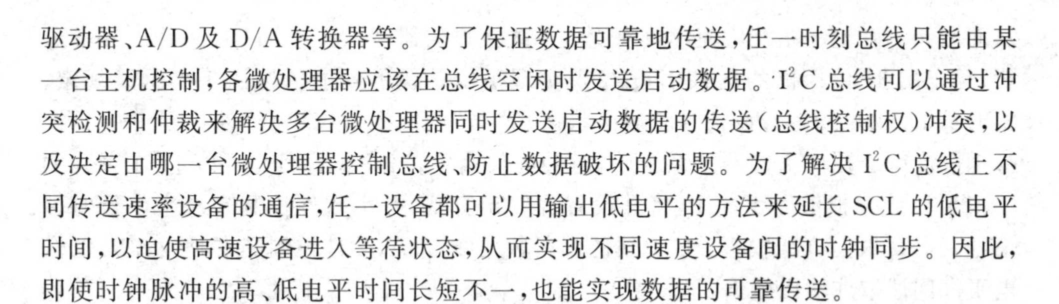

驱动器、A/D 及 D/A 转换器等。为了保证数据可靠地传送，任一时刻总线只能由某一台主机控制，各微处理器应该在总线空闲时发送启动数据。I^{2}C 总线可以通过冲突检测和仲裁来解决多台微处理器同时发送启动数据的传送(总线控制权)冲突，以及决定由哪一台微处理器控制总线、防止数据破坏的问题。为了解决 I^{2}C 总线上不同传送速率设备的通信，任一设备都可以用输出低电平的方法来延长 SCL 的低电平时间，以迫使高速设备进入等待状态，从而实现不同速度设备间的时钟同步。因此，即使时钟脉冲的高、低电平时间长短不一，也能实现数据的可靠传送。

18.2 I^{2}C 通信协议

18.2.1 I^{2}C 通信协议

I^{2}C 总线在传送数据过程中共有 3 种类型信号：启动信号、停止信号和应答信号。

启动信号：SCL 为高电平时，SDA 由高电平向低电平跳变，开始传送数据。

停止信号：SCL 为高电平时，SDA 由低电平向高电平跳变，结束传送数据。

应答信号：接收器在接收到 8 bit 数据后，向发送器发出应答信号(特定的低电平脉冲)，表示已收到数据。接收器接收到应答信号后，根据实际情况做出是否继续传递信号的判断。若未收到应答信号，则可判断为接收器出现故障。

这些信号中，启动和停止信号均由主机产生，一次通信过程中，启动信号是必需的，停止信号和应答信号在某些情况下都可以不要。

SDA 和 SCL 都是双向 I/O 线，为了避免总线信号的混乱，要求连接到 I^{2}C 总线上的各设备接口电路必须是漏极开路(OD)输出或集电极开路(OC)输出。当总线空闲时，SDA、SCL 两根线都是高电平。任一设备输出的低电平都将使相应的总线信号线变低，也就是说，各设备的 SDA 是“与”关系，SCL 也是“与”关系。

I^{2}C 总线的启动和停止信号时序如图 18－2 所示。

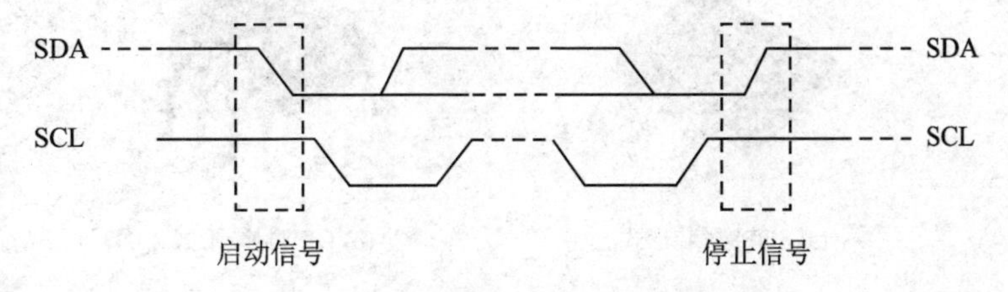

图 18－2 I^{2}C 总线启动和停止信号时序

18.2.2 单片机模拟 I^{2}C 总线

目前，51、96 系列的单片机应用很广，但是由于很多芯片都没有 I^{2}C 总线接口，从而限制了在这些系统中使用具有 I²C 总线接口的器件。通过对 I²C 总线时序的分析,可以用 51 单片机的两根 I/O 线来实现 I²C 总线的功能。按照 I²C 总线规定,SCL 线和 SDA 线是各设备对应输出状态相“与”的结果,可以用软件控制 I/O 口模拟 I²C 接口。在单主控器的系统中,时钟线仅由主控器驱动,因此可以用 51 系列的一根 I/O 线模拟信号线 SCL,将其设置为输出方式,并由软件控制来产生串行时钟信号。另一根 I/O 线模拟 I²C 总线的串行数据线 SDA,软件控制其在时钟 SCL 的低电平期间读取或输出数据。

系统传输数据的过程:先由单片机作为主机,发出一个启始信号,接着送出要访问从机器件的 7 位地址数据,并等待从机器件的应答信号。当收到应答信号后,根据访问要求进行相应的操作。如果是读入数据,则 SDA 线可一直设为输入方式,中间不需要改变 SDA 线的工作方式,每读入一个字节均依次检测应答信号;如果是输出数据,则首先将 SDA 线设置为输出方式,当发送完一个字节后,需要改变 SDA 线为输入方式,此时读入从机器件的应答信号就完成了一个字节的传送。当所有数据传输完毕后,应向 SDA 线发出一个停止信号,以结束该次数据传输。

【注意】51 单片机使用标准的双向 I/O 口,无须进行端口设置,直接读入或者输出数据;读入数据前,把对应的端口先置 1。

18.3 E²PROM 24C02 应用概述

18.3.1 24C02 芯片简介

24C02 芯片是低工作电压的串行电可擦除只读存储器(E²PROM),基于 I²C 总线,遵循二线制协议。由于其具有接口方便、体积小、数据掉电不丢失等特点,在低电压、低功耗的仪器仪表及工业自动化控制中得到大量的应用。图 18-3 是 24C02 芯片的两种常用封装形式。

(a) SOP8封装形式

(b) DIP8封装形式

图 18-3 24C02 芯片封装图

18.3.2 24C02 硬件原理与连接

24C02 芯片引脚图和电路原理图如图 18-4、图 18-5 所示。

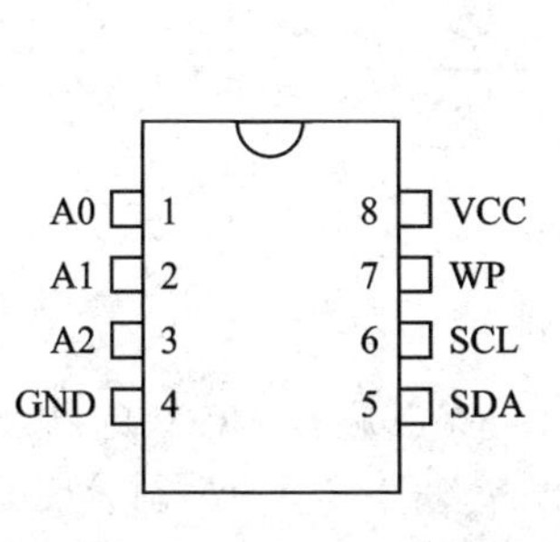

图 18-4 24C02芯片引脚图

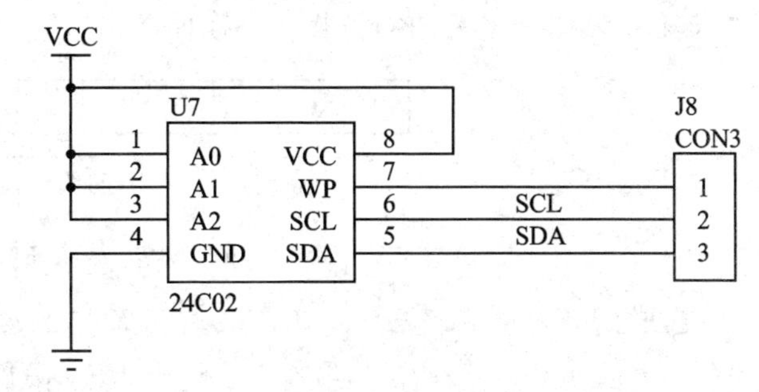

图 18-5 24C02模块电路原理图

A0、A1、A2:器件地址输入引脚。A0、A1和A2可以组成000~111共8种情况,所以总线上可以同时级联8个24C02器件。因开发板实际电路中只有一个24C02器件,并且3个引脚都直接连接了VCC,即该器件硬件地址为二进制的111。

SDA:串行地址和数据输入/输出接口。SDA是双向串行数据传输引脚,漏极开路,须外接上拉电路到VCC(典型值10kΩ)。

SCL:为串行时钟输入引脚,用于产生器件所有数据发送或接收的时钟,这是一个输入引脚。

WP:写保护端口,提供硬件数据保护。可以通过杜邦线接VCC或者GND,接到VCC时所有的内容都被写保护、只能读取,连接到GND时可以进行正常的读/写操作。

24C02模块与单片机开发板的连接方式如表18-1所列。

表 18-1 24C02模块电路连线表

单片机I/O口	模块接口	杜邦线数量	功 能
P2.0	J8(SCL)	1	时钟线
P2.1	J8(SDA)	1	数据线
VCC或GND	J8(WP)	1	写保护线

18.3.3 24C02存储结构与寻址

24C02的存储容量为2 kbit,内容分成32页,每页8字节,共256字节。操作时有两种寻址方式,即芯片寻址和片内子地址寻址。

(1) 芯片寻址

24C02芯片一共有7位地址码,还有一位是读/写(R/W)操作位。前4位已经固定为1010,其地址控制字格式为1010A2A1A0R/W。其中,A2、A1、A0是可编程地址选择位。A2、A1、A0引脚接高、低电平后得到确定的3位编码,与1010形成7位编码,即为该器件的地址码。R/W为芯片读/写控制位,该位为0表示芯片进行写操作;该位为 1 表示芯片进行读操作。地址格式如图 18－6 所示。

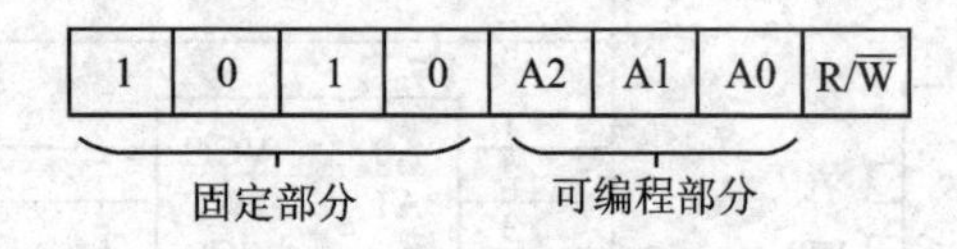

图 18－6　24C02 从器件地址

【注意】开发板实际电路中,24C02 芯片的 A2、A1、A0 引脚接 VCC,所以该从机器件 7 位地址码为 1010111,写指令 10101110(0xAE),读指令为 10101111(0xAF)。

(2) 片内子地址寻址

芯片寻址可对内部 256 字节中的任一个字节进行读/写操作,其寻址范围为 00～FF,共 256 个寻址单位。

18.3.4　24C02 读/写操作时序

24C02 的各种读/写操作时序规定了先写 xx 地址、再写 xx 地址、再写 xx 数据等这样的读/写操作顺序,它所有读/写操作都以 I²C 总线为基础。

简单说,I²C 时序是 24C02 时序的基础构成,是一种通信时序,是最底层的。而 24C02 作为一种外设器件,有自己的读/写操作的规则,先写什么,再写什么。这样 24C02 器件才能正确进行读/写操作。而因为 24C02 芯片的通信方式是 I²C 总线传输,所以时序里的写器件地址、写字地址、写数据内容无一例外用的都是 I²C 总线传输。

I²C 时序理解起来很简单,程序也简单易写。下面简单介绍 24C02 时序中的写字节时序和读字节时序。

以写时序为例,如图 18－7 所示。可以看到,依次为启动信号、从机地址、应答、字节地址、应答、数据、应答、停止信号。主机要向从机写一个字节数据时,首先产生启动信号,然后紧跟着发送一个字节的从机地址。此时的从机地址前 7 位是器件地址,第 8 位(R/W 数据方向位)是 0(代表写命令)。这时候主机等待从机的应答信号。当主机收到应答信号时,则发送要访问的片内字节地址,再继续等待从机的应答信号。当主机再次收到应答信号时,发送一个字节的数据,继续等待从机的应答信号。当主机又一次收到应答信号时,产生停止信号,结束传送过程。

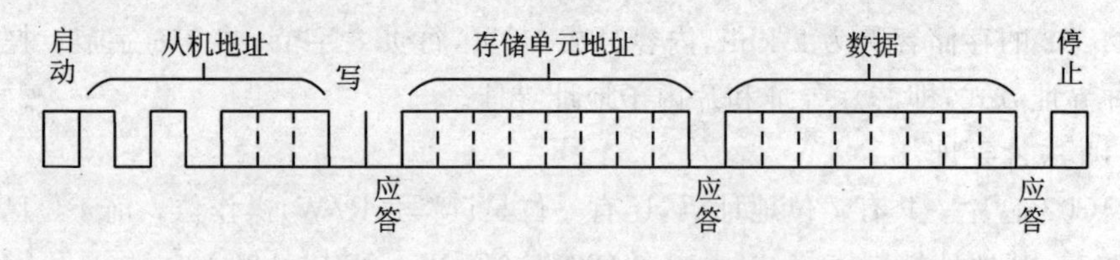

图 18－7　24C02 写一个字节数据

以读时序为例,如图 18－8 所示,可以看到,依次为启动信号、从机地址、应答、重新启动信号、从机地址、应答、数据、非应答信号、停止信号。主机要从从机读一个字节数据时，首先产生启动信号，然后紧跟着发送一个字节的从机地址。此时的从机地址前7位是器件地址，第8位(R/W数据方向位)是0(代表写命令)。这时候主机等待从机的应答信号。当主机收到应答信号时，发送要访问的片内字节地址，继续等待从机的应答信号。当主机再次收到应答信号时，主机要改变通信模式(主机将由发送变为接收，从机将由接收变为发送)，所以主机发送重新开始信号，然后紧跟着发送一个字节的从机地址。此时的从机地址第8位(R/W数据方向位)是1(代表读命令)。这时主机等待从机的应答信号。当主机又一次收到应答信号时，就可以接收一个字节的数据，当接收完成后，主机作为接收方，不用发送应答信号，直接发送一个停止信号，结束传送过程。

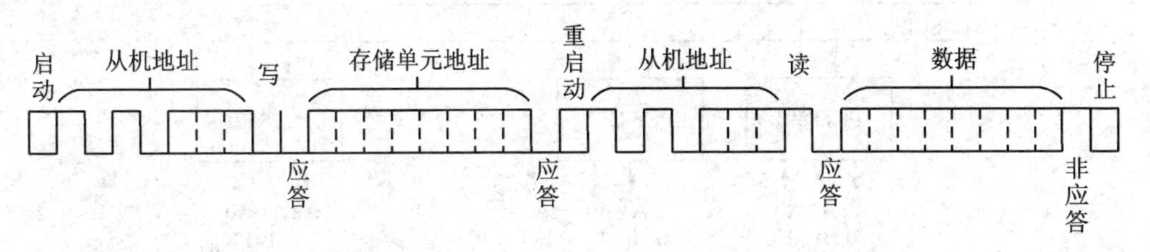

图18-8　24C02读一个字节数据

18.4　PCF8591模拟采集与输出

18.4.1　PCF8591芯片简介

PCF8591是一个单片集成、单独供电、低功耗、8 bit数模/模数转换的器件。PCF8591具有4个模拟输入，一个模拟输出和一个串行I^2C总线接口。在PCF8591器件上输入/输出的地址、控制和数据信号都是通过双线双向I^2C总线以串行的方式进行传输的。

PCF8591的功能包括多路模拟输入、内置跟踪保持、8 bit模数转换和8 bit数模转换。PCF8591的最大转化速率由I^2C总线的最大速率决定。

PCF8591芯片特点：

- 单独供电；
- 操作电压范围2.5～6 V；
- 低待机电流；
- 通过I^2C总线串行输入/输出；
- 通过3个硬件地址引脚寻址；
- 采样率由I^2C总线速率决定；
- 4个模拟输入可编程为单端型或差分输入；

➢ 自动增量频道选择；
➢ 模拟电压范围从 VSS～VDD；
➢ 内置跟踪保持电路；
➢ 8 bit 逐次逼近 A/D 转换器；
➢ 通过一路模拟输出实现 DAC 增益。

18.4.2 PCF8591 硬件原理及连接

PCF8591 的 3 个地址引脚 A0、A1 和 A2 可用于硬件地址编程，允许在同个 I^2C 总线上接入 8 个 PCF8591 器件，而无需额外的硬件。并联示意图如图 18-9 所示。

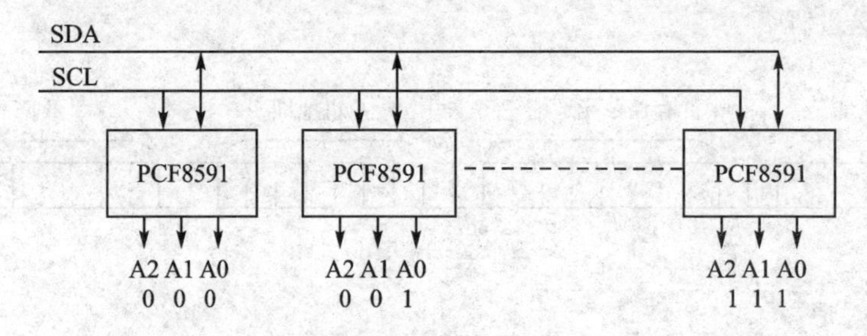

图 18-9 I^2C 总线 8 个 PCF8591 并联

PCF8591 芯片引脚图如图 18-10 所示。

PCF8591 芯片引脚说明如表 18-2 所列。

图 18-10 PCF8591 引脚图

表 18-2 PCF8591 引脚说明

引脚名称	引 脚	功能描述
AIN0	1	模拟输入 0 通道
AIN1	2	模拟输入 1 通道
AIN2	3	模拟输入 2 通道
AIN3	4	模拟输入 3 通道
A0	5	硬件地址线
A1	6	硬件地址线
A2	7	硬件地址线
VSS	8	电源负极
SDA	9	I^2C 数据线
SCL	10	I^2C 时钟线
OSC	11	外部时钟输入/内部时钟输出
EXT	12	内、外部时钟选择，内部时钟需要接地
AGND	13	模拟电源地
Vref	14	参考电压输入
AOUT	15	模拟输出
VDD	16	电源正极

开发板PCF8591模块电路原理图如图18－11所示，J31与J32用于切换AD输入端口，因为只有2个电位器；但有4个输入端口，所以同时只能使用2个，这2个插针用于切换输入端口。R26、R27是I²C总线上拉电阻。J33是DA输入模拟LED灯选择开关，用跳帽跳上后LED起作用。开发板中PCF8591与24C02共用I²C总线。

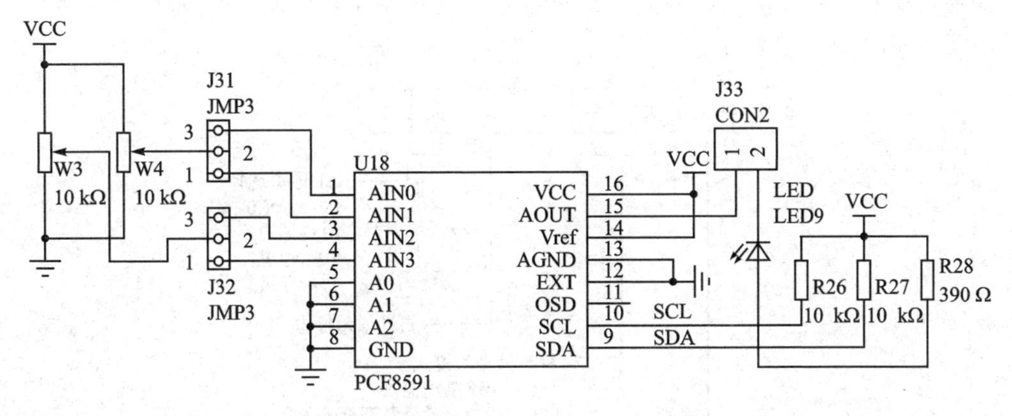

图18－11 PCF8591模块电路原理图

【注意】开发板实际电路中只有一个PCF8591器件，并且3个引脚都直接连接了GND，即该器件硬件地址为二进制的000。

电路连线如表18－3所列。

表18－3 PCF8591模块电路连线表

单片机I/O口	模块接口	杜邦线数量	功　能
P2.0	J8(SCL)	1	时钟线
P2.1	J8(SDA)	1	数据线

注意，J8(WP)无须连接。

18.4.3 PCF8591寻址及功能选择

PCF8591芯片一共有7位地址码，还有一位是读/写(R/W)操作位。前4位已经固定为1001，其地址控制字格式为1001A2A1A0R/W。其中，A2、A1、A0是可编程地址选择位。A2、A1、A0引脚接高、低电平后得到确定的3位编码，与1001形成7位编码，即为该器件的地址码。R/W为芯片读/写控制位，该位为0表示芯片进行写操作，该位为1表示芯片进行读操作。PCF8591芯片地址格式如图18－12所示。

发送到PCF8591的第二个字节是PCF8591控制字，存储在控制寄存器，用于控制器件功能。控制寄存器的高半字节用于允许模拟输出开关控制，以及将模拟输入编程为单端或差分输入等模式。低半字节选择一个高半字节定义的模拟输入通道。

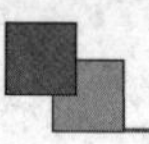

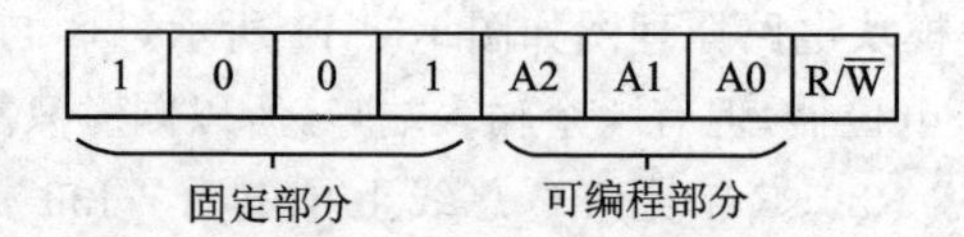

图 18－12　PCF8591 芯片地址

如果自动增量标志置 1，则每次 A/D 转换后通道号将自动增加。PCF8591 控制字节功能图如图 18－13 所示。

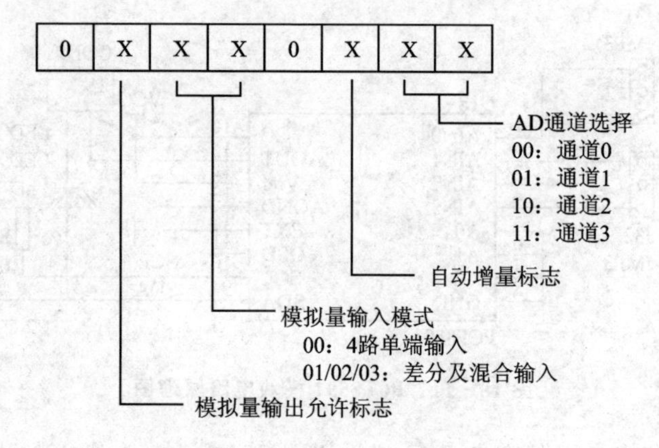

图 18－13　PCF8591 控制字节功能

18.5　I^2C 总线应用编程实战

18.5.1　I^2C 总线应用程序设计流程

I^2C 总线应用程序设计流程，如图 18－14 所示。在简单的单主控通信模型中，51 单片机模拟 I^2C 协议作为主机，24C02、PCF8591 作为从机。51 单片机要初始化定时器等资源，利用 2 个 I/O 端口（例如 P2.0、P2.1）分别模拟 SCL、SDA，按照 I^2C 总线读/写时序进行操作。图 18－14 中仅描述了单次数据的读/写流程。大多 I^2C 总线器件具有子地址或控制字，如 24C02、PCF8591，读/写前还应该写入要读/写的起始字节地址或控制字，并且 24C02 这类存储器还可以连续读/写操作。注意，实际应用中，流程上还要根据具体 I^2C 器件的读/写规则来设计。

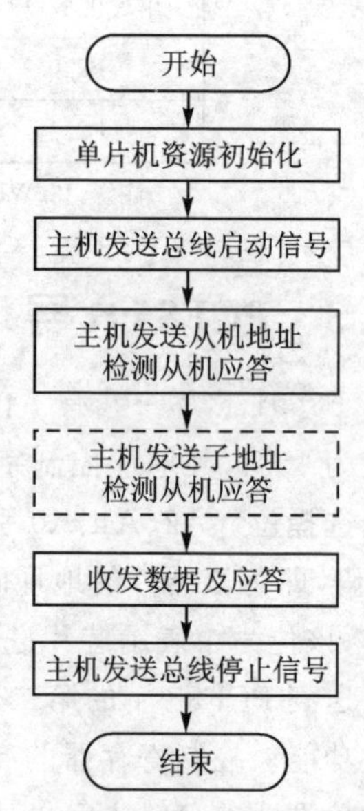

图 18－14　I^2C 总线应用程序流程图

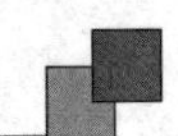

18.5.2 案例18－1:24C02记忆开机次数

【案例分析】

本案例用于记忆开机次数,每次开机后读入上一次存储的数据,然后把数据加1,重新存储到24C02中,并显示到数码管上。

【案例设计】

经过分析可知,案例中一共使用到了定时器、数码管、I²C总线等资源。为了程序结构清晰,这里采用模块化设计方法,每一种资源的相关代码使用一个C文件,因此项目工程中一共有4个文件:main.c、delay.c、display.c、i2c.c。

main.c:主程序,主要用于初始化定时器,调用24C02驱动函数、数码管显示函数,完成案例功能。主循环不做任何动作。

delay.c:包括所有用到的延迟函数,比如毫秒、微秒级延时。

display.c:数码管的驱动程序,尤其是数码管显示函数。本程序是针对8位数码管的动态扫描显示。

i2c.c:包含I²C总线的基本协议,即24C02的驱动程序,将24C02的读/写过程封装成便于主程序调用的函数接口。该驱动程序同时也适用于PCF8591芯片的操作。

程序设计流程如图18－15所示。

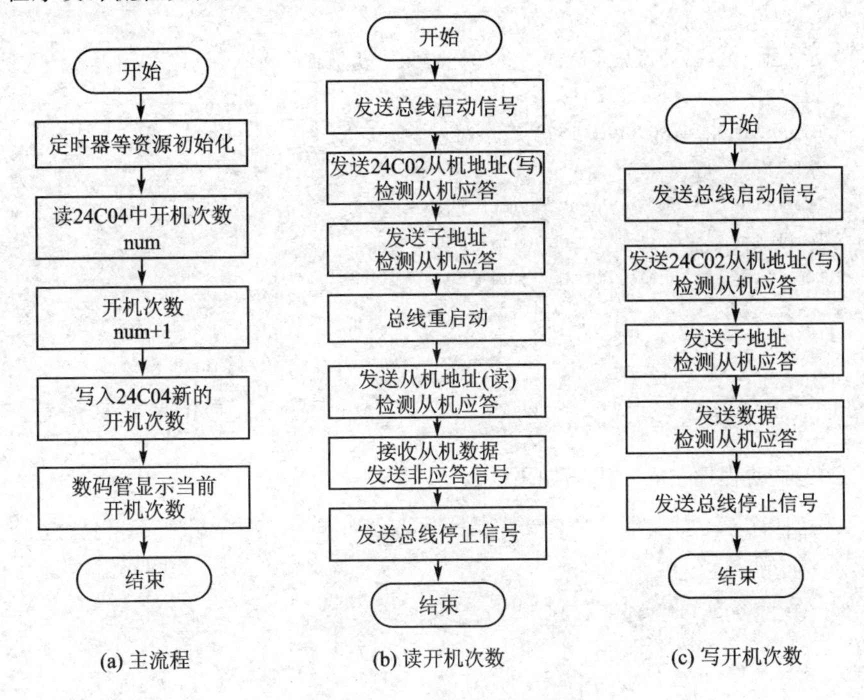

图18－15 程序设计流程图

电路连线如表 18－4 所列。

表 18－4 电路连线表

单片机 I/O 口	模块接口	杜邦线数量	功 能
P2.0	J8(SCL)	1	时钟线
P2.1	J8(SDA)	1	数据线
GND 或悬空	J8(WP)	1	写保护线设置(可读写)
P0	J3	8	共阴数码管数据端
P2.2	J2(B)	1	段锁存
P2.3	J2(A)	1	位锁存

【案例实现】

主程序核心代码如下：

```
#include <reg52.h>
#include "i2c.h"
#include "delay.h"
#include "display.h"
main(){
    unsigned char num = 0;
    Init_Timer0();
    IRcvStr(0xae,50,&num,1);      //从 24c02 读出数据
    num ++ ;
    ISendStr(0xae,50,&num,1);     //写入 24c02
    DelayMs(10);
    TempData[0] = dofly_DuanMa[num/100];
    TempData[1] = dofly_DuanMa[(num % 100)/10];
    TempData[2] = dofly_DuanMa[(num % 100) % 10];
    while(1){
        ……
    }
}
```

24C02 驱动程序 i2c.c 代码如下：

```
#include "i2c.h"
#include "delay.h"
#define   _Nop()   _nop_()          //定义空指令
bit ack;                            //应答标志位
sbit SDA = P2^1;
sbit SCL = P2^0;
```

```
/*--------------------启动总线----------------------*/
void Start_I2c(){
    SDA = 1;                        //发送起始条件的数据信号
    _Nop();
    SCL = 1;
    _Nop();                         //起始条件建立时间大于 4.7 μs,延时
    _Nop();
    _Nop();
    _Nop();
    _Nop();
    SDA = 0;                        //发送起始信号
    _Nop();                         //起始条件锁定时间大于 4 μs
    _Nop();
    _Nop();
    _Nop();
    _Nop();
    SCL = 0;                        //钳住 I2C 总线,准备发送或接收数据
    _Nop();
    _Nop();
}
/*--------------------结束总线----------------------*/
void Stop_I2c(){
    SDA = 0;                        //发送结束条件的数据信号
    _Nop();                         //发送结束条件的时钟信号
    SCL = 1;                        //结束条件建立时间大于 4 μs
    _Nop();
    _Nop();
    _Nop();
    _Nop();
    _Nop();
    SDA = 1;                        //发送 I2C 总线结束信号
    _Nop();
    _Nop();
    _Nop();
    _Nop();
}
/*-------------------------------------------------------------
                      字节数据传送函数
函数原型:void  SendByte(unsigned char c);
功能:将数据 c 发送出去,可以是地址,也可以是数据,发完后等待应答,并对此状态位
     进行操作。不应答或非应答都使 ack = 0 假
     发送数据正常,ack = 1; ack = 0 表示被控器无应答或损坏
```

```
-------------------------------------------------------------*/
void SendByte(unsigned char c){
    unsigned char BitCnt;
        for(BitCnt = 0;BitCnt<8;BitCnt ++){      //要传送的数据长度为 8 位
        if((c << BitCnt)&0x80)     SDA = 1;          //判断发送位
            else  SDA = 0;
        _Nop();
        SCL = 1;                          //置时钟线为高,通知被控器开始接收数据位
        _Nop();
        _Nop();                           //保证时钟高电平周期大于 4u
        _Nop();
        _Nop();
        _Nop();
        SCL = 0;
    }
    _Nop();
    _Nop();
    SDA = 1;                              //8 位发送完后释放数据线,准备接收应答位
    _Nop();
    _Nop();
    SCL = 1;
    _Nop();
    _Nop();
    _Nop();
    if(SDA == 1)  ack = 0;
        else ack = 1;                     //判断是否接收到应答信号
    SCL = 0;
    _Nop();
    _Nop();
}
/*-------------------------------------------------------------
                         字节数据传送函数
函数原型:unsigned char  RcvByte();
功能:  用来接收从器件传来的数据,并判断总线错误(不发应答信号),发完后请用应答函数
-------------------------------------------------------------*/
unsigned char RcvByte(){
    unsigned char retc;
    unsigned char BitCnt;

    retc = 0;
    SDA = 1;                              //置数据线为输入方式
    for(BitCnt = 0;BitCnt<8;BitCnt ++){
```

```
        _Nop();
        SCL = 0;                          //置时钟线为低，准备接收数据位
        _Nop();
        _Nop();                           //时钟低电平周期大于 4.7 μs
        _Nop();
        _Nop();
        _Nop();
        SCL = 1;                          //置时钟线为高使数据线上数据有效
        _Nop();
        _Nop();
        retc = retc << 1;
        if(SDA == 1) retc = retc + 1;   //读数据位，接收的数据位放入 retc 中
        _Nop();
        _Nop();
    }
    SCL = 0;
    _Nop();
    _Nop();
    return(retc);
}
/* --------------------- 应答子函数 ---------------------*/
void Ack_I2c(void) {
    SDA = 0;
    _Nop();
    _Nop();
    _Nop();
    SCL = 1;
    _Nop();
    _Nop();                           //时钟低电平周期大于 4 μs
    _Nop();
    _Nop();
    _Nop();
    SCL = 0;                          //清时钟线，钳住 I2C 总线以便继续接收
    _Nop();
    _Nop();
}
/* -------------------- 非应答子函数 --------------------*/
void NoAck_I2c(void){
    SDA = 1;
    _Nop();
    _Nop();
    _Nop();
```

```
    SCL = 1;
    _Nop();
    _Nop();                          //时钟低电平周期大于 4 μs
    _Nop();
    _Nop();
    _Nop();
    SCL = 0;                         //清时钟线,钳住 I2C 总线以便继续接收
    _Nop();
    _Nop();
}
/*-------------------------------------------------------------
                    向有子地址器件发送多字节数据函数
函数原型:bit  ISendStr(unsigned char sla,unsigned char suba,ucahr *s,unsigned char no);
功能:从启动总线到发送地址,子地址,数据,结束总线的全过程,从器件地址 sla,子地址
     suba,发送内容是 s 指向的内容,发送 no 个字节
        如果返回 1 表示操作成功,否则操作有误
注意:   使用前必须已结束总线
-------------------------------------------------------------*/
bit ISendStr(unsigned char sla,unsigned char suba,unsigned char *s,unsigned char no){
    unsigned char i;
    for(i = 0;i<no;i++){
        Start_I2c();                 //启动总线
        SendByte(sla);               //发送器件地址
        if(ack == 0) return(0);
        SendByte(suba);              //发送器件子地址
        if(ack == 0) return(0);

        SendByte(*s);                //发送数据
        if(ack == 0) return(0);
        Stop_I2c();                  //结束总线
        DelayMs(1);                  //必须延时等待芯片内部自动处理数据完毕
        s++;
        suba++;
    }
    return(1);
}
/*-------------------------------------------------------------
                    向有子地址器件读取多字节数据函数
函数原型:bit  ISendStr(unsigned char sla,unsigned char suba,ucahr *s,unsigned char no);
功能:    从启动总线到发送地址,子地址,读数据,结束总线的全过程,从器件地址 sla,子
          地址 suba,读出的内容放入 s 指向的存储区,读 no 个字节
        如果返回 1 表示操作成功,否则操作有误
```

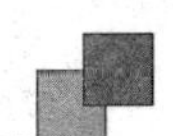

```
注意：      使用前必须已结束总线
-----------------------------------------------------------------------*/
bit IRcvStr(unsigned char sla,unsigned char suba,unsigned char * s,unsigned char no){
    unsigned char i;
    Start_I2c();                          //启动总线
    SendByte(sla);                        //发送器件地址
    if(ack == 0) return(0);
    SendByte(suba);                       //发送器件子地址
    if(ack == 0) return(0);
    Start_I2c();
    SendByte(sla + 1);
    if(ack == 0) return(0);
    for(i = 0;i<no - 1;i ++ ){
        * s = RcvByte();                  //发送数据
        Ack_I2c();                        //发送就答位
        s ++ ;
    }
    * s = RcvByte();
    NoAck_I2c();                          //发送非应位
    Stop_I2c();                           //结束总线
    return(1);
}
```

运行效果

案例运行效果如图 18-16 所示。图 18-16(a)数码管显示已经开机 10 次，然后关机再次开机，结果如图 18-16(b)所示，数码管显示 11 次，已经记忆开机次数。

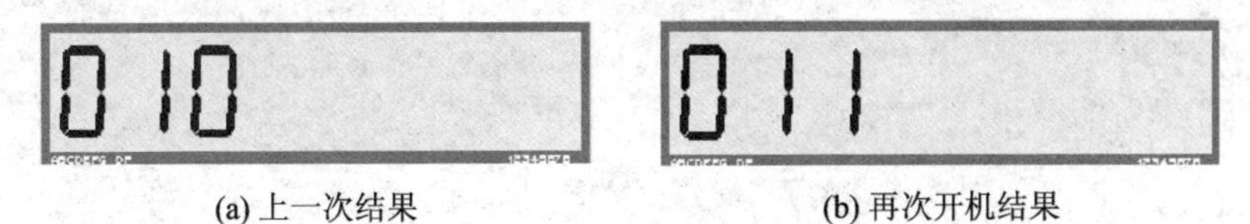

(a) 上一次结果　　(b) 再次开机结果

图 18-16　数码管显示效果图

18.5.3　案例 18-2：PCF8591 的一路 A/D 数码管显示

【案例分析】

本案例通过 PCF8591 芯片采集一路模拟量进行模数转换，并显示到数码管上。

【案例设计】

经过分析可知，案例中一共使用到了定时器、数码管、PCF8591 芯片(I^2C 总线通信)等资源，为了程序结构清晰，这里采用模块化设计方法，项目工程中一共有 4 个文件：main.c、delay.c、display.c、i2c.c。

main.c：主程序，定义了 ADC 转换的函数。ADC 转换函数是通过调用 i2c.c 中的 PCF8591 驱动函数选取某一 ADC 通道，从而完成模数转换和获取转换结果。最后再调用数码管显示函数显示 ADC 转换后的数字量。

其他源文件的代码和功能同案例 18-1。程序设计流程如图 18-17 所示。

电路连线如表 18-5 所列。

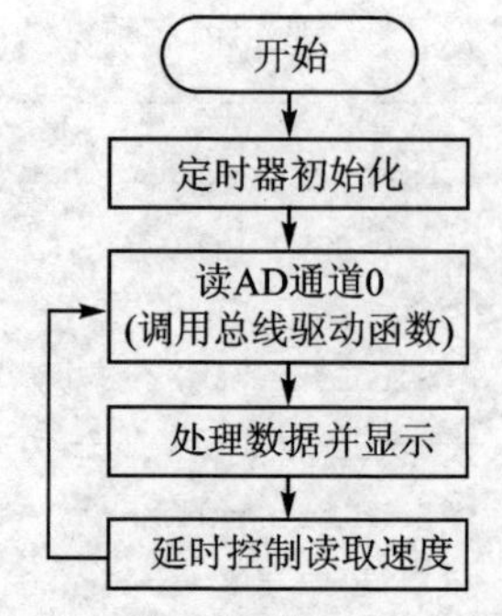

图 18-17 A/D 程序设计流程图

表 18-5 电路连线表

单片机 I/O 口	模块接口	杜邦线数量	功 能
P2.0	J8(SCL)	1	时钟线
P2.1	J8(SDA)	1	数据线
P0	J3	8	共阴数码管数据端
P2.2	J2(B)	1	段锁存
P2.3	J2(A)	1	位锁存
	J31(AD0 与 W4 跳帽连接)		选择 AD0 通道

注意，J8(WP)悬空不接。

【案例实现】

在此仅列出 main.c 主程序，核心代码如下：

```
#include <reg52.h>
#include "i2c.h"
#include "delay.h"
#include "display.h"
#define AddWr 0x90                //写数据地址
#define AddRd 0x91                //读数据地址
extern bit ack;
unsigned char ReadADC(unsigned char Chl);
bit WriteDAC(unsigned char dat);
/*--------------------- 主程序 -----------------------*/
main(){
    unsigned char num = 0;
    Init_Timer0();
    while(1){                     //主循环
        num = ReadADC(0);
```

```
            TempData[0] = dofly_DuanMa[num/100];
            TempData[1] = dofly_DuanMa[(num % 100)/10];
            TempData[2] = dofly_DuanMa[(num % 100) % 10];
            //主循环中添加其他需要一直工作的程序
            DelayMs(100);
        }
}
/*------------------------------------------------------------
                读 A/D 转值程序
输入参数 Chl  表示需要转换的通道,范围从 0 - 3,返回值范围 0 - 255
------------------------------------------------------------*/
unsigned char ReadADC(unsigned char Chl){
    unsigned char Val;
    Start_I2c();                //启动总线
    SendByte(AddWr);            //发送器件地址
    if(ack == 0) return(0);
    SendByte(0x40|Chl);         //发送器件子地址
    if(ack == 0) return(0);
    Start_I2c();
    SendByte(AddWr + 1);
    if(ack == 0) return(0);
    Val = RcvByte();
    NoAck_I2c();                //发送非应答
    Stop_I2c();                 //结束总线
    return(Val);
}
```

运行效果

调节开发板 W4 电位器,数码管显示电压数值从 0～5.0 V 变化。

AD0 通道也可以外接电压输入,输入范围是 0～5 V。除了 AD0 通道,还可以通过 J31、J32 跳线选择 AD1、AD2、AD3 通道,并修改代码中的 ReadADC()参数,从而实现相同的上述功能。

18.5.4 案例 18-3:PCF8591 D/A 输出模拟

【案例分析】

本案例通过 PCF8591 芯片将数字量转换为模拟量并输出,可通过连接在模拟输出通道的 LED9 发光二极管进行观察,同时,将 D/A 转换前的数字量输出到数码管上显示。

【案例设计】

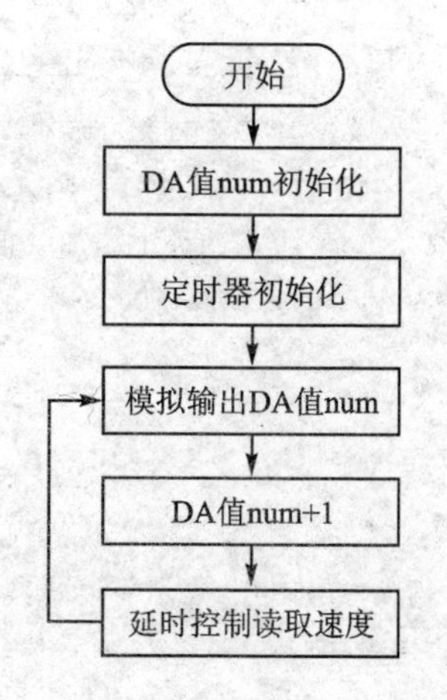

图 18-18　D/A 程序设计流程图

经过分析可知，案例中一共使用到了定时器、PCF8591 芯片（I²C 总线通信）、数码管、LED 等资源，这里采用模块化设计方法。项目工程中一共有 4 个文件：main. c、delay. c、display. c、i2c. c。

main. c：主程序，定义了 DAC 转换的函数。DAC 转换函数通过调用 i2c. c 中的 PCF8591 驱动函数，完成模拟量的转化和输出。最后再调用数码管显示函数显示转换前的数字量。

其他源文件的代码和功能同案例 18-1。程序设计流程如图 18-18 所示。

电路连线如表 18-6 所列。

表 18-6　电路连线表

单片机 I/O 口	模块接口	杜邦线数量	功　能
P2.0	J8(SCL)	1	时钟线
P2.1	J8(SDA)	1	数据线
P0	J3	8	共阴数码管数据端
P2.2	J2(B)	1	段锁存
P2.3	J2(A)	1	位锁存
	J33(跳帽连接)		LED9 接通

注意，J8(WP)悬空不接。

【案例实现】

在此仅列出 main. c 主程序，核心代码如下：

```
#include <reg52.h>
#include "i2c.h"
#include "delay.h"
#include "display.h"
#define AddWr 0x90                  //写数据地址
#define AddRd 0x91                  //读数据地址
extern bit ack;
bit WriteDAC(unsigned char dat);
/*----------------------- 主程序 -------------------------*/
main(){
    unsigned char num = 0;
    Init_Timer0();
    while(1){                       //主循环
```

```
        WriteDAC(num);
        num ++ ;            //连续累加,值从 0 - 255 反复循环,并显示在数码管上
        TempData[0] = dofly_DuanMa[num/100];
        TempData[1] = dofly_DuanMa[(num % 100)/10];
        TempData[2] = dofly_DuanMa[(num % 100) % 10];
        DelayMs(100);
    }
}
/* ------------------------------------------------------------
              写入 DA 转换数值
输入参数:dat 表示需要转换的 DA 数值,范围是 0 - 255
------------------------------------------------------------ */
bit WriteDAC(unsigned char dat)
{
    Start_I2c();                //启动总线
    SendByte(AddWr);            //发送器件地址
    if(ack == 0) return(0);
    SendByte(0x40);             //发送器件子地址
    if(ack == 0) return(0);
    SendByte(dat);              //发送数据
    if(ack == 0) return(0);
    Stop_I2c();
}
```

运行效果

数码管显示输出值从 0～255 变化,LED9 的亮度也随之变化。因 LED9 串联一个限流电阻后,一端接 PCF8591 模拟输出,一端接 VCC。所以 PCF8591 模拟输出最小值 0 时,LED9 最亮。模拟输出值越大时越暗,直至因压降过小而使 LED9 不能导通。如果想精确测量,则拔掉 LED9 接通跳帽 J33。用示波器或者万用表测量 J33 跳线两端电压值,则可以得出电压从 0～VCC 变化的过程。

18.6　练习题

1. I^2C(Inter - Integrated Circuit)总线是由飞利浦半导体公司开发、用于连接微控制器及其外围设备,是一种________。

(A) 两线式串行总线　　　　(B) 两线式并行总线

(C) 三线式串行总线　　　　(D) 三线式并行总线

2. 以下关于 I^2C 总线中 SDA 和 SCL,描述正确的是________。

(A) SDA:单向数据线;SCL:电源线

(B) SDA:单向数据线;SCL:时钟线

(C) SDA:双向数据线;SCL:电源线

(D) SDA:双向数据线;SCL:时钟线

3. 以下关于 I^2C 总线的通信方式,描述正确的是________。

(A) 单工通信　　(B) 半双工通信

(C) 全双工通信　　(D) 其他

4. E^2PROM 24C02 芯片与单片机的通信,采用的通信协议是________。

(A) 串口通信　　(B) 并口通信

(C) I^2C 通信　　(D) 单总线通信

5. 芯片 E^2PROM 24C02 中的数字"02"代表存储容量的大小是________。

(A) 2K(256×8)　　(B) 4K(512×8)

(C) 8K(1 024×8)　　(D) 16K(2 048×8)

6. E^2PROM 24C02 芯片的封装如图 18-19 所示,其中,A0～A2 引脚的含义是________。

(A) 数据线　　(B) 时钟线

(C)写保护　　(D) 地址线

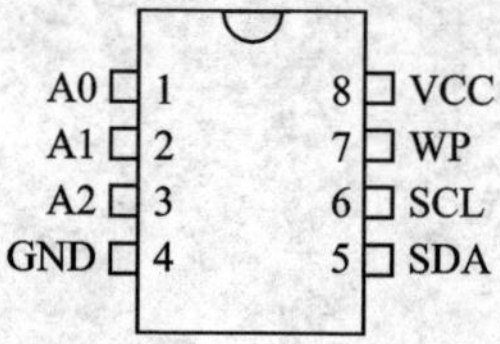

A0 1　8 VCC
A1 2　7 WP
A2 3　6 SCL
GND 4　5 SDA

图 18-19　习题 6 附图

7. PCF8591 芯片具有模拟输入和模拟输出功能,其模拟输入具有________。

(A) 1 路　　(B) 2 路

(C) 4 路　　(D) 8 路

8. PCF8591 芯片的 A/D 采样分辨率是________。

(A) 4 位　　(B) 8 位

(C) 10 位　　(D) 12 位

第19章 SPI协议

UART、I^2C 和 SPI 是单片机系统中最常用的 3 种通信协议。前边学习了 UART 和 I^2C 通信协议，本章学习 SPI 通信协议。SPI 是 Serial Peripheral Interface 的缩写，是一种全双工的高速同步通信总线，常用于单片机和 EEPROM、FLASH、实时时钟、数字信号处理器等器件的通信。

19.1 SPI 总线协议

19.1.1 SPI 简介

SPI 接口是在 CPU 和外围低速器件之间进行同步串行数据传输，在主器件的移位脉冲下，数据按位传输，高位在前、低位在后，为全双工通信，数据传输速度总体来说比 I^2C 总线要快，速度可达到几 Mbps。SPI 接口的一个缺点是没有指定的流控制，没有应答机制确认是否接收到数据。标准的 SPI 是 4 根线，分别是 SSEL(片选，也写作 SCS)、SCLK(时钟，也写作 SCK)、MOSI(主机输出从机输入 Master Output/Slave Input)和 MISO(主机输入从机输出 Master Input/Slave Output)。

- SSEL：从设备片选使能信号。如果从设备是低电平使能，则拉低这个引脚后，从设备就会被选中，主机和这个被选中的从机进行通信。
- SCLK：时钟信号，由主机产生，和 I^2C 通信的 SCL 有点类似。
- MOSI：主机给从机发送指令或者数据的通道。
- MISO：主机读取从机的状态或者数据的通道。

在某些情况下，也可以用 3 根线的 SPI 或者 2 根线的 SPI 进行通信。比如主机只给从机发送命令，从机不需要回复数据的时候，那么 MISO 就可以不要；而在主机只读取从机的数据，不需要给从机发送指令的时候，那 MOSI 就可以不要；当一个主机一个从机的时候，从机的片选有时可以固定为有效电平而一直处于使能状态，那么

SSEL 就可以不要；此时如果再加上主机只给从机发送数据，那么 SSEL 和 MISO 都可以不要；如果主机只读取从机送来的数据，SSEL 和 MOSI 都可以不要。

3 线和 2 线的 SPI 实际使用也是有应用的，但是当提及 SPI 的时候，一般都是指标准 SPI，即指 4 根线的这种形式。

19.1.2 SPI 通信模式

SPI 通信有 4 种不同的模式，不同的从设备可能在出厂时就配置为某种模式，这是不能改变的；但通信双方必须工作在同一模式下，所以可以对主设备的 SPI 模式进行配置，通过 CPOL(Clock Polarity 时钟极性)和 CPHA(Clock Phase 时钟相位)来控制主设备的通信模式，具体如下：

Mode0：CPOL=0，CPHA=0；

Mode1：CPOL=0，CPHA=1；

Mode2：CPOL=1，CPHA=0；

Mode3：CPOL=1，CPHA=1。

其中，时钟极性 CPOL 用来配置 SCLK 的电平是空闲态或者是有效态，时钟相位 CPHA 用来配置数据采样边沿。

CPOL=0，表示当 SCLK=0 时处于空闲态，所以有效状态就是 SCLK 处于高电平时；

CPOL=1，表示当 SCLK=1 时处于空闲态，所以有效状态就是 SCLK 处于低电平时；

CPHA=0，表示数据采样是在第一个边沿，数据发送在第 2 个边沿；

CPHA=1，表示数据采样是在第 2 个边沿，数据发送在第一个边沿。

例如：

CPOL=0，CPHA=0：SCLK 处于低电平，为空闲状态，数据采样是在第一个边沿，也就是 SCLK 由低电平到高电平的跳变，所以数据采样是在上升沿，数据发送是在下降沿，如图 19－1 所示。

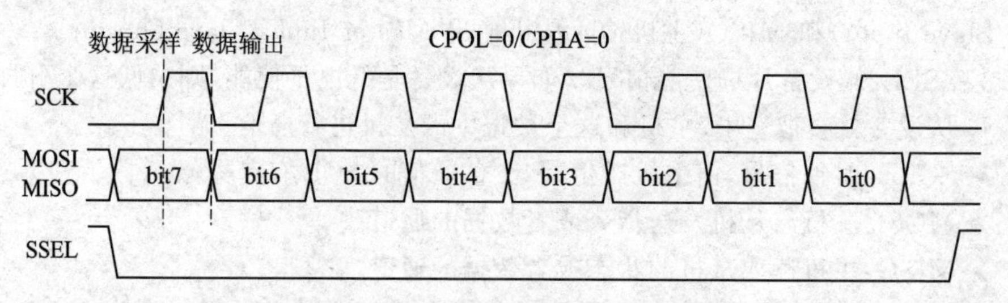

图 19－1 SPI 协议 Mode0 工作时序图

CPOL=0，CPHA=1：SCLK 处于低电平为空闲状态，数据发送是在第一个边沿，也就是 SCLK 由低电平到高电平的跳变，所以数据采样是在下降沿，数据发送是

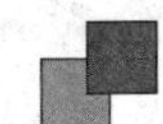

在上升沿，如图 19－2 所示。

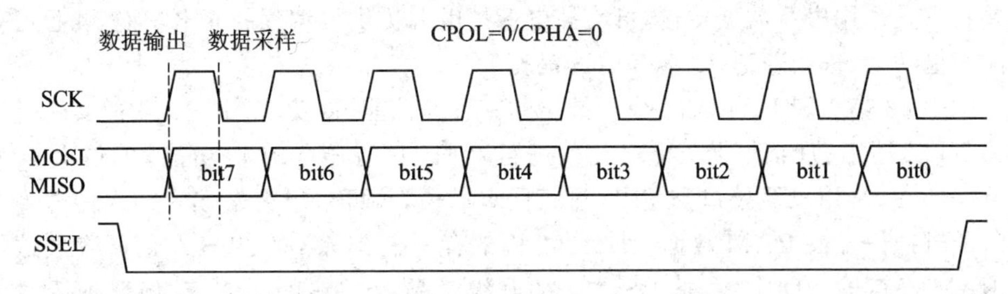

图 19－2　SPI 协议 Mode1 工作时序图

CPOL＝1，CPHA＝0：此时空闲态时，SCLK 处于高电平，数据采集是在第一个边沿，也就是 SCLK 由高电平到低电平的跳变，所以数据采集是在下降沿，数据发送是在上升沿，如图 19－3 所示。

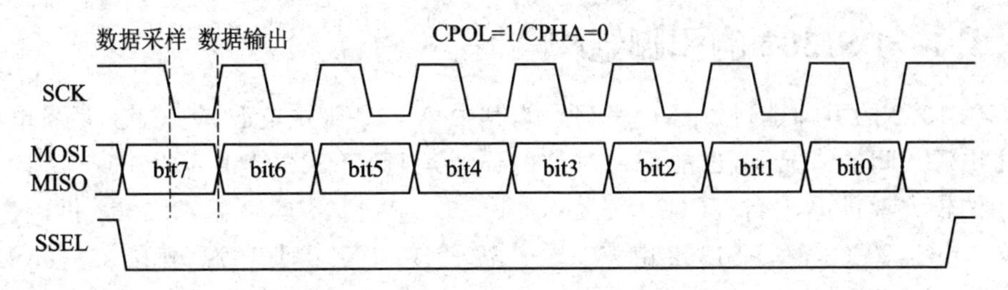

图 19－3　SPI 协议 Mode2 工作时序图

CPOL＝1，CPHA＝1：此时空闲态时，SCLK 处于高电平，数据发送是在第一个边沿，也就是 SCLK 由高电平到低电平的跳变，所以数据采集是在上升沿，数据发送是在下降沿，如图 19－4 所示。

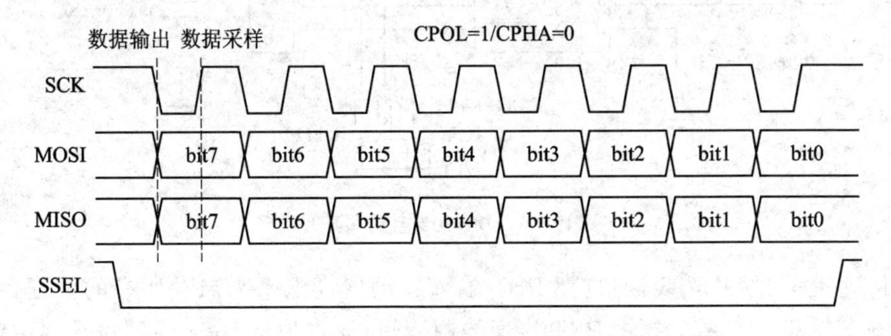

图 19－4　SPI 协议 Mode3 工作时序图

19.2　DS1302 时钟芯片

现在流行的串行时钟电路很多，如 DS1302、DS1307、PCF8485 等，这些电路的接口简单、价格低廉、使用方便，被广泛地采用。本书介绍的实时时钟电路 DS1302 主要特点是采用串行数据传输，可为掉电保护电源提供可编程的充电功能，并且可以关闭充电功能，采用普通 32.768 kHz 晶振。

DS1302 是美国 DALLAS 公司推出的一种高性能、低功耗、带 RAM 的实时时钟电路，可以对年、月、日、周、时、分、秒进行计时，具有闰年补偿功能，工作电压为 2.0～5.5 V；采用三线接口与 CPU 进行同步通信，并可采用突发方式一次传送多个字节的时钟信号或 RAM 数据。DS1302 内部有一个 31×8 的、用于临时性存放数据的 RAM 寄存器。DS1302 是 DS1202 的升级产品，与 DS1202 兼容，但增加了主电源/后备电源双电源引脚，同时，提供了对后备电源进行涓细电流充电的能力。

19.3 DS1302 的引脚结构及相关寄存器

19.3.1 DS1302 的引脚结构

DS1302 的引脚排列如图 19－5 所示，其中，VCC2 为主电源，VCC1 为后备电源。在主电源关闭的情况下，也能保持时钟的连续运行。DS1302 由 VCC1 或 VCC2 两者中的较大者供电。当 VCC2 大于 VCC1＋0.2 V 时，VCC2 给 DS1302 供电。当 VCC2 小于 VCC1 时，DS1302 由 VCC1 供电。X1 和 X2 是振荡源，外接 32.768 kHz 晶振。

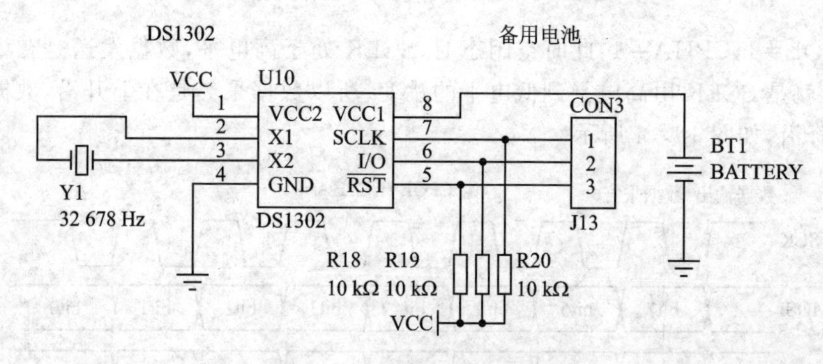

图 19－5　DS1302 电路原理图

RST 是复位/片选线，通过把 RST 输入驱动置高电平来启动所有的数据传送。RST 输入有两种功能，首先，RST 接通控制逻辑，允许地址/命令序列送入移位寄存器；其次，RST 提供终止单字节或多字节数据传送的方法。当 RST 为高电平时，所有的数据传送被初始化，允许对 DS1302 进行操作。如果在传送过程中 RST 置为低电平，则会终止此次数据传送，I/O 引脚变为高阻态。上电运行时，在 VCC＞2.0 V 之前，RST 必须保持低电平。只有在 SCLK 为低电平时，才能将 RST 置为高电平。I/O 为串行数据输入输出端（双向），SCLK 为时钟输入端。

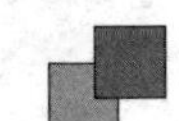

19.3.2　DS1302 的寄存器设置

DS1302 有控制寄存器、时钟寄存器、充电寄存器、RAM 寄存器及时钟突发寄存器等。在控制指令字输入后下一个 SCLK 时钟的上升沿时，数据被写入 DS1302，数据输入从低位(即位 0)开始。同样，在紧跟 8 位的控制指令字后下一个 SCLK 脉冲的下降沿读出 DS1302 的数据，读出数据时从数据第 0 位到数据第 7 位。

1. 控制寄存器

DS1302 的控制字如图 19－6 所示。控制字节的最高有效位(位 7)必须是逻辑 1，如果它为 0，则不能把数据写入 DS1302 中；位 6 如果为 0，则表示存取日历时钟数据，为 1 表示存取 RAM 数据；位 5～位 1 指示操作单元的地址，最低有效位(位 0)如为 0 则表示要进行写操作，为 1 表示进行读操作，控制字节总是从最低位开始输出。

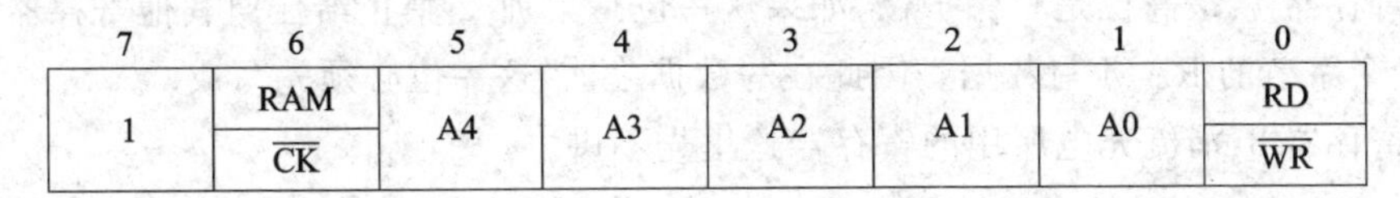

图 19－6　DS1302 控制字节

2. 时钟寄存器

DS1302 有 7 个寄存器与日历、时钟相关，存放的数据位为 BCD 码形式，其日历、时间寄存器及其控制字如图 19－7 所示。

READ	WRITE	BIT 7	BIT 6	BIT 5	BIT 4	BIT 3	BIT 2	BIT 1	BIT 0	RANGE
81h	80h	CH	10 Seconds			Seconds				00–59
83h	82h		10 Minutes			Minutes				00–59
85h	84h	12/$\overline{24}$	0	10 AM/PM	Hour	Hour				1–12/0–23
87h	86h	0	0	10 Date		Date				1–31
89h	88h	0	0	0	10 Month	Month				1–12
8Bh	8Ah	0	0	0	0	0	Day			1–7
8Dh	8Ch	10 Year				Year				00–99
8Fh	8Eh	WP	0	0	0	0	0	0	0	—
91h	90h	TCS	TCS	TCS	TCS	DS	DS	RS	RS	—

图 19－7　DS1302 的时钟寄存器

寄存器 0：最高位 CH 是一个时钟停止标志位。如果时钟电路有备用电源，上电后，要先检测这一位，如果这一位是 0，那说明时钟芯片在系统掉电后，由于备用电源的供给，时钟是持续正常运行的；如果这一位是 1，那么说明时钟芯片在系统掉电后，时钟部分不工作了。如果 VCC1 悬空或者是电池没电了，则下次重新上电时，读取这一位，那这一位就是 1，我们可以通过这一位判断时钟在单片机系统掉电后是否还正常运行。剩下的 7 位中，高 3 位是秒的十位，低 4 位是秒的个位。注意，DS1302 内部是 BCD 码,而秒的十位最大是 5,所以 3 个二进制位就够了。

寄存器 1:最高位未使用,剩下的 7 位中高 3 位是分钟的十位,低 4 位是分钟的个位。

寄存器 2:bit7 是 1 则代表是 12 小时制,是 0 则代表是 24 小时制。bit6 固定是 0,bit5 在 12 小时制下 0 代表的是上午,1 代表的是下午;在 24 小时制下和 bit4 一起代表了小时的十位,低 4 位代表的是小时的个位。

寄存器 3:高 2 位固定是 0,bit5 和 bit4 是日期的十位,低 4 位是日期的个位。

寄存器 4:高 3 位固定是 0,bit4 是月的十位,低 4 位是月的个位。

寄存器 5:高 5 位固定是 0,低 3 位代表星期。

寄存器 6:高 4 位代表了年的十位,低 4 位代表了年的个位。注意,这里的 00～99 指的是 2000—2099 年。

寄存器 7:最高位是写保护位,如果这一位是 1,那么禁止给任何其他寄存器或者那 31 个字节的 RAM 写数据。因此在写数据之前,这一位必须先写成 0。

寄存器 8:涓流充电所用的寄存器这里先不讲。

3. RAM 寄存器

DS1302 与 RAM 相关的寄存器共 31 个,每个单元为一个 8 位的字节,其命令控制字为 C0H～FDH。其中,奇数为读操作,偶数为写操作,如图 19-8 所示。

READ	WRITE	BIT7～BIT0	RANGE
C1h	C0h		00～FFh
C3h	C2h		00～FFh
C5h	C4h		00～FFh
…	…		00～FFh
FDh	FCh		00～FFh

图 19-8　DS1302 的 RAM 寄存器

4. 突发方式寄存器

时钟突发寄存器可一次性顺序读/写除充电寄存器外的所有寄存器内容,指令控制字为 BEH(写)、BFH(读)。另一类为突发方式下的 RAM 寄存器,此方式下可一次性读/写所有的 RAM 的 31 个字节,命令控制字为 FEH(写)、FFH(读),如图 19-9 所示。

MODE	READ	WRITE
CLOCK BURST	BFh	BEh
RAM BURST	FFh	FEh

图 19-9　DS1302 的突发方式寄存器

19.4 SPI协议应用编程实战

19.4.1 SPI协议应用的程序设计流程

DS1302与微处理器进行数据交换时，首先由微处理器向电路发送命令字节，命令字节最高位 Write Protect(D7)必须为逻辑1，如果D7=0，则禁止写DS1302，即写保护；D6=0，指定时钟数据，D6=1，指定RAM数据；D5～D1指定输入或输出的特定寄存器；最低位LSB(D0)为逻辑0，指定写操作(输入)，D0=1，指定读操作(输出)。

在DS1302的时钟日历或RAM进行数据传送时，DS1302必须首先发送命令字节。若进行单字节传送，8位命令字节传送结束之后，在下2个SCLK周期的上升沿输入数据字节，或在下8个SCLK周期的下降沿输出数据字节，如图19-10和图19-11所示。

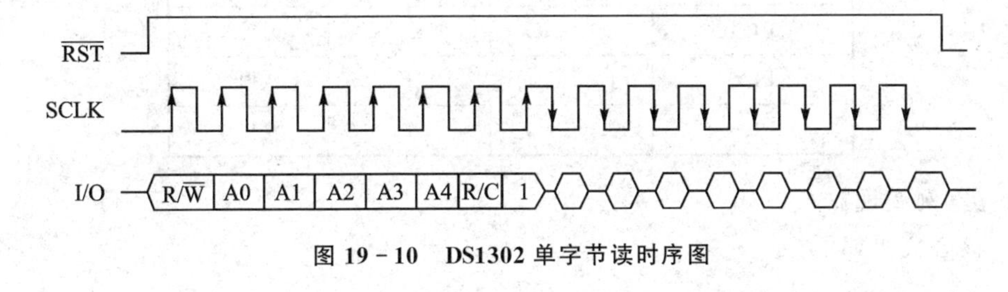

图19-10 DS1302单字节读时序图

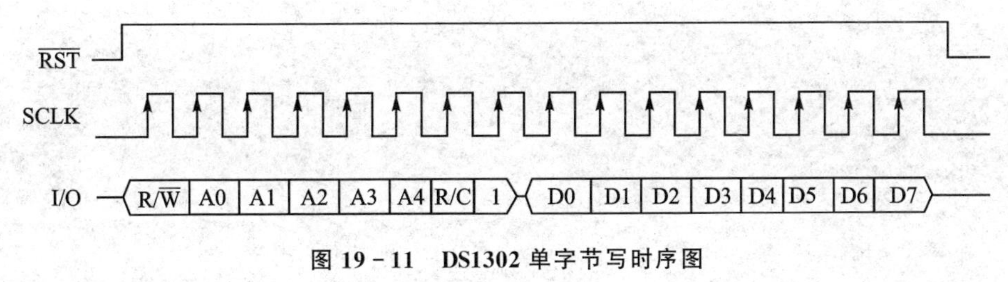

图19-11 DS1302单字节写时序图

19.4.2 案例19-1:DS1302时钟显示

【案例分析】

本案例用1602液晶显示信息，预期效果如图19-12所示。

【案例设计】

经过分析可知，案例中一共使用到了1602、DS1302、串口、定时器等资源，这里采用模块化设计方法。每一种资源的相关代码使用一个C文件，因此项目工程中一共有7个文件：main.c、delay.h、delay.c、1602.h、1602.c 、DS1302.h、DS1302.c。

main.c：主程序，主要用于初始化定时器，调用DS1302驱动函数、1602显示函

DATE 10-07-01 4
TIME 23:59:52

(a) 未更新之前时钟信息

DATE 10-07-13 2
TIME 15:25:46

(b) 更新后时钟信息

图 19 - 12　LCD1602 液晶显示时间结果

数,完成案例功能。主循环判断是否收到串口信息,如果收到则更新时钟。

delay.h、delay.c:包括所有用到的延迟函数,比如毫秒、微秒级延时。

1602.h、1602.c:1602 的驱动程序,尤其是屏幕显示函数。

DS1302.h、DS1302.c:主要包括写 DS1302、读 DS1302 以及读/写 DS1302 时钟数据和 DS1302 初始化操作。

电路连线如表 19 - 1 所列。

表 19 - 1　DS1302 电路连线表

单片机 I/O 口	模块接口	杜邦线数量	功　能
P1.4	J13(SCK)	1	时钟线
P1.5	J13(I/O)	1	数据线
P1.6	J13(RST)	1	复位线

【案例实现】

核心代码如下:

```
#include <reg52.h>                                    //包含头文件
#include<intrins.h>
sbit SCK = P1^4;
sbit SDA = P1^5;
sbit RST = P1^6;
//复位脚
#define RST_CLR     RST = 0                           //电平置低
#define RST_SET     RST = 1                           //电平置高
//双向数据
#define IO_CLR     SDA = 0                            //电平置低
#define IO_SET     SDA = 1                            //电平置高
#define IO_R       SDA                                //电平读取
//时钟信号
#define SCK_CLR     SCK = 0                           //时钟信号
#define SCK_SET     SCK = 1                           //电平置高
#define ds1302_sec_add               0x80             //秒数据地址
#define ds1302_min_add               0x82             //分数据地址
#define ds1302_hr_add                0x84             //时数据地址
```

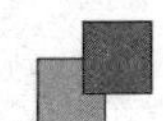

```
#define ds1302_date_add          0x86        //日数据地址
#define ds1302_month_add         0x88        //月数据地址
#define ds1302_day_add           0x8a        //星期数据地址
#define ds1302_year_add          0x8c        //年数据地址
#define ds1302_control_add       0x8e        //控制数据地址
#define ds1302_charger_add       0x90
#define ds1302_clkburst_add      0xbe
extern unsigned char time_buf1[8];           //空年月日时分秒周
extern unsigned char time_buf[8];            //空年月日时分秒周
```

首先完成 DS1302 端口定义以及各个寄存器控制字地址定义，然后根据 DS1302 的读/写时序图编写写入和读出的函数。关于 LCD1602 显示部分可参考其他章节。

```
#include "ds1302.h"
unsigned char time_buf1[8] = {20,10,6,5,12,55,00,6};  //空年月日时分秒周
unsigned char time_buf[8] ;                           //空年月日时分秒周
/*------------------- 向 DS1302 写入一字节数据 ----------------*/
void Ds1302_Write_Byte(unsigned char addr, unsigned char d){
    unsigned char i;
    RST_SET;

    //写入目标地址:addr
    addr = addr & 0xFE;                               //最低位置零
    for (i = 0; i < 8; i++){
        if (addr & 0x01){
            IO_SET;
        }
        else{
            IO_CLR;
        }
        SCK_SET;
        SCK_CLR;
        addr = addr >> 1;
    }

    //写入数据:d
    for (i = 0; i < 8; i++){
        if (d & 0x01){
            IO_SET;
        }
        else{
            IO_CLR;
```

```
        }
        SCK_SET;
        SCK_CLR;
        d = d >> 1;
    }
    RST_CLR;                                //停止 DS1302 总线
}
/* ------------------ 从 DS1302 读出一字节数据 ------------------ */
unsigned char Ds1302_Read_Byte(unsigned char addr){
    unsigned char i;
    unsigned char temp;
    RST_SET;

    //写入目标地址:addr
    addr = addr | 0x01; //最低位置高
    for (i = 0; i < 8; i ++){
        if (addr & 0x01){
            IO_SET;
        }
        else{
            IO_CLR;
        }
        SCK_SET;
        SCK_CLR;
        addr = addr >> 1;
    }

    //输出数据:temp
    for (i = 0; i < 8; i ++){
        temp = temp >> 1;
        if (IO_R){
            temp |= 0x80;
        }
        else{
            temp &= 0x7F;
        }
        SCK_SET;
        SCK_CLR;
    }
    RST_CLR;     //停止 DS1302 总线
```

```
    return temp;
}
/* ------------------- 向 DS1302 写入时钟数据 -----------------*/
void Ds1302_Write_Time(void){
    unsigned char i,tmp;
    for(i = 0;i<8;i ++ ){                                        //BCD 处理
        tmp = time_buf1[i]/10;
        time_buf[i] = time_buf1[i] % 10;
        time_buf[i] = time_buf[i] + tmp * 16;
    }
    Ds1302_Write_Byte(ds1302_control_add,0x00);                  //关闭写保护
    Ds1302_Write_Byte(ds1302_sec_add,0x80);                      //暂停
    //Ds1302_Write_Byte(ds1302_charger_add,0xa9);                //涓流充电
    Ds1302_Write_Byte(ds1302_year_add,time_buf[1]);              //年
    Ds1302_Write_Byte(ds1302_month_add,time_buf[2]);             //月
    Ds1302_Write_Byte(ds1302_date_add,time_buf[3]);              //日
    Ds1302_Write_Byte(ds1302_day_add,time_buf[7]);               //周
    Ds1302_Write_Byte(ds1302_hr_add,time_buf[4]);                //时
    Ds1302_Write_Byte(ds1302_min_add,time_buf[5]);               //分
    Ds1302_Write_Byte(ds1302_sec_add,time_buf[6]);               //秒
    Ds1302_Write_Byte(ds1302_day_add,time_buf[7]);               //周
    Ds1302_Write_Byte(ds1302_control_add,0x80);                  //打开写保护
}
/* ----------------- 从 DS1302 读出时钟数据 --------------------*/
void Ds1302_Read_Time(void)  {
    unsigned char i,tmp;
    time_buf[1] = Ds1302_Read_Byte(ds1302_year_add);             //年
    time_buf[2] = Ds1302_Read_Byte(ds1302_month_add);            //月
    time_buf[3] = Ds1302_Read_Byte(ds1302_date_add);             //日
    time_buf[4] = Ds1302_Read_Byte(ds1302_hr_add);               //时
    time_buf[5] = Ds1302_Read_Byte(ds1302_min_add);              //分
    time_buf[6] = (Ds1302_Read_Byte(ds1302_sec_add))&0x7F;       //秒
    time_buf[7] = Ds1302_Read_Byte(ds1302_day_add);              //周

    for(i = 0;i<8;i ++ ){                                        //BCD 处理
        tmp = time_buf[i]/16;
        time_buf1[i] = time_buf[i] % 16;
        time_buf1[i] = time_buf1[i] + tmp * 10;
    }
}
/* -------------------- DS1302 初始化 ----------------------*/
```

```
void Ds1302_Init(void){
    RST_CLR;              //RST 脚置低
    SCK_CLR;              //SCK 脚置低
    Ds1302_Write_Byte(ds1302_sec_add,0x00);
}
```

19.5 练习题

1. SPI 接口是在 CPU 和外围低速器件之间进行________数据传输。

(A) 异步串行　　(B) 两线并行

(C) 同步串行　　(D) 三线并行

2. SPI 传输数据按位传输,________在前,________在后,为________通信。

(A) 高　低　全双工　　(B) 高　低　半双工

(C) 低　高　全双工　　(D) 低　高　半双工

第 20 章

1 - Wire 总线

20.1 概　述

1. 1 - Wire 总线简介

1 - Wire 单总线是 Maxim 全资子公司 Dallas 的一项专有技术。与目前多数标准串行数据通信方式（如 SPI、I^2C、Microwire）不同，它采用单根信号线，既传输时钟又传输数据，而且数据传输是双向的。它具有节省 I/O 口线资源、结构简单、成本低廉、便于总线扩展和维护等诸多优点。

1 - Wire 总线由一个总线主节点（主机）、一个或多个从节点（从机）组成系统，通过一根信号线对从节点进行数据的读取。主机可以是微控制器，从机可以是单总线器件。当只有一个从机设备时，系统可按单节点系统操作；当有多个从机设备时，系统则按多节点系统操作。设备（主机或从机）通过一个漏极开路或三态端口连至信号线，以允许设备在不发送数据时能够释放总线，以便总线被其他设备使用。

2. 1 - Wire 总线通信协议

为了保证数据的完整性，所有的单总线器件都要遵循严格的通信协议。由于 1 - Wire 总线利用一根线实现双向通信，因此其协议对时序的要求比较严格。基本的时序包括复位及应答时序、写一位时序、读一位时序。在复位及应答时序中，主机发出复位信号后，要求从机在规定的时间内送回应答信号；在位读和位写时序中，主机要在规定的时间内读回或写出数据。

3. 1 - Wire 协议命令序列

1 - Wire 协议定义了复位脉冲、应答脉冲、写 0/1、读 0/1 时序等几种信号类型。所有的单总线命令序列（初始化、ROM 命令、功能命令）都是由这些基本的信号类型组成的。在这些信号中，除了应答脉冲外，其他均由主机发出同步信号，并且发送的所有命令和数据都是字节的低位在前、高位在后，一位一位地读或写操作。

典型的单总线命令序列如下：

➢ 初始化；

➢ ROM 命令；

➢ 功能命令。

每次访问单总线器件都必须严格遵守这个命令序列，如果出现序列混乱，则单总线器件不会响应主机。对于 1 - Wire 总线使用的详细操作，后面将结合 DS18B20 温度传感器具体展开。

20.2 DS18B20 数字温度传感器

DS18B20 是美国 Dallas 半导体公司推出的第一片支持 1 - Wire 接口的数字温度传感器，其输出的是数字信号，可直接送到处理器去处理。DS18B20 传感器具有体积小、硬件开销低、抗干扰能力强、精度高的特点。封装后的 DS18B20 可用于电缆沟测温、锅炉测温、机房测温、农业大棚测温、弹药库测温等各种非极限温度场合；汽车空调、冰箱、冷柜以及中低温干燥箱等；轴瓦、纺机、空调等狭小空间工业设备测温和控制领域等。

20.2.1 DS18B20 传感器特性

测温范围：−55～＋125℃；精度：在−10～＋85℃范围内精度为±0.5℃。

可编程分辨率：9～12 位（包括 1 位符号位），对应的可分辨温度分别为 0.5℃、0.25℃、0.125℃和 0.062 5℃，可实现高精度测温。

温度转换时间：与设定的分辨率有关。9 位时最大转换时间为 93.75 ms，10 位时为 187.5 ms，11 位时为 375 ms；12 位时最多在 750 ms 内把温度值转换为数字。

单总线通信：DS18B20 在与微处理器连接时仅需要一条口线即可实现微处理器与 DS18B20 的双向通信。

电源电压范围：在保证温度转换精度为±0.5℃的情况下，电源电压为 3.0～5.5 V/DC；在寄生电源方式下可由数据线供电。

支持多点组网功能：多个 DS18B20 可以并联在唯一的三线上，最多只能并联 8 个，实现多点测温；如果数量过多，则会使供电电源电压过低，从而造成信号传输的不稳定。

线路简单、体积小：DS18B20 在使用中不需要任何外围元件，全部传感元件及转换电路集成在形如一只三极管的集成电路内。

测量结果：直接输出数字温度信号，以单总线串行传送给 CPU，同时可以传送 CRC 校验码，具有极强的抗干扰纠错能力。

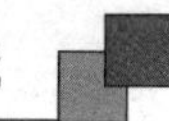

负压特性：电源极性接反时，芯片不会因发热而烧毁，但不能正常工作。

20.2.2　DS18B20 的引脚结构

DS18B20 实物如图 20-1 所示。

DS18B20 有两种封装，即 3 脚 TO-92 直插式（使用最多、最普遍的封装）和 6 脚 TSOC/八角 SOIC 贴片式，封装引脚如图 20-2 所示。

DS18B20 的引脚定义如表 20-1 所列。

图 20-1　DS18B20 实物图

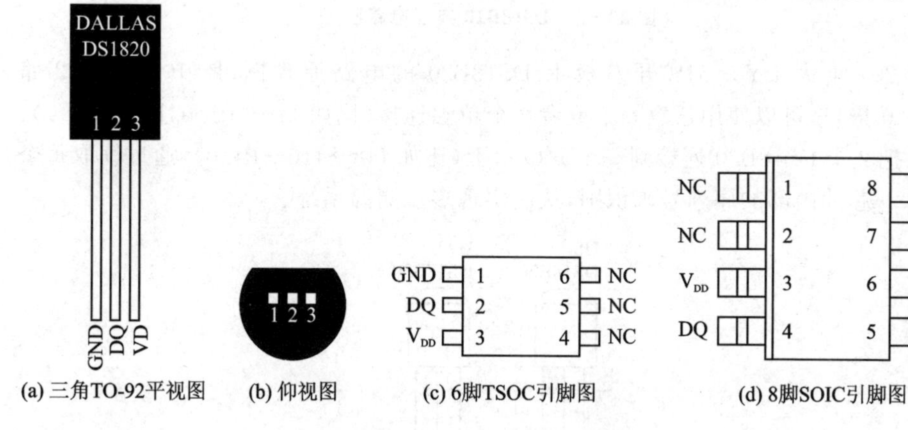

图 20-2　DS18B20 实物图

表 20-1　DS18B20 引脚定义

引　脚	定　义	连线说明
GND	电源地	外接供电电源地引脚
DQ	数字信号输入/输出	开漏单总线接口引脚（须外接 4.7 kΩ 的上拉电阻）。当被用在寄生电源下时，也可以向器件提供电源
VDD	电源正	外接供电电源输入端（在寄生电源接线方式时接地）
NC	空脚	不须连接

20.2.3　DS18B20 的硬件连接

DS18B20 的供电方式有两种，一种是寄生电源供电方式，另一种为外部电源供电方式。一般使用的是外部电源供电方式，芯片数据手册上的典型连接电路如图 20-3 所示，LY-51S 开发板的连接电路如图 20-4 所示。

如图 20-3 所示，由于 1-Wire 总线接口都是漏极开路的，因此使用时必须对总线外接一个约 4.7 kΩ 的上拉电阻。DS18B20 与单片机的连接非常简单，单片机只需要一个 I/O 口就可以控制 DS18B20，从而实现单片机与一个 DS18B20 通信。

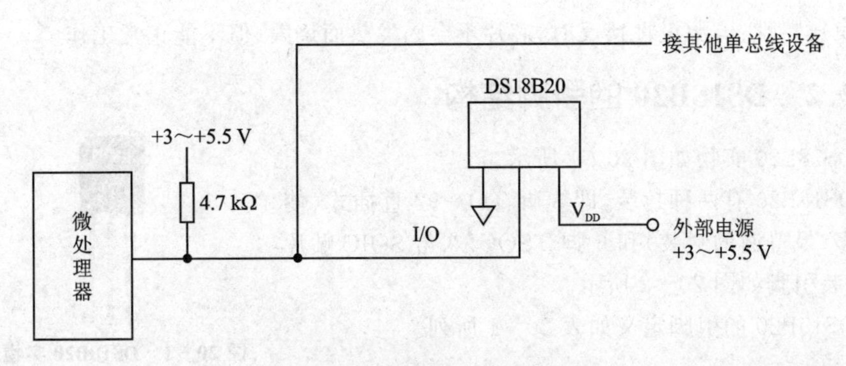

图 20-3　DS18B20 典型电路图

图 20-4 为 LY-51S 开发板上 DS18B20 的电路原理图，图中设计了 2 路 DS18B20 接口，可以使用任意一个或者 2 个单独连接（比如 J48→P1.0，J10→P1.1）；也可以把 2 个 DS18B20 连接到一个 I/O 口上（比如 J48→J10→P1.0），通过读取每个 DS18B20 芯片内部的序列号来识别，从而实现多点测温系统。

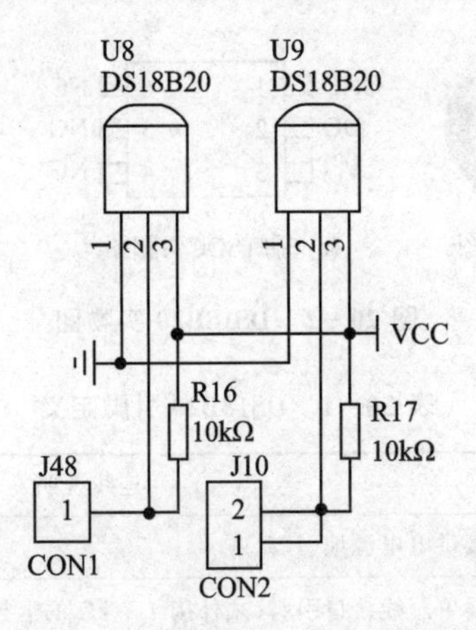

图 20-4　LY-51S 实验板上 DS18B20 电路原理图

20.2.4　DS18B20 的内部结构

1. 内部结构

DS18B20 的内部结构主要由四部分组成：64 位光刻 ROM、温度传感器、非挥发的温度报警触发器 TH 和 TL、配置寄存器，如图 20-5 所示。

2. 存储器结构

DS18B20 内部共使用到 3 种形态的存储器资源：只读存储器 ROM、数据暂存器 RAM、非易失性存储器 EEPROM。每一种存储器的作用如下：

① ROM：光刻 ROM 中的 64 位编码是出厂前被光刻好的，它可以看作是该

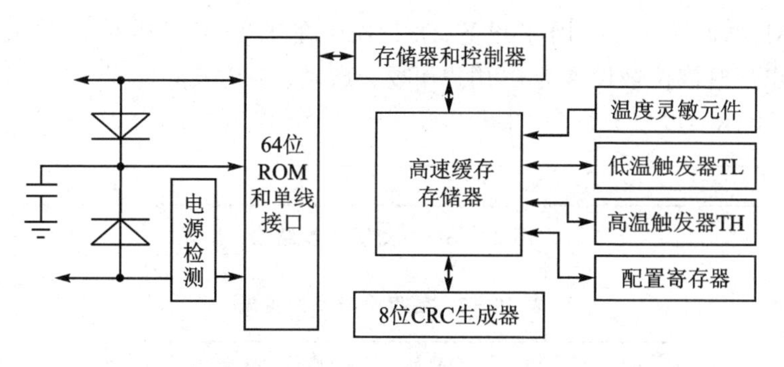

图 20-5　DS18B20 内部结构图

DS18B20 的地址序列码。具体排列为:开始 8 位是单总线产品类型标号(DS18B20 的标号是 28H),接着的 48 位是该 DS18B20 自身的唯一序列号,最后 8 位是前面 56 位的循环冗余校验码(CRC 码)。光刻 ROM 的作用是使每一个 DS18B20 都各不相同,这样就可以实现一根总线上挂接多个 DS18B20 的目的。ROM 结构如图 20-6 所示。

8 bit CRC码	48 bit唯一序列号	8 bit 产品类型标号(28H)
最高有效位(MSB)		最低有效位(LSB)

图 20-6　64 位 ROM 结构图

② RAM:用于内部计算和数据的存取,数据在掉电后丢失。DS18B20 共 9 个字节 RAM,每个字节为 8 位。第 1、2 字节是温度转换后的数据值信息(二进制补码);第 3、4 字节是用户 EEPROM(常用于温度报警值储存)的镜像,上电复位时其值将被刷新;第 5 字节是用户第 3 个 EEPROM 的镜像;第 6、7、8 字节为计数寄存器,是为了让用户得到更高的温度分辨率而设计的,同样也是内部温度转换、计算的暂存单元;第 9 字节为前 8 字节的 CRC 码。

③ EEPROM:用于存放长期需要保存的数据、上下限温度报警值和用户配置寄存器。DS18B20 共 3 个字节的 EEPROM,并在 RAM 都存在镜像,以方便用户操作。

RAM 和 EEROM 的内部结构如图 20-7 所示。

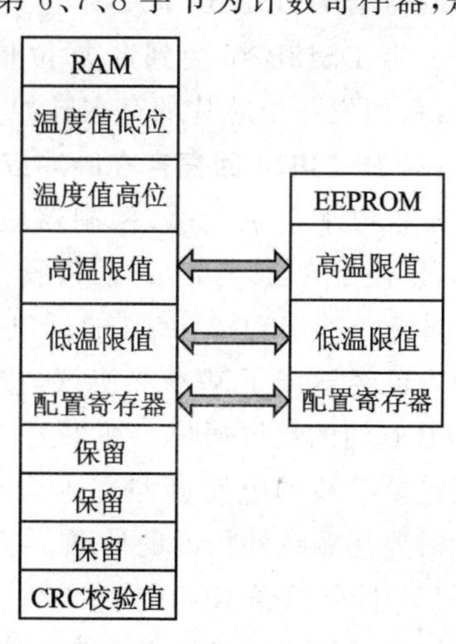

图 20-7　RAM 和 EEPROM 结构图

3. 配置寄存器

配置寄存器的结构如图 20-8 所示,该字节各位的意义如下:

① TM:测试模式位,用于设置 DS18B20 在工作模式还是在测试模式。在 DS18B20 出厂时该位被设置为 0,用户不要去改动。

② R1 和 R0:设置分辨率,如表 20-2 所列,DS18B20 出厂时被设置为 12 位。

TM	R1	R0	1	1	1	1	1

图 20-8 配置寄存器结构

表 20-2 温度分辨率设置表

R1	R0	分辨率	温度最大转换时间/ms
0	0	9 位	93.75
0	1	10 位	187.5
1	0	11 位	375
1	1	12 位	750

③ 低 5 位:一直都是"1"。

20.2.5 DS18B20 的工作原理

单片机需要怎样工作才能将 DS18B20 中的温度数据读取出来呢?

1. 控制器对 DS18B20 的一般操作流程

单片机对 DS18B20 的操作过程如图 20-9 所示,每一步的具体内容如下所述:

(1) 控制器发送复位信号

首先必须对 DS18B20 芯片进行复位,复位就是由控制器给 DS18B20 单总线至少 480 μs 的低电平信号。当 DS18B20 接到此复位信号后会在 15~60 μs 后回发一个芯片的存在脉冲。

(2) DS18B20 回复存在脉冲应答

复位电平结束之后,控制器应该将数据单总线拉高,以便于在 15~60 μs 后接收存在脉冲;其中,存在脉冲为一个 60~240 μs 的低电平信号。至此,通信双方已经达成了基本的协议,接下来是控制器与 DS18B20 间的数据通信。如果复位低电平的时间不足或是单总线的电路断路都不会接到存在脉冲,在设计时要注意意外情况的处理。

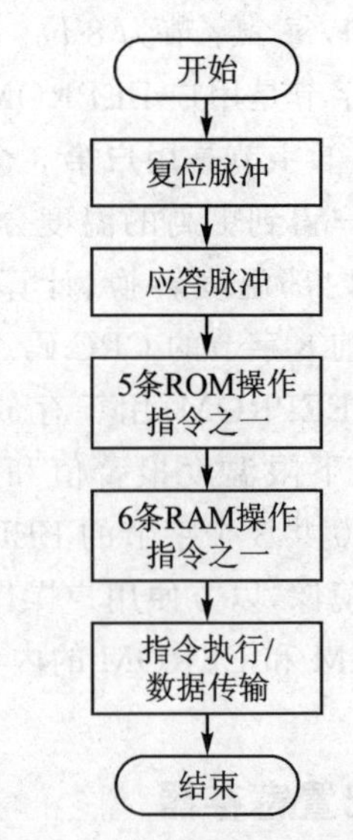

图 20-9 控制器对 DS18B20 的操作流程图

(3) 控制发送 ROM 指令

双方打完招呼之后就要进行交流了,ROM 指令共有 5 条,每一个工作周期只能发一条。ROM 指令

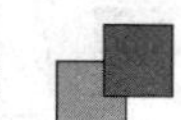

长度为 8 位,功能是对片内的 64 位光刻 ROM 进行操作。其主要目的是分辨一条总线上挂接的多个器件并做处理。单总线上可以同时挂接多个器件,并通过每个器件上独有的序列号来区别,一般只挂接单个 DS18B20 芯片时可以跳过 ROM 指令(注意,此处指的跳过 ROM 指令并非不发送 ROM 指令,而是用特有的一条"跳过指令")。ROM 指令的具体内容如表 20 - 3 所列。

表 20 - 3　ROM 指令表

指　令	约定代码	作　用	功　能
Read ROM	0x33	读 ROM	读 DS18B20 温度传感器 ROM 中的编码(即 64 位地址)(适用于单个 DS18B20 工作)
Match ROM	0x55	指定匹配芯片	发出此命令之后,接着发出 64 位 ROM 编码,访问单总线上与该编码相对应的 DS18B20,使之做出响应,为下一步对该 DS18B20 的读/写做准备(适用于单芯片和多芯片挂接)
Skip ROM	0xCC	跳过 ROM	忽略 64 位 ROM 地址,直接向 DS18B20 发温度转换命令(适用于单个 DS18B20 工作)
Search ROM	0xF0	搜索芯片	用于确定挂接在同一总线上 DS1820 的个数和识别 64 位 ROM 编码,为操作各器件作好准备(适用于单总线上挂接多个 DS18B20)
Alarm Search	0xEC	报警芯片搜索	执行后只有温度超过设定值上限或下限的芯片才做出响应;只要芯片不掉电,报警状态将一直被保存,直到再一次测得温度达不到报警条件为止(适用于单总线上挂接多个 DS18B20)

(4) 控制发送 RAM 指令

在 ROM 指令发送给 DS18B20 之后,紧接着就是发送 RAM 指令了。RAM 指令长度也是 8 位,共 6 条。RAM 指令功能是命令 DS18B20 作什么样的工作,是芯片控制的关键。RAM 指令的具体内容如表 20 - 4 所列。

表 20 - 4　RAM 指令表

指　令	约定代码	作　用	功　能
Convert T	0x44	温度转换	启动 DS18B20 进行温度转换,12 位转换时间最长为 750 ms,结果存入内部 9 字节 RAM 中的第 1、2 字节。(总线 0 -忙;1 -转换完成)
Read Scratchpad	0xBE	从 RAM 中读数据	按顺序读内部 RAM 中 9 字节的内容;芯片允许在读过程中用复位信号终止读取,即可以不读取后面不需要的字节,以减少读取时间
Write Scratchpad	0x4E	向 RAM 中写数据	发出向内部 RAM 的 3、4、5 字节写数据命令,紧跟该命令之后,是传送 3 字节的数据,分别存放报警 RAM 至 TH、TL 和 RAM 配置寄存器中

续表 20-4

指　令	约定代码	作　用	功　能
Copy Scratchpad	0x48	将 RAM 数据复制到 EEPROM 中	将 RAM 中第 3、4、5 字节的内容复制到 EEPROM 中，以使数据掉电不丢失（总线 0-忙；1-复制完成）
Recall EEPROM	0xB8	将 EEPROM 数据复制到 RAM 中	将 EEPROM 中内容复制到 RAM 中的第 3、4、5 字节（总线 0-忙；1-完成）。另外，该指令将在芯片上电复位时将被自动执行
Read Power Supply	0xB4	读供电方式	读 DS18B20 的供电模式。寄生供电时 DS18B20 发送"0"，外接电源供电 DS18B20 发送"1"。

(5) 指令执行/数据传输

一条 RAM 指令结束后将进行指令执行或数据的读/写，这个操作要视 RAM 指令而定。

① 如执行温度转换指令，则控制器必须等待 DS18B20 执行其指令，一般转换时间为 800 ms(以 12 位分辨率为例)。

② 如执行数据读写指令，则需要严格遵循 DS18B20 的读/写时序来操作。

当主机需要对众多在线 DS18B20 中的某一个进行操作时，首先应将主机逐个与 DS18B20 挂接，读出其序列号；再将所有的 DS18B20 挂接到总线上，单片机发出匹配 ROM 命令(0x55)，然后由从机提供 64 位编码(包括该 DS18B20 的 48 位序列号)，之后的操作就是针对该 DS18B20 的。

2. 控制器读取 DS18B20 温度数据的处理过程

如果主机只对一个 DS18B20 进行操作，则不需要读取 ROM 编码和匹配 ROM 编码；只要用跳过 ROM(0xCC)命令，就可以进行接下来的温度转换和读取操作。

根据 DS18B20 通信协议，控制器对 DS18B20 完成温度转换必须经过 3 个步骤：每一次读/写之前都要对 DS18B20 进行复位操作，复位成功后发送一条 ROM 指令，最后发送 RAM 指令，这样才能对 DS18B20 进行预定的操作。复位要求控制器将数据线下拉 500 μs，然后释放；当 DS18B20 收到信号后等待 16～60 μs 后，发出 60～240 μs 的存在脉冲，控制器收到此信号则表示复位成功。

DS18B20 读取当前的温度数据，实际上需要执行两个工作周期。

第一个周期：执行温度转换：

- 复位；
- 跳过 ROM 指令；
- 执行温度转换 RAM 指令；
- 等待 800 ms 温度转换时间。

紧接着第二个周期：读取温度数据：

➢ 复位；
➢ 跳过 ROM 指令；
➢ 执行读 RAM 指令；
➢ 读数据(最多为 9 字节，中途可停止，只读简单温度值则读取前 2 个字节即可)。

温度转换的具体操作流程如图 20-10 所示。

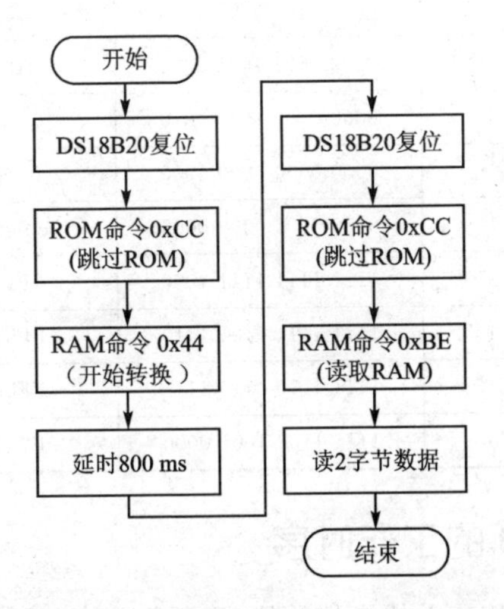

图 20-10　DS18B20 温度转换操作流程

3. 温度值的转换

当温度转换命令发送之后，经转换所得的温度值以二字节补码形式存放在 RAM 的第 1 和第 2 字节。单片机可通过单总线接口读到该数据，读取时低位在前、高位在后。数据格式如图 20-11 所示，以 12 位分辨率为例，用 16 位符号扩展的二进制补码读数形式提供，以 0.062 5℃/LSB 形式表达。其中，S 为符号位，单位为℃。

bit7	bit6	bit5	bit4	bit3	bit2	bit1	bit0	
2^3	2^2	2^1	2^0	2^{-1}	2^{-2}	2^{-3}	2^{-4}	LSB
S	S	S	S	S	2^6	2^5	2^4	MSB

图 20-11　DS18B20 温度值格式

对应的温度计算：如果测得的温度大于 0，符号位 S=0，只要将测得的数值乘以 0.062 5 即可得到实际温度；如果测得的温度小于 0，符号位 S=1，测得的数值需要取反加 1 再乘以 0.062 5 即可得到实际温度。例如，+125℃的数字输出为 07D0H，+25.062 5℃的数字输出为 0191H，-25.062 5℃的数字输出为 FF6FH，-55℃的数字输出为 FC90H。表 20-5 是对应的一部分温度值，表中二进制输出值与温度值对应关系为：高 5 位为符号位、低 4 位为小数位、中间 7 位为整数位。

表 20-5 DS18B20 温度数据表

温度值/℃	二进制输出	十六进制输出
+125	0000 0111 1101 0000	07D0H
+85	0000 0101 0101 0000	0550H
+25.062 5	0000 0001 1001 0001	0191H
+10.125	0000 0000 1010 0010	00A2H
+0.5	0000 0000 0000 1000	0008H
0	0000 0000 0000 0000	0000H
−0.5	1111 1111 1111 1000	FFF8H
−10.125	1111 1111 0101 1110	FF5EH
−25.062 5	1111 1110 0110 1111	FF6FH
−55	1111 1100 1001 0000	FC90H

20.2.6 DS18B20 的工作时序

复位、读、写是 1-Wire 总线通信的基础，下面具体介绍 DS18B20 关于这 3 种操作的时序要求。时序图中的总线状态说明如图 20-12 所示。

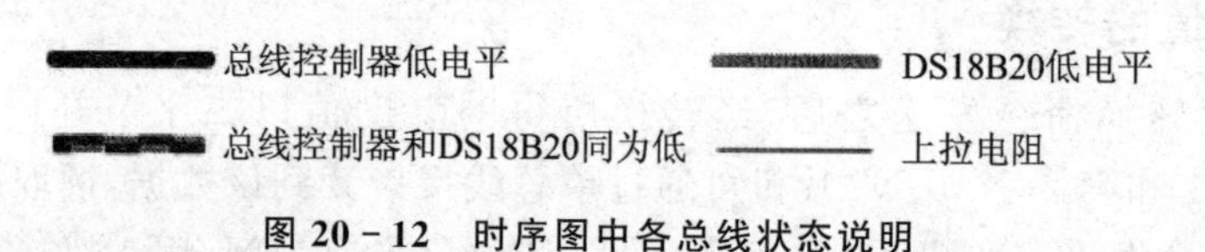

图 20-12 时序图中各总线状态说明

1. 初始化(复位+应答)

主机发送复位脉冲，从机回复应答脉冲。应答脉冲可以让主机知道从机设备正在 1-Wire 总线上并且已经准备好，可以接收或发送数据了。初始化的时序如图 20-13 所示，步骤如下：

① 先将数据线置高电平“1”。

② 延时(该时间要求的不是很严格，但是尽可能得短一点)。

③ 数据线拉到低电平“0”。

④ 延时 750 μs(该时间的范围可以从 480~960 μs)。

⑤ 数据线拉到高电平“1”。

⑥ 延时等待。如果初始化成功，则在 15~60 μs 时间之内产生一个由 DS18B20 返回的低电平“0”，据该状态来确定它的存在。注意，不能无限地等待，不然会使程序

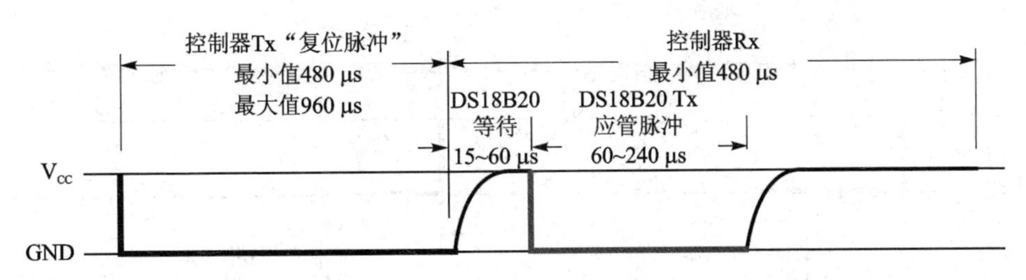

图 20-13　初始化时序图

进入死循环,所以要进行超时控制。

⑦ 若控制器读到了数据线上的低电平“0”后,还要进行延时,则其延时的时间从发出高电平算起(即第⑤步的时间算起)最少要 480 μs。

⑧ 将数据线再次拉高到高电平“1”后结束。其中,1 $\mu s < t_{REC} < \varphi$。

2. DS18B20 写操作(写 0/1)

DS18B20 的写操作时序如图 20-14 所示,步骤如下:

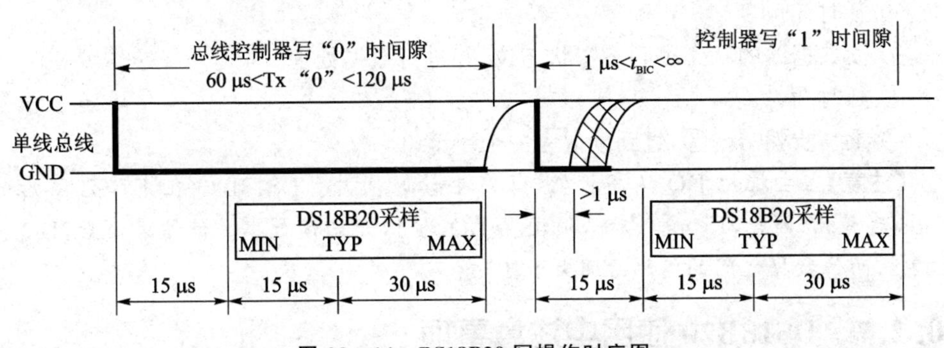

图 20-14　DS18B20 写操作时序图

① 数据线先置低电平“0”。

② 延时确定的时间为 15 μs。

③ 按从低位到高位的顺序发送字节(一次只发送一位)。

④ 延时时间为 45 μs。

⑤ 将数据线拉到高电平“1”。

⑥ 重复上①~⑤的操作,直到发送完整个字节。

⑦ 最后将数据线拉高到“1”。

【注意】启动写操作的前 15 μs 之内必须把数据(0 或 1)准备好,两位数据之间的间隔时间大于 1 μs。

3. DS18B20 读操作(读 0/1)

DS18B20 的读操作时序如图 20-15 所示,步骤如下:

① 将数据线拉高到“1”。

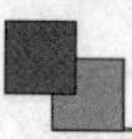

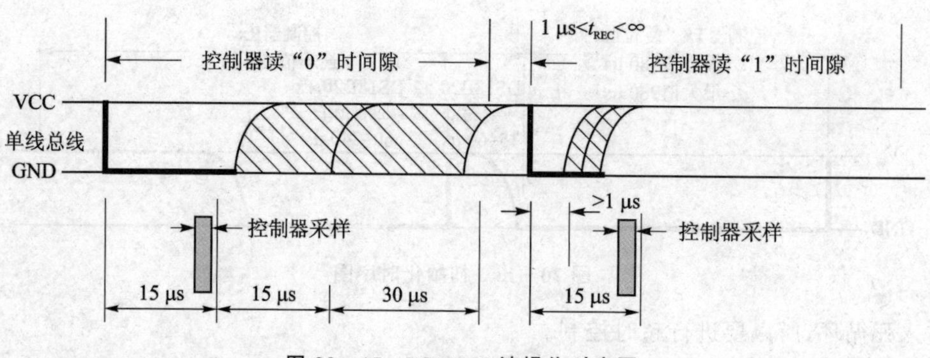

图 20-15　DS18B20 读操作时序图

② 延时 2 μs。

③ 将数据线拉低到“0”。

④ 延时 3 μs。

⑤ 将数据线拉高到“1”。

⑥ 延时 5 μs。

⑦ 读数据线的状态得到一个状态位,并进行数据处理。

⑧ 延时 30 μs。

⑨ 重复步骤①～⑦,直到读取完一个字节。

【注意】当主机把 DQ 从高拉低时,产生读时间片。DS18B20 在下降沿之后的 15 μs 后有效,因此,15 μs 之后必须设置 DQ 为 1,开始读数据。读结束之后,DQ 设置为 1,两位数据之间的间隔时间大于 1 μs。

20.2.7　DS18B20 使用中注意事项

DS18B20 虽然具有测温系统简单、测温精度高、连接方便、占用口线少等优点,但在实际应用中也应注意以下几方面的问题:

① 较小的硬件开销需要相对复杂的软件进行补偿。由于 DS18B20 与微处理器间采用串行数据传送,因此,在对 DS18B20 进行读/写编程时,必须严格的保证读/写时序,否则将无法读取测温结果。

② 在 DS18B20 的有关资料中均未提及单总线上所挂 DS18B20 数量的问题,容易使人误认为可以挂任意多个 DS18B20,实际应用中并非如此。当单总线上所挂 DS18B20 超过 8 个时,就需要解决微处理器的总线驱动问题,这一点在进行多点测温系统设计时要注意。

③ 连接 DS18B20 的总线电缆是有长度限制的。实验中,当采用普通信号电缆传输长度超过 50 m 时,读取的测温数据将发生错误。当将总线电缆改为双绞线带屏蔽电缆时,正常通信距离可达 150 m,当采用每米绞合次数更多的双绞线带屏蔽电缆时,正常通信距离进一步加长。这种情况主要是由总线分布电容使信号波形产生

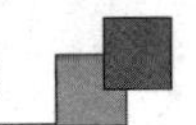

畸变造成的。因此,在用 DS18B20 进行长距离测温系统设计时要充分考虑总线分布电容和阻抗匹配问题。

④ 在 DS18B20 测温程序设计中,向 DS18B20 发出温度转换命令后,程序总要等待 DS18B20 的返回信号,一旦某个 DS18B20 接触不好或断线,当程序读该 DS18B20 时,将没有返回信号,程序进入死循环。这一点在进行 DS18B20 硬件连接和软件设计时也要给予一定的重视。测温电缆线建议采用屏蔽 4 芯双绞线,其中一对线接地线与信号线,另一组接 VCC 和地线,屏蔽层在源端单点接地。

20.3 1 - Wire 总线应用编程实战

20.3.1 DS18B20 模块的程序设计流程

使用 DS18B20 模块读取温度的过程如图 20 - 16 所示。

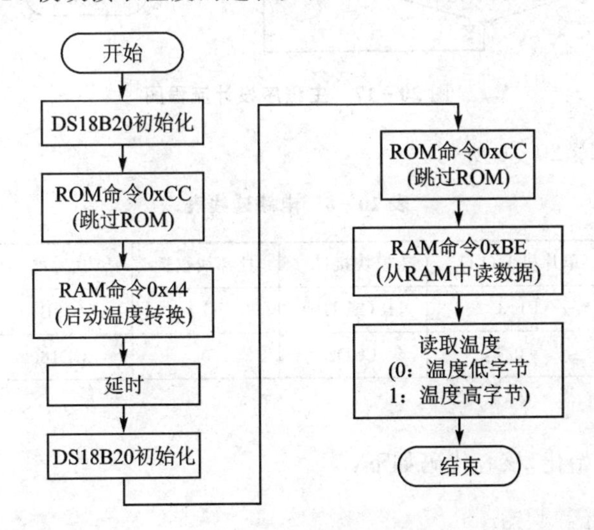

图 20 - 16 DS18B20 模块读取温度过程

20.3.2 案例 20 - 1:温度采集液晶显示

【案例分析】

使用 DS18B20 模块进行温度采集,并将转换后的温度值显示到 1602 液晶上。要想实现温度值的实时显示,需要使用定时器功能,假设每隔 2 ms 进行一次温度采集。

【案例设计】

经过分析可知,案例中一共使用到了 3 种资源模块,包括 DS18B20 温度模块、1602 液晶模块、定时器。这里采用模块化设计方法,每一种资源的相关代码使用一个 C 文件，因此案例工程中一共有 5 个文件：main. c、18b20. c、1602. c、timer. c、delay. c。主程序设计流程如图 20－17 所示。

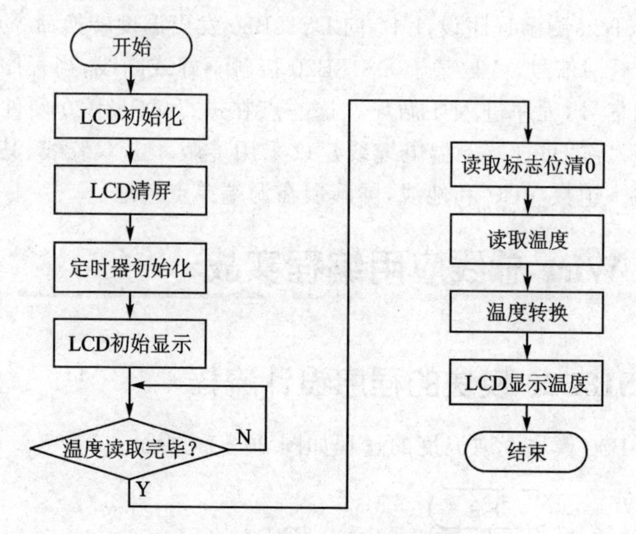

图 20－17　主程序设计流程图

电路连线如表 20－6 所列。

表 20－6　电路连线表

单片机 I/O 口	模块接口	杜邦线数量	功　能
P1.3	J48(或 J10)	1	DS18B20
0	LCD2	0	LCD1602

【案例实现】

DS18B20 初始化，核心代码如下：

```
bit Init_DS18B20(void){
    bit dat = 0;
    DQ = 1;                //DQ 复位
    DelayUs2x(5);          //稍做延时
    DQ = 0;                //单片机将 DQ 拉低
    DelayUs2x(200);        //精确延时大于 480 μs 小于 960 μs
    DelayUs2x(200);
    DQ = 1;                //拉高总线
    DelayUs2x(50);         //15～60 μs 后接收 60～240 μs 的存在脉冲
    dat = DQ;              //如果 x = 0 则初始化成功，x = 1 则初始化失败
    DelayUs2x(25);         //稍作延时返回
    return dat;
}
```

DS18B20 写入字节操作，核心代码如下：

```
void WriteOneChar(unsigned char dat){
    unsigned char i = 0;
    for(i = 8; i>0; i--){
        DQ = 0;
        DQ = dat&0x01;
        DelayUs2x(25);
        DQ = 1;
        dat >> = 1;
    }
    DelayUs2x(25);
}
```

DS18B20 读取字节操作时，核心代码如下：

```
unsigned char ReadOneChar(void){
    unsigned char i = 0;
    unsigned char dat = 0;
    for(i = 8;i>0;i--){
        DQ = 0;                    //给脉冲信号
        dat >> = 1;
        DQ = 1;                    //给脉冲信号
        if(DQ)
            dat |= 0x80;
        DelayUs2x(25);
    }
    return(dat);
}
```

DS18B20 读取温度时，核心代码如下：

```
unsigned int ReadTemperature(void){
    unsigned char a = 0;
    unsigned int b = 0;
    unsigned int t = 0;
    Init_DS18B20();
    WriteOneChar(0xCC);      //跳过读序列号的操作
    WriteOneChar(0x44);      //启动温度转换
    DelayMs(10);
    Init_DS18B20();
    WriteOneChar(0xCC);      //跳过读序列号的操作
    WriteOneChar(0xBE);      //读取温度寄存器等(共可读 9 个寄存器)，前两个字节是温度
    a = ReadOneChar();       //读温度低位
```

```
    b = ReadOneChar();          //读温度高位
    b << = 8;
    t = a + b;
    return(t);
}
```

主程序核心代码如下：

```
void main (void){
    int temp;
    float temperature;
    char displaytemp[16];                    //定义显示区域临时存储数组

    LCD_Init();                              //初始化液晶
    DelayMs(20);                             //延时有助于稳定
    LCD_Clear();                             //清屏
    Init_Timer0();
    Lcd_User_Chr();                          //写入自定义字符
    LCD_Write_String(0,0," The temp is: ");
    LCD_Write_Char(13,1,0x01);               //写入温度右上角点
    LCD_Write_Char(14,1,'C');                //写入字符 C

    while(1){                                //主循环
        if(ReadTempFlag == 1){
            ReadTempFlag = 0;
            temp = ReadTemperature();
            temperature = (float)temp * 0.0625;
            sprintf(displaytemp,"Temp   % 7.3f",temperature);   //打印温度值
            LCD_Write_String(0,1,displaytemp);                  //显示第二行
        }
    }
}
```

20.4 练习题

1. DS18B20 是什么类型的传感器________。

(A) 模拟式温度传感器　　(B) 数字式温度传感器

(C) 模拟式湿度传感器　　(D) 数字式湿度传感器

2. DS18B20 采用 12 位分辨率时，对应的可分辨温度为________。

(A) 0.5℃　　(B) 0.25℃　　(C) 0.125℃　　(D) 0.062 5℃

3. DS18B20 采用 12 位分辨率时，数字量为 0xFFF0 则实际温度为________。

(A) 0.5℃　　(B) －0.5℃　　(C) 1℃　　(D) －1℃

第5篇

综合实战篇

本篇以讲解实际项目为主，这些项目都来自作者的教学和实际工程项目。本篇共3章。第21章利用矩阵键盘作为输入设备，利用LCD液晶作为输出设备，实现了一个简易计算器。第22章利用数字温度传感器芯片DS18B20作为数据采集模块，利用LCD液晶作为数据显示模块，同时利用单片机的串口与上位机通信，实现了一个温度数据的双重显示系统。第23章利用独立按键作为输入设备，利用数码管作为输出设备，利用单片机的定时器和执行模块蜂鸣器实现了一个99分倒计时器。

通过本篇的3个实践项目，读者将熟练应用单片机的内部资源和外围模块，灵活运用C51语言进行单片机程序的综合设计；同时，掌握单片机项目开发的程序架构，为后续单片机应用开发及更高级嵌入式处理器的学习打好基础。

> 计算器
> 串口测温
> 99分钟倒计时器

第 21 章

计算器

21.1 硬件需求

项目功能是通过矩阵键盘输入数字和运算符，所有输入信息和计算结果都显示在 1602 液晶屏上。

根据功能分析所需的硬件资源包括单片机最小系统、矩阵键盘、LCD1602。

21.2 设计思路

这里采用模块化设计方法，每一种资源的相关代码使用一个 C 文件，因此，项目工程中一共有 4 个文件：main.c、keyboard.c、1602.c、delay.c。项目总体设计思路如图 21-1 所示，主程序设计流程如图 21-2 所示。

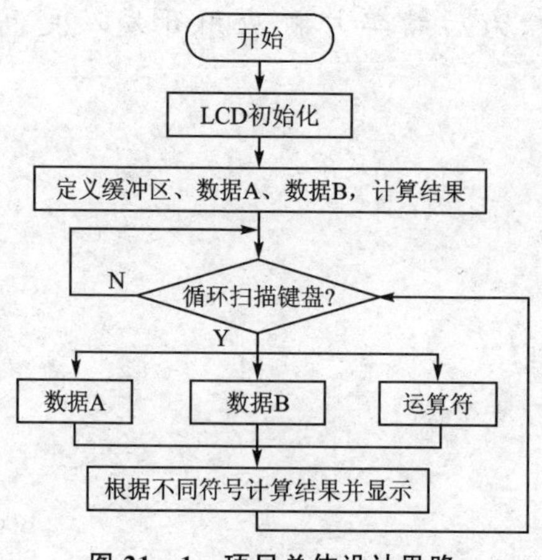

图 21-1 项目总体设计思路

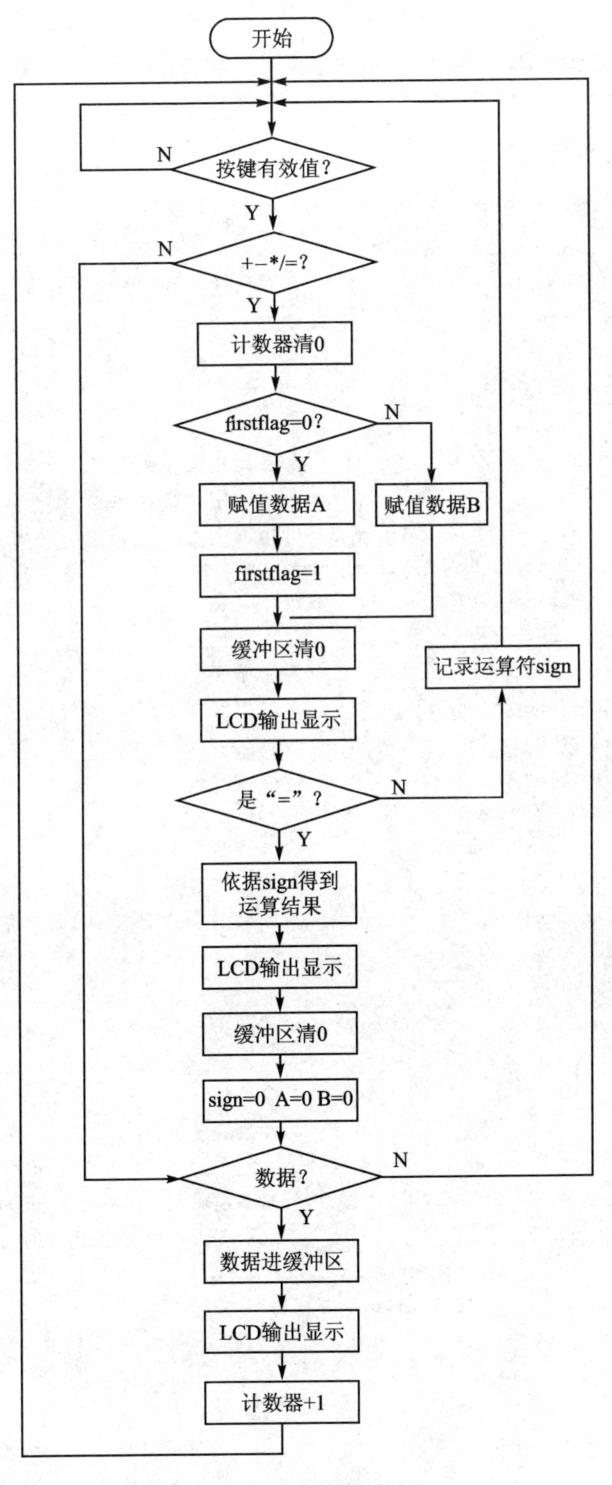

图21-2 主程序设计流程图

21.3 编程实战

主程序的核心代码如下：

```
void main (void){
    unsigned char num,i,sign;
    unsigned char temp[16];                 //最大输入 16 个
    bit firstflag;
    float a = 0,b = 0;
    unsigned char s;

    LCD_Init();                             //初始化液晶屏
    DelayMs(10);                            //延时用于稳定,可以去掉
    LCD_Clear();                            //清屏
    LCD_Write_String(0,0," LCD calculator");
    LCD_Write_String(0,1," Fun: +  - x / ");

    while(1){                               //主循环
        while(!IsKeyInput()){;}             //如果没有键按下,则等待
        DelayMs(10);                        //延时去抖
        if(IsKeyInput()){                   //有按键按下
            num = KeyScan();                //扫描键盘
            WaitKeyRelease();               //等待按键松开
                                            //执行按键任务
            if(num! = 0xff){                //如果扫描是按键有效值则进行处理
                if(i == 0)          //输入是第一个字符的时候需要把该行清空,方便观看
                    LCD_Clear();
                if (('+' == num)||(i == 16)||('-' == num)||('*' == num)||('/' ==
                  num)||('=' == num)){
                                            //输入数字最大值 16,输入符号表示输入结束
                    i = 0;                  //计数器复位
                    if(firstflag == 0){
                                            //如果是输入的第一个数据,赋值给 a,并把标志
                                            //位置 1,下一个数据输入时可以跳转赋值给 b
                        sscanf(temp," % f",&a);
                        firstflag = 1;
                    }//if
                    else
                        sscanf(temp," % f",&b);
                    for(s = 0;s<16;s ++ )       //赋值完成后把缓冲区清零,防止下次输
                                                //入影响结果
```

```
        temp[s] = 0;
    LCD_Write_Char(0,1,num); //输出运算符

    if(num != '=')              //判断当前符号位并做相应处理
        sign = num;             //如果不是等号记下标志位
    else{
        firstflag = 0;          //检测到输入 = 号,判断上次读入的符合
        switch(sign){
            case '+': a = a + b;
                break;
            case '-': a = a - b;
                break;
            case '*': a = a * b;
                break;
            case '/': a = a / b;
                break;
            default:break;
        }//switch
        sprintf(temp,"%g",a);    //输出浮点型,无用的 0 不输出(浮
                                 //点型转字符串)
        LCD_Write_String(1,1,temp);  //显示到液晶屏
        sign = 0;a = b = 0;          //用完后所有数据清零
        for(s = 0;s<16;s++)
            temp[s] = 0;
    }//else
}//if + - * /

else if(i<16){
    if((1 == i)&&(temp[0] == '0')){  //如果第一个字符是 0,判读第二
                                     //个字符
        if(num == '.'){         //如果是小数点则正常输入,光标位置加 1
            temp[1] = '.';
            LCD_Write_Char(1,0,num);  //输出数据
            i++;
        }//if                   //这里没有判断连续按小数点,如 0.0.0
        else{
            temp[0] = num;      //如果是 1 - 9 数字,说明 0 没有用,则直
                                //接替换第一位 0
            LCD_Write_Char(0,0,num); //输出数据
        }//else
    }//if
```

```
                    else{
                        temp[i] = num;
                        LCD_Write_Char(i,0,num);     //输出数据
                        i++;                         //输入数值累加
                    }//else
                }//else if
            }//if num
        }//if key
    }//while(1)
}//main
```

键盘扫描函数的核心代码如下：

```
/*-----------------------------------------------------------
按键检测:键盘扫描
返回值:返回键号
键盘排列：     | 1 | 2 | 3 | + |
              | 4 | 5 | 6 | - |
              | 7 | 8 | 9 | * |
              | 0 | . | = | / |
-----------------------------------------------------------*/
unsigned char KeyScan(void){             //键盘扫描函数,使用列扫描法
    unsigned char keycode = 0xFF;       //定义键号变量

    //扫描第一列
    KEYPORT = 0x7F;                     //0111 1111
    if(KEYPORT == 0x7E)    keycode = '1';    //0111 1110:第一列第一行
    if(KEYPORT == 0x7D)    keycode = '4';    //0111 1101:第一列第二行
    if(KEYPORT == 0x7B)    keycode = '7';    //0111 1011:第一列第三行
    if(KEYPORT == 0x77)    keycode = '0';    //0111 0111:第一列第四行

    //扫描第二列
    KEYPORT = 0xBF;                          //1011 1111
    if(KEYPORT == 0xBE)    keycode = '2';    //0111 1110:第二列第一行
    if(KEYPORT == 0xBD)    keycode = '5';    //0111 1101:第二列第二行
    if(KEYPORT == 0xBB)    keycode = '8';    //0111 1011:第二列第三行
    if(KEYPORT == 0xB7)    keycode = '.';    //0111 0111:第二列第四行

    //扫描第三列
    KEYPORT = 0xDF;                          //1101 1111
    if(KEYPORT == 0xDE)    keycode = '3';    //0111 1110:第三列第一行
    if(KEYPORT == 0xDD)    keycode = '6';    //0111 1101:第三列第二行
```

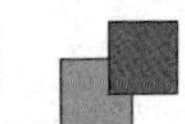

```
    if(KEYPORT == 0xDB)      keycode = '9';      //0111 1011:第三列第三行
    if(KEYPORT == 0xD7)      keycode = '=';      //0111 0111:第三列第四行

    //扫描第四列
    KEYPORT = 0xEF;                              //1110 1111
    if(KEYPORT == 0xEE)      keycode = '+';      //0111 1110:第四列第一行
    if(KEYPORT == 0xED)      keycode = '-';      //0111 1101:第四列第二行
    if(KEYPORT == 0xEB)      keycode = '*';      //0111 1011:第四列第三行
    if(KEYPORT == 0xE7)      keycode = '/';      //0111 0111:第四列第四行

    return keycode;//返回键号
}
```

LCD1602 部分代码请参考第 20 章。

21.4 运行效果

电路连线如表 21-1 所列。

表 21-1 电路连线表

单片机 I/O 口	模块接口	杜邦线数量	功 能
P3(P3.0)	J24(上)	8	矩阵键盘
0	LCD2	0	LCD1602

1602 液晶显示效果如图 21-3 所示。

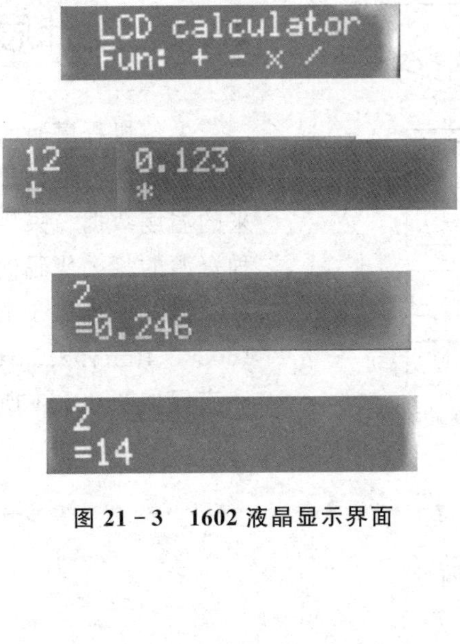

图 21-3 1602 液晶显示界面

第 22 章

串口测温

22.1 硬件需求

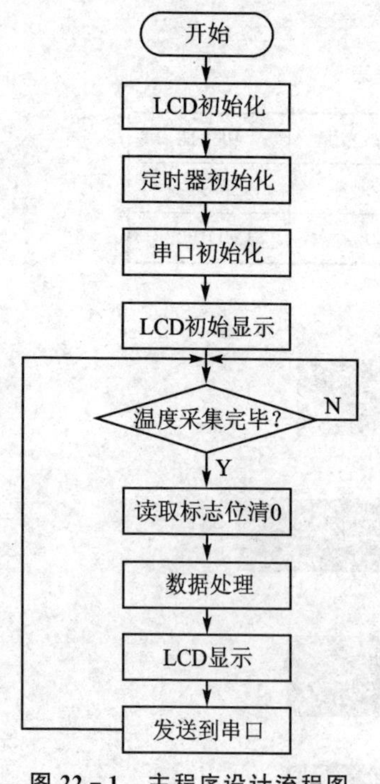

图 22-1 主程序设计流程图

项目功能是将 DS18B20 采集的温度显示到开发板的液晶屏上，同时通过串口连接上位机，将温度数据传送到上位机并显示。

根据功能分析所需的硬件资源包括：单片机最小系统、DS18B20 温度传感器（采集温度）、USB 转串口（与上位机通信）、LCD1602（显示温度）。

22.2 设计思路

上位机程序暂时使用串口助手代替，通过 PC 机上的串口助手观察单片机传递过来的温度数据。采用模块化设计方法，每一种资源的相关代码使用一个 C 文件，因此项目工程中一共有 6 个文件：main. c、18b20. c、1602. c、timer. c、uart. c、delay. c。主程序设计流程如图 22-1 所示。

22.3 编程实战

主程序的核心代码如下：

```
void main (void){
    int temp;
    float temperature;
    char displaytemp[16];          //定义显示区域临时存储数组

    LCD_Init();                    //初始化液晶
    DelayMs(20);                   //延时有助于稳定
    LCD_Clear();                   //清屏
    Init_Timer0();
    Init_Uart();
    Lcd_User_Chr();                //写入自定义字符
    LCD_Write_String(0,0,"DS18B20 LCD UART");
    LCD_Write_Char(13,1,0x01);     //写入温度右上角
    LCD_Write_Char(14,1,'C');      //写入字符 C

    while(1){                      //主循环
        if(ReadTempFlag == 1){
            ReadTempFlag = 0;
            temp = ReadTemperature();
            temperature = (float)temp * 0.0625;
            sprintf(displaytemp,"Temp %7.3f",temperature);   //打印温度值
            //液晶显示温度值
            LCD_Write_String(0,1,displaytemp);               //显示第二行
            //串口发送温度值
            Uart_SendString(displaytemp);
        }//if
    }//while
}
```

串口相关函数的核心代码如下：

```
#define SYSCLK 11059200
#define BAUDRATE 9600
/* ---------------------- 串口初始化 ---------------------- */
void Init_Uart(void){
    SCON = 0x50;              //SCON: 模式 1, 8-bit UART,使能接收
    TMOD |= 0x20;             //TMOD: timer 1, mode 2, 8-bit 重装
    TH1 = TL1 = 256 - SYSCLK/12/32/BAUDRATE;
    //TH1 = 0xFD;             //TH1: 重装值 9600 波特率 晶振 11.059 2 MHz
    //TL1 = 0xFD;
    //EA = 1;                 //打开总中断
    //ES = 1;                 //打开串口中断
    TR1 = 1;                  //TR1: timer 1 打开
```

```
}
/*---------------------串口发送字符---------------------*/
void Uart_SendByte(unsigned char c){
    SBUF = c;
    while(!TI);
    TI = 0;
}
/*---------------------串口发送字符串---------------------*/
void Uart_SendString(unsigned char *string){
    while(*string != '\0'){
        Uart_SendByte(*string++);
    }
}
```

DS18B20 和 LCD1602 部分代码请参考第 20 章。

22.4 运行效果

电路连线如表 22-1 所列。

表 22-1 电路连线表

单片机 I/O 口	模块接口	杜邦线数量	功 能
P1.3	J48(或 J10)	1	DS18B20
0	LCD2	0	LCD1602

上位机的串口助手使用程序下载软件 STC-ISP 自带的串口助手，如图 22-2 所示，操作如下：

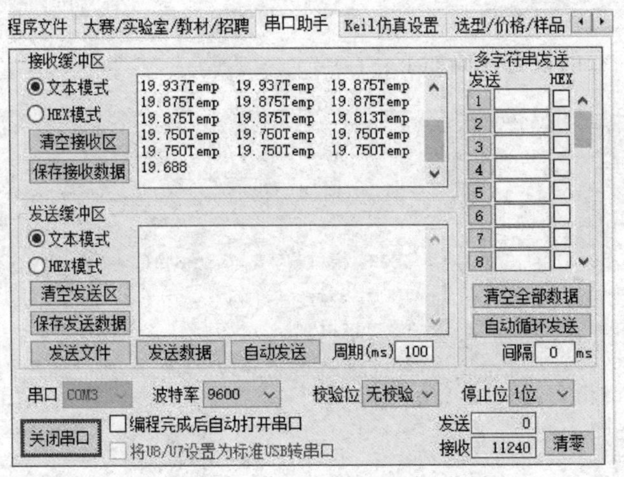

图 22-2 串口助手界面

① 选择串口、设置波特率、校验位和停止位。

② 接收缓冲区和发送缓冲区都选择“文本模式”。

③ 单击“打开串口”,程序运行之后,在“接收缓冲区”会看到单片机通过串口传送过来的温度数据。

1602液晶显示效果如图22-3所示。

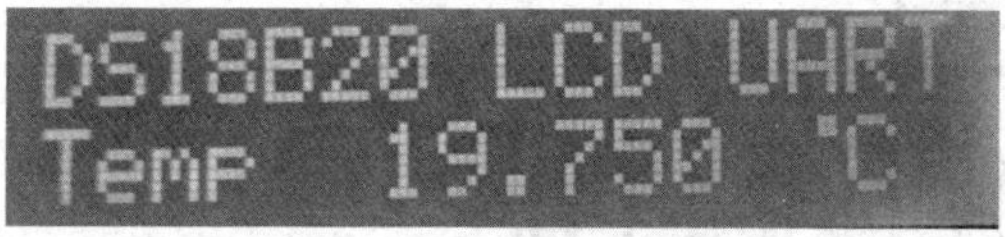

图22-3 1602液晶显示界面

第 23 章

99 分钟倒计时器

23.1 硬件需求

项目功能是通过“加”和“减”两个按键实现时间调整，并将时间显示到数码管上，同时启动倒计时；时间归零时停止倒计时，同时蜂鸣器报警鸣响。

根据功能分析所需的硬件资源包括：单片机最小系统、独立按键 4 个(加、减、启动倒计时、关闭闹钟)、8 位共阴极数码管(显示时间数据)、定时器(倒计时)、蜂鸣器(报警提示)。

23.2 设计思路

采用模块化设计方法，每一种资源的相关代码使用一个 C 文件，因此项目工程中一共有 4 个文件：main. c、timer. c、beep. c、delay. c。

项目总体设计思路如图 23-1 所示。main. c 主要用于按键处理和数码管显示，

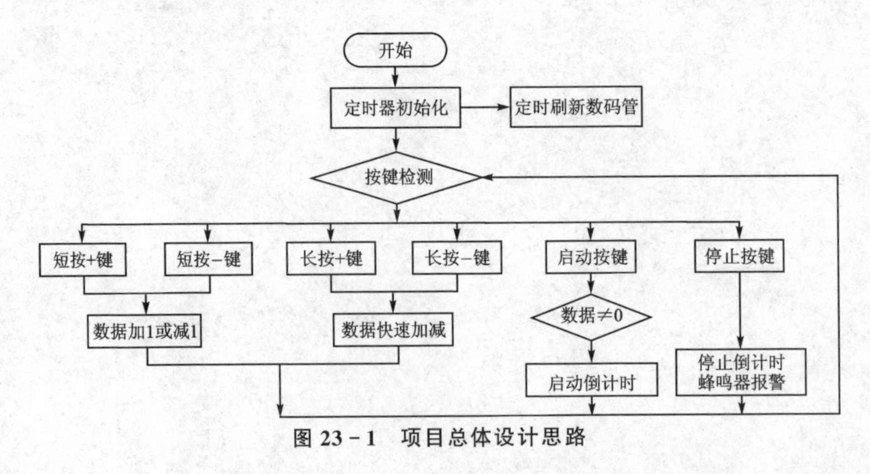

图 23-1 项目总体设计思路

程序设计流程如图 23-2 所示。timer.c 主要用于定时器处理,定时器中断服务程序中共负责 4 个任务处理:蜂鸣器闪响控制、数码管动态扫描显示、时间更新、倒计时时间处理,程序设计流程如图 23-3 所示。

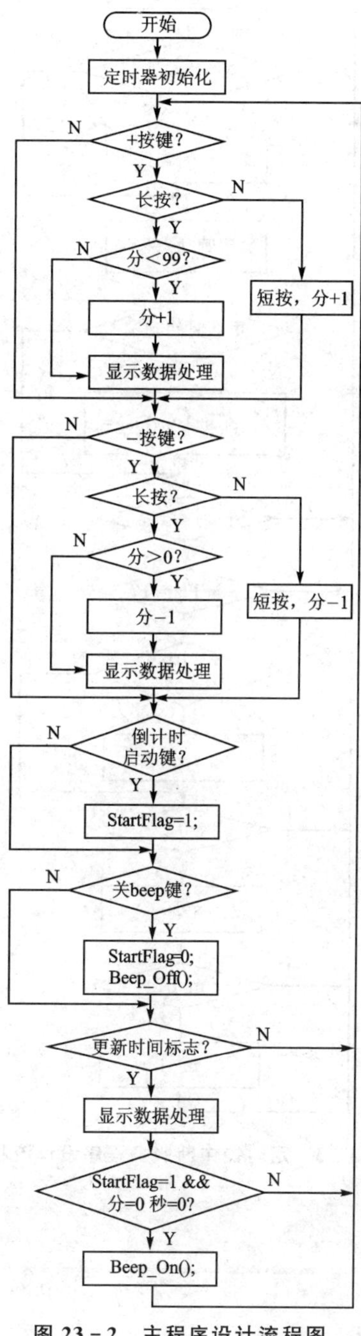

图 23-2 主程序设计流程图

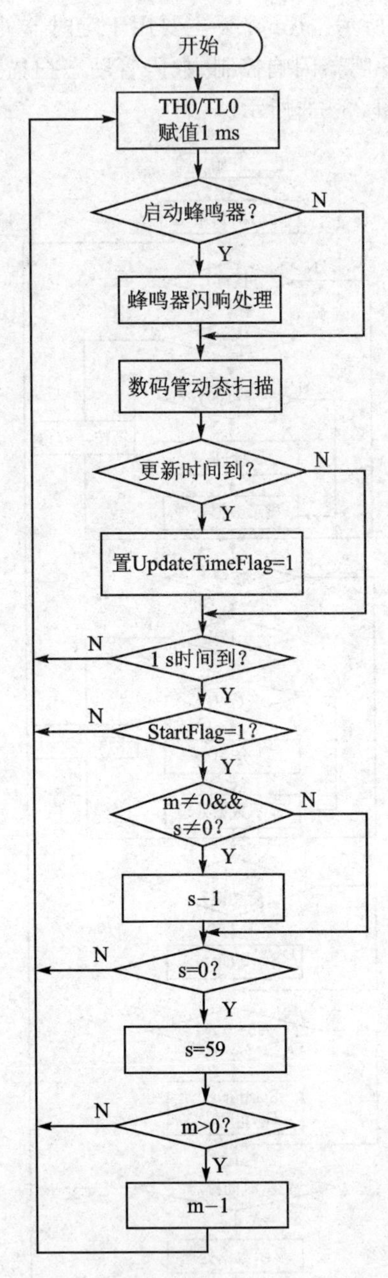

图 23－3　定时器中断服务程序设计流程图

23.3　编程实战

主程序的核心代码如下：

```
void main (void){
    unsigned char key_press_num;
    Init_Timer0();
    while(1){                                   //主循环
        //1-加按键处理
        if(!KEY_ADD){                           //如果检测到低电平,说明按键按下
            DelayMs(10);                        //延时去抖,一般 10～20 ms
            if(!KEY_ADD){                       //再次确认按键是否按下,没有按下则退出
                while(!KEY_ADD){                //按键按下期间的任务处理
                    key_press_num++;
                    DelayMs(10);                //10x200 = 2 000 ms = 2 s
                    if(key_press_num == 200){      //1-1 长按处理(约 2 s)
                        key_press_num = 0;  //如果达到长按键标准则进入长按键动作
                        while(!KEY_ADD){    //这里用于识别是否按键还在按下,如果按
                                            //下执行相关动作,否则退出
                            if(minute<99)//加操作
                                minute++;
                            Display_Data_Operation();
                            DelayMs(50);  //用于调节长按循环操作的速度
                        }//while
                    }//if
                }//while
                key_press_num = 0;              //防止累加造成错误识别
                //1-2 短按处理
                if(minute<99)                   //加操作
                    minute++;
            }//if
        }//if
        //2-减按键处理
        if(!KEY_DEC){                           //如果检测到低电平,说明按键按下
            DelayMs(10);                        //延时去抖,一般 10～20 ms
            if(!KEY_DEC){                       //再次确认按键是否按下,没有按下则退出
                while(!KEY_DEC){
                    key_press_num++;
                    DelayMs(10);
                    if(key_press_num == 200){      //2-1 长按处理(约 2 s)
                        key_press_num = 0;
                        while(!KEY_DEC){
                            if(minute>0)          //减操作
                                minute--;
                            Display_Data_Operation();
```

```
                        DelayMs(50);   //用于调节长按循环操作的速度
                    }//while
                }//if
            }//while
            key_press_num = 0;              //防止累加造成错误识别
            //2-2 短按处理
            if(minute>0)                    //减操作
                minute--;
        }//if
    }//if
    //3-倒计时启动按键处理
    if(!KEY_START){                         //如果检测到低电平,说明按键按下
        DelayMs(10);                        //延时去抖,一般 10~20 ms
        if(!KEY_START){                     //再次确认按键是否按下,没有按下则退出
            while(!KEY_START);              //等待按键松开
            StartFlag = 1;                  //启动倒计时
        }//if
    }//if
    //4-关闭蜂鸣器
    if(!KEY_CLOSE){                         //如果检测到低电平,说明按键按下
        DelayMs(10);                        //延时去抖,一般 10~20 ms
        if(!KEY_CLOSE){                     //再次确认按键是否按下,没有按下则退出
            while(!KEY_CLOSE);              //等待按键松开
            StartFlag = 0;                  //停止倒计时
            Beep_Off();                     //关闭蜂鸣器
        }//if
    }//if
    //5-更新时间处理
    if(UpdateTimeFlag == 1){
        UpdateTimeFlag = 0;
        Display_Data_Operation();
        if((StartFlag)&&(minute == 0)&&(second == 0)){  //条件满足蜂鸣器闪响
        //  StartFlag = 0;                  //停止倒计时
            Beep_On();
        }
        //else
        //  Beep_Off();                     //不满足时关掉
    }//if
  }//while
}//main
```

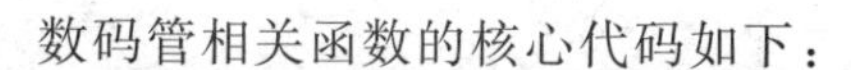

数码管相关函数的核心代码如下：

```
/*---------------------- 数码管动态扫描 ----------------------*/
void Display(unsigned char FirstBit,unsigned char Num){
    static unsigned char i = 0;

    DataPort = 0;                              //清空数据,防止有交替重影
    LATCH_D = 1;                               //段锁存
    LATCH_D = 0;

    DataPort = show_WeiMa[i + FirstBit];       //取位码
    LATCH_W = 1;                               //位锁存
    LATCH_W = 0;

    DataPort = TempData[i];                    //取显示数据,段码
    LATCH_D = 1;                               //段锁存
    LATCH_D = 0;

    i++;
    if(i == Num)
        i = 0;
}
/*---------------------- 显示数据处理函数 ----------------------*/
void Display_Data_Operation(void){
    TempData[2] = show_DuanMa[minute/10];      //分解显示信息,如要显示 68,则 68/10 =
                                               //6   68 % 10 = 8
    TempData[3] = show_DuanMa[minute % 10];    //分解显示信息,如要显示 68,则 68/10 =
                                               //6   68 % 10 = 8
    TempData[4] = 0x40;
    TempData[5] = show_DuanMa[second/10];      //分解显示信息,如要显示 68,则 68/10 =
                                               //6   68 % 10 = 8
    TempData[6] = show_DuanMa[second % 10];    //分解显示信息,如要显示 68,则 68/10 =
                                               //6   68 % 10 = 8
}
```

定时器中断服务函数的核心代码如下：

```
void Timer0_isr(void) interrupt 1{
    static unsigned int num,i;
    TH0 = (65536 - 1000)/256;              //重新赋值 1 ms
    TL0 = (65536 - 1000) % 256;
    //1 - 蜂鸣器处理
    if(BeepFlag){                          //启动蜂鸣器标志
        if(num<300 || (num>500&&num<800) )
```

```
            BEEP = !BEEP;                  //闪响
        else
            BEEP = 0;                      //停止发声
    }
    //2 - 数码管显示
    Display(0,8);                          //调用数码管扫描
    //3 - 时间更新
    i++;
    if(i == 20){                           //20 ms 更新一次
        i = 0;
        UpdateTimeFlag = 1;                //更新时间标志位置 1
    }
    num++;
    //4 - 倒计时时间处理
    if(num == 1000){                       //大致 1 s
        num = 0;
        if(StartFlag){
            if((minute! = 0)||second)      //如果分钟和秒都为 0,不进行计时
                second--;                  //秒减 1
            if(second == 0xff){            //如果 = 0 后再减 1 则赋值 59,即 00 过后显示 59
                second = 59;
                if(minute > 0){            //倒计时条件
                    minute--;
                }//if
            }//if
        }//if StartFlag
    }//if
}
```

23.4 运行效果

电路连线如表 23 - 1 所列。

表 23 - 1 电路连线表

单片机 I/O 口	模块接口	杜邦线数量	功能
P3.0	J16(K1)	1	独立按键+
P3.1	J16(K2)	1	独立按键−
P3.2	J16(K3)	1	独立按键(启动倒计时)
P3.3	J16(K4)	1	独立按键(关闭蜂鸣器)

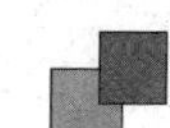

续表 23 - 1

单片机 I/O 口	模块接口	杜邦线数量	功　能
P0	J3	8	数码管数据端口
P2.2	J2(B)	1	段码锁存
P2.3	J2(A)	1	位码锁存
P1.1	J42(B1)	1	蜂鸣器

数码管显示效果如图 23 - 4 所示。

图 23 - 4　数码管显示界面

实际操作：

① 连接好数码管、按键模块和蜂鸣器模块，默认显示 00 - 00。

② 按加按键 K1，分钟数加 1。

③ 按减按键 K2，分钟数减 1。

④ 长按加或者减按键持续 2 s 以上，分钟数据快速加减。

⑤ 按启动倒计时按键 K3，数码管显示时间以秒递减，倒计时到 00 - 00，蜂鸣器报警发声。

⑥ 按关闭蜂鸣器按键 K4，蜂鸣器停止发声。

附录 A

ASCII 表

ASCII 值	控制字符	ASCII 值	控制字符	ASCII 值	控制字符	ASCII 值	控制字符
0	NUL	32	(space)	64	@	96	、
1	SOH	33	!	65	A	97	a
2	STX	34	”	66	B	98	b
3	ETX	35	#	67	C	99	c
4	EOT	36	$	68	D	100	d
5	ENQ	37	%	69	E	101	e
6	ACK	38	&	70	F	102	f
7	BEL	39	,	71	G	103	g
8	BS	40	(	72	H	104	h
9	HT	41	)	73	I	105	i
10	LF	42	*	74	J	106	j
11	VT	43	+	75	K	107	k
12	FF	44	,	76	L	108	l
13	CR	45	—	77	M	109	m
14	SO	46	.	78	N	110	n
15	SI	47	/	79	O	111	o
16	DLE	48	0	80	P	112	p
17	DCI	49	1	81	Q	113	q
18	DC2	50	2	82	R	114	r
19	DC3	51	3	83	S	115	s
20	DC4	52	4	84	T	116	t
21	NAK	53	5	85	U	117	u
22	SYN	54	6	86	V	118	v
23	TB	55	7	87	W	119	w
24	CAN	56	8	88	X	120	x
25	EM	57	9	89	Y	121	y
26	SUB	58	:	90	Z	122	z
27	ESC	59	;	91	[	123	{
28	FS	60	<	92	\	124	|
29	GS	61	=	93	]	125	}
30	RS	62	>	94	ˆ	126	~
31	US	63	?	95	—	127	DEL

附录B

进制转换表

十进制	二进制	十六进制	十进制	二进制	十六进制
0	0000	0	8	1000	8
1	0001	1	9	1001	9
2	0010	2	10	1010	A
3	0011	3	11	1011	B
4	0100	4	12	1100	C
5	0101	5	13	1101	D
6	0110	6	14	1110	E
7	0111	7	15	1111	F

附录 C

C51 数据类型及运算符

C51 中数据类型

数据类型	关键字	占空间/位	数据范围
无符号字符型	Unsigned char	8	0～255
有符号字符型	char	8	－127～127
无符号整形	Unsigned int	16	0～65 535
有符号整形	int	16	－32 768～32 768
无符号长整型	Unsigned long	32	0 - 232 - 1
有符号长整型	long	32	－231～231－1
单精度实型	float	32	$3.4e^{-38}$～$3.4e^{+38}$
双精度实型	double	64	$1.7E^{-308}$～$1.7E^{+308}$
位类型	bit	1	0 或者 1

算数运算符 & 位运算符

算数运算符	含　义	位运算符	含　义
＋	加法	&	按位与
－	减法	|	按位或者
*	乘法	^	异或
/	除法	~	按位取反
＋＋	自加	≫	右移
－－	自减	≪	左移
%	求余		

逻辑运算符 & 赋值运算符

逻辑运算符	含　义	赋值运算符	含　义
＞	大于	＝	基本赋值
＞＝	大于等于	＋＝	加赋值
＜	小于	－＋	减赋值
＜＝	小于等于	＊＝	乘赋值
＝＝	测试相等	／＝	除赋值
！＝	测试不等于	＜＜＝	左移赋值
＆＆	与	＞＞＝	右移赋值
｜｜	或	＆＝	按位与赋值
！	非	｜＝	按位或赋值
		^＝	按位异或赋值

参考文献

[1] 郭天祥. 新概念51单片机C语言教程入门提高开发拓展全攻略. 2版. 北京:电子工业出版社,2018.

[2] 谢维成,杨加国. 单片机原理与应用及C51程序设计. 3版. 北京:清华大学出版社,2014.

[3] 张义和. 例说51单片机:C语言版. 北京:人民邮电出版社,2010.

[4] 徐玮,沈建良. 单片机快速入门. 北京:北京航空航天大学出版社,2008.

[5] 国家高新企业. 什么是步进电机-步进电机工作原理是什么及驱动方法-KIA MOS管[EB/OL]. http://www.kiaic.com/article/detail/574,2017.

[6] 51单片机存储器结构[EB/OL]. https://www.cnblogs.com/shirishiqi/p/5614458.html,2016.